园林绿化养护管理

王 冰 张 婉 著

河南大学出版社
·郑州·

图书在版编目(CIP)数据

园林绿化养护管理/王冰,张婉著. —郑州:河南大学出版社,2019.8
ISBN 978—7—5649—3846—8

Ⅰ.①园… Ⅱ.①王…②张… Ⅲ.①园林—绿化—基本知识 Ⅳ.①S731

中国版本图书馆CIP数据核字(2019)第160257号

责任编辑 郑 鑫
责任校对 阮林要
封面设计 马 龙

出版发行	河南大学出版社
	地址:郑州市郑东新区商务外环中华大厦2401号
	邮编:450046
	电话:0371-86059750(高等教育与职业教育分公司)
	0371-86059701(营销部)
	网址:http://hupress.henu.edu.cn
排　版	河南大学出版社排版设计部
印　刷	北京虎彩文化传播有限公司
版　次	2019年8月第1版
印　次	2019年8月第1次印刷
开　本	787mm×1092mm　1/16
印　张	15
字　数	340千字
定　价	45.00元

本书如有印装质量问题,请与河南大学出版社营销部联系调换

前　言

本书由园林绿化相关方面部分专家、学者和具有丰富经验的园林一线工作者编写。内容包括园林行业绿化工程、花卉栽培与应用、苗木繁育、花木盆栽艺术以及植物保护等相关基础知识和技能。书中融入了行业新技术、新知识、新方法，内容全面系统，具有完整的知识体系，具备资料性、专业性、科普性、实用性、新颖性等特点，适用于新型农民技术培训和机关事业单位技术工人考核培训，可供园林花卉、生态农林产、学、研从业人员参考。本书在编写过程中，参阅借鉴了一些有关著作和研究成果，并得到有关部门领导和同志们的大力支持和帮助，在此一并表示衷心的感谢！

编者

2019 年 8 月

目 录

园林绿化基本知识

第一章　植物形态及园林植物分类	3
第一节　根	3
第二节　茎	5
第三节　叶	9
第四节　花和果实	13
第五节　园林植物的常用分类方法	15
第二章　园林植物生理学基础	23
第一节　植物代谢基础	23
第二节　植物的成花生理	26
第三节　植物激素	30
第三章　园林土壤肥料学基础	32
第一节　土壤的物质组成	32
第二节　土壤的基本性质	34
第三节　土壤结构与土壤肥力	35
第四节　绿地土壤的改良	36
第五节　盆栽土壤	40
第六节　肥料与绿地施肥	41
第四章　园林植物育种及良种繁殖基础	45
第一节　引种驯化	45
第二节　选择育种	47
第三节　杂交育种	50

第四节　诱变育种 …………………………………………………… 52

　　第五节　园林植物品种退化及其防止 ………………………………… 53

　　第六节　良种繁殖的措施和方法 ……………………………………… 57

第五章　园林苗木繁殖 ………………………………………………… 60

　　第一节　播种繁殖技术 ………………………………………………… 60

　　第二节　无性繁殖技术 ………………………………………………… 66

　　第三节　园林植物组织培养 …………………………………………… 81

园林绿化工程施工技术与养护管理

第一章　植树工程施工 ………………………………………………… 87

　　第一节　概述 …………………………………………………………… 87

　　第二节　植树工程的施工工序 ………………………………………… 90

第二章　大树移植 ……………………………………………………… 101

　　第一节　大树移植前的准备工作 ……………………………………… 101

　　第二节　软材包装移植法 ……………………………………………… 102

　　第三节　木箱包装移植法 ……………………………………………… 106

　　第四节　大树的其他移植方法 ………………………………………… 107

　　第五节　大树全冠移植新技术 ………………………………………… 108

　　第六节　控根快速育苗技术 …………………………………………… 110

第三章　园林树木的养护管理 ………………………………………… 112

　　第一节　概述 …………………………………………………………… 112

　　第二节　灌溉与排水 …………………………………………………… 114

　　第三节　施肥 …………………………………………………………… 118

　　第四节　园林树木的修剪 ……………………………………………… 121

　　第五节　古树名木的养护管理 ………………………………………… 130

　　第六节　园林树木的其他养护管理 …………………………………… 132

第四章　草坪的施工与养护 …………………………………………… 135

　　第一节　草坪的施工 …………………………………………………… 135

　　第二节　草坪的养护管理 ……………………………………………… 138

第五章 花坛的施工与养护 …………………………………………………… 143
第一节 花坛砌体工程 ………………………………………………… 143
第二节 花坛的种植工程 ……………………………………………… 148
第三节 平面花坛的施工 ……………………………………………… 149
第四节 立体花坛的施工 ……………………………………………… 151
第五节 花坛的养护管理 ……………………………………………… 152

第六章 园林中的其他工程 …………………………………………………… 155
第一节 园路工程 ……………………………………………………… 155
第二节 假山工程 ……………………………………………………… 161
第三节 水景工程施工 ………………………………………………… 167
第四节 水生湿地植物栽植管理工程 ………………………………… 173
第五节 园林苗圃的营建 ……………………………………………… 179

花卉栽培养护技术

第一章 园林花卉概论 ………………………………………………………… 189
第一节 花卉园艺简史 ………………………………………………… 189
第二节 花卉在园林绿化中的作用与意义 …………………………… 190

第二章 花卉习性及其基本知识 ……………………………………………… 192
第一节 花卉生长发育的基本概念 …………………………………… 192
第二节 花卉的生长习性与生态习性 ………………………………… 192
第三节 花卉栽培与环境因素的关系 ………………………………… 195

第三章 花卉栽培及养护 ……………………………………………………… 198
第一节 花卉栽培中环境因子的调节 ………………………………… 198
第二节 花卉的栽培及养护 …………………………………………… 199

第四章 花卉栽培设施 ………………………………………………………… 204
第一节 花卉栽培设施的发展趋势和特点 …………………………… 204
第二节 花卉栽培设施 ………………………………………………… 205

第五章 花期调控 ……………………………………………………………… 209
第一节 花期调控的常见问题 ………………………………………… 209

第二节　催延花期的方法 ………………………………………………… 212
第六章　花卉装饰与应用 ……………………………………………………… 214
　　第一节　插花艺术的基础知识 …………………………………………… 214
　　第二节　盆花在室内外的美化与陈设 …………………………………… 220
　　第三节　组合盆栽 ………………………………………………………… 224
　　第四节　盆景、展览会的布置与陈设 …………………………………… 227

园林绿化基本知识

第一章 植物形态及园林植物分类

一般植物体具有典型的根、茎、叶、花、果、种子六个部分,各部分具有不同的外部形态和内部结构,并担负着不同的生理功能。

第一节 根

种子萌发时,胚根首先冲透种皮,向下生长就形成了根。根一般呈圆柱体,随着植物生长,形成了庞大的根系。根是植物地下部分的营养器官,有健壮的根,才有健壮的植物体,即"根深叶茂"。

一、根的一般功能

(一)吸收功能

吸收土壤中的水分及易溶于水中的无机盐类,供植物生长、发育需要,这是根的主要功能。因为水和无机盐为植物体代谢用的原料,是植物体正常生长的保证。

(二)固定植物体

植物地上部分靠庞大的根系支撑固定,才能免除风雨作用的损害而正常生长。

(三)贮藏养分

本功能特别突出的表现在一些植物变态的根(贮藏根)中,如大丽花、萝卜等块根贮藏大量的养料,及时供应地上部分的生长需求。

(四)繁殖功能

某些植物品种,可以利用根部所产生的不定芽繁殖新的个体。

二、根的种类和根系

(一)根的种类

1.**定根** 由胚根而生,并且有一定生长部位的根叫定根,它包括主根和侧根。(见图1—1)

图 1-1　定根　　　　　　　　　图 1-2　不定根

1.主根　2.侧根　3.支根

(1)主根　种子萌发前首先冲透种皮,垂直向下生长的根被称作主根。通常每株植物体只具有一条主根。

(2)侧根　在主根上形成的许多分枝称为侧根。

(3)支根　在主根或侧根上形成的小分支称为支根,又被称为第一侧根或二级侧根。

2.不定根　从植物的茎、叶上产生出来的根被称为不定根,它们的生长没有固定位置。不定根在园林生产应用方面上具有特殊的意义,即通过它可以得到新的植株。(见图1-2)

(二)根系及其种类

根系是植物根的总称,根据其生长形态及发育过程的不同,它们被分为两大类:

(1)直根系　由胚根发育产生的初生根和次生根组成。主根发达,主根和侧根有明显的区别,而且侧根的生长具有一定的方向性的根系称作直根系。

(2)须根系　主根不发达或早期停止生长,而从植物茎基部节上又长出许多粗细近似的不定根,丛根生长或在主侧根上生长的细小根,统称为须根系。

(三)根系在土壤中的分布

1.深根型　主根发达,整个根系垂直向下分布在较深的土层中,这种分布称为深根型。这种类型的树种为深根性树种。例如马尾松一年生苗的主根可达20~30厘米,成年后可达50米。

2.浅根型　主根不发达,侧根和不定根水平生长在土壤表层。长度远远超过主根,因此根系分布范围在上层土壤里,这样分布的根系叫浅根系。例如刺槐根系一般分布在20~30厘米的土壤表层,这些浅根型的树种称为浅根型树种。

三、根系对土壤的作用

植物生长与土壤有着密切的关系,它们之间互相影响。一些土壤中的微生物侵入植物体根部,与植物根形成一种互惠互利的关系,这种关系称为共生,植物根部形成的根瘤和菌根,又起到了改良土壤的作用。

四、根的变态

为适应生存环境的变化,一些植物的根在生长过程中,在形态结构和生理功能上发生了变化,这就叫变态。根的变态常见的有五种:贮藏根、支柱根、气生根、寄生根和攀援根。(见图1-3)

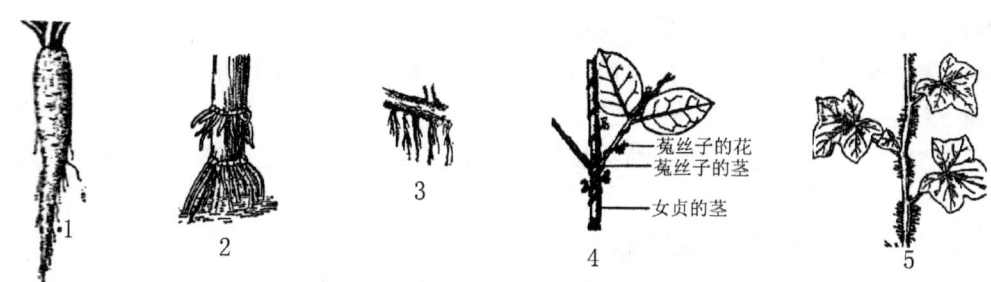

图1-3 根的变态
1.贮藏根 2.支柱根 3.气生根 4.寄生根 5.攀援根

(一)贮藏根

植物的根变得肥大肉质,并储存有大量的营养物质以供植物生长的需要,这种根称为贮藏根。如萝卜、大丽花等。

(二)支柱根

在一些浅根性的植物中,从茎基部或侧枝上生出的不定根,插入土壤中,协助主根支撑植物体,这种根称为支柱根。如玉米等。

(三)气生根

植物茎产生的不定根,悬在空气中,帮助植物吸收空气中的养分,这种根称为气生根。如吊兰、气生榕等。

(四)寄生根

植物根发育成吸器,伸入到被称作内寄生的植物体,吸收水和养料赖以生存,这种吸器叫植物的寄生根。如菟丝子,槲寄生等。

(五)攀援根

一些植物细长柔软的茎,靠其茎上的不定根攀附在其他植物体生长,这种根被称为攀援根。如常春藤、爬山虎等。

第二节 茎

茎是植物体三大营养器官之一,是组成地上部分的枝干,它的主要功能是输送和支持作用,把植物体各部分的活动连成一个整体。

一、枝条与芽

芽是茎、枝、花的原始体,生长叶子的茎就叫枝条,枝条由芽发育而成,枝条上着生叶子的部位叫作节,节与节之间叫节间,节间长的枝条叫长枝,反之叫短枝。一般短枝多易形成果枝。例如苹果、梨开花结果均在短枝。

根据芽的着生部位、生长结构及活动情况可分为以下类型。(见图1-4)

1.依芽着生部位分为定芽和不定芽

(1)定芽　有固定的着生部位的芽被称为定芽。根据着生部位,定芽又可分为顶芽和腋芽。

①顶芽　生长在枝条顶端肥大饱满的芽。

②腋芽　着生在叶腋处的芽。根据腋芽生长的位置和强度又可分为:

单生腋芽　一个叶腋处着生一个芽。如杨、柳。

并生腋芽　每个叶腋处水平排列生长二个或二个以上芽。如桃树等。

叠生腋芽　每个叶腋处上下重叠排列着生二个或二个以上的芽。如皂角、紫穗槐等。

(2)不定芽　是指没有固定着生部位的芽。例如枣树发生的根芽,海棠萌发的叶生芽,愈合组织周围产生的不定芽等。

2.以芽的性质分:芽分为叶芽、花芽和混合芽三种。

(1)叶芽　芽发育后形成带叶的枝条的芽。

(2)花芽　指萌发后形成单花或花序的芽,花芽一般比叶芽肥大饱满。

(3)混合芽　芽发育后形成带叶和花的枝条。

图1-4　枝条和芽

3.依芽的构造分为鳞芽和裸芽两种

(1)鳞芽　指在芽的外面为鳞片包被的芽。这种芽在冬季就已形成,所以它又叫冬芽。其鳞片上常见有茸毛或腊层,以减少蒸腾和防寒作用,保护芽安全越冬。

(2)裸芽　指芽外无鳞片包被而裸露生长的芽。一般热带植物及草本植物多具此类芽。此类芽多在夏季形成,故又叫夏芽。

4.依芽的生理状态分为活动芽、休眠芽两种。

(1)活动芽　指按一定季节能及时萌发的芽。例如冬季形成的芽到翌春就能萌发的芽。

(2)休眠芽　指不能按时萌发的芽。它们可以持续数年而不萌发,但在适宜的条件下也能萌发形成新枝,它们多着生在枝条下部。

二、茎

(一)茎的功能

1.支持作用 茎可支持叶片,使叶片合理排列,以利于光合作用的进行,也可使花、果处于良好位置,有利授粉及种子散发。

2.输导作用 茎的输导组织可以把根从土壤中吸收的水分和无机盐输送到枝叶,并把叶子制造的有机物输送到根、花、果实、种子利用或贮藏起来。

3.贮藏养分 植物的茎,特别有些植物的茎部特别肥大,可以贮藏大量的营养物质。

4.光合作用 某些植物的幼嫩茎和变态茎可以代替叶子进行光合作用。

5.繁殖作用 某些植物的茎可以做营养繁殖。利用茎枝上的芽进行插枝、插条、埋条等。

(二)茎的外部形态

1.茎的种类 依茎的生长习性分可分为:

(1)直立茎 主茎通直,例如雪松、毛白杨等。

(2)攀援茎 借助卷须、吸盘、不定根等攀援向上生长的茎。如葡萄、地锦等

(3)缠绕茎 植物的茎缠绕其他物体向上生长。如金银花、牵牛花等。

(4)匍匐茎 一些草本植物、地被植物的茎平铺于地面,在茎节上生根,水平生长。如狗芽根、草莓等。

2.茎的变态

(1)地上茎的变态(见图1-5a)

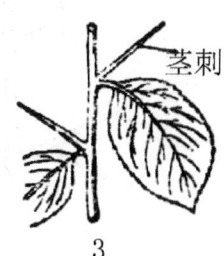

图1-5a 地上茎的变态
1.叶状茎 2.卷须茎 3.茎刺

叶状茎 植物体原来的叶子退化,茎变成了叶后并替代了叶的功能。如假叶树、竹叶蓼等。

卷须茎 植物的茎变成了卷须状并助其向上生长。如葡萄。

茎刺 茎变为针刺状。如皂荚等。

肉质茎 植物茎变的肥大肉质,叶类刺状。如仙人掌等。

(2)地下茎的变态(见图1-5b)

根状茎　具有明显的节及退化的叶和腋芽,但生于土壤中形状像根的茎,如竹类、芦苇等。

贮藏茎　生长在土壤中,具有贮藏养料功能的茎。如块茎土豆、鳞茎百合、石蒜等,球茎唐菖蒲、荸荠等。

　　　　1　　　　　　　　　　　　　　　　2

图1-5b　地下茎变态
1.根状茎　　2.贮藏茎

三、茎的分枝方式

茎的分枝是植物长期进化过程中形成的,主要是增加吸收能力和承接光面积的适应性。茎的分枝具有一定的规律性,常与茎尖生长点芽的分布和生长方式以及顶芽与侧芽的相关性有关。常见的茎分枝有以下几种(图1-6)。

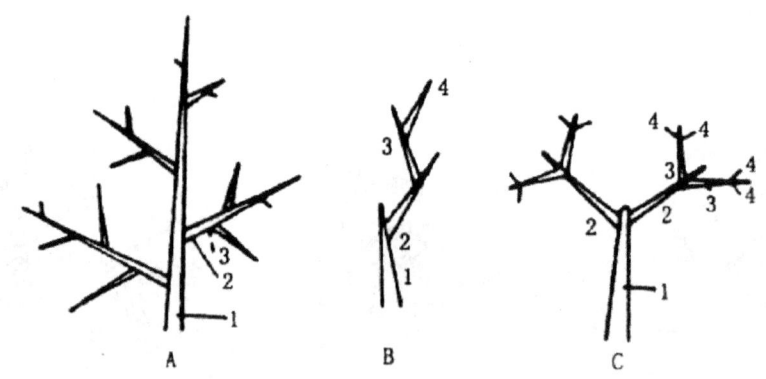

图1-6　茎的分枝类型示意图
A.单轴分枝　B.合轴分枝　C.假二叉分枝
(同级分枝以相同数字表示)

(1)单轴分枝(总状分枝)

主茎的顶芽生长旺盛,形成直立粗壮的主干,而侧枝的发育程度不如主茎,以后,侧枝又以同样的方式形成次级侧枝,这种分枝方式,被称为单轴分枝,如水杉、松、杨树等。

(2)合轴分枝

顶芽生长活动一段时间后死亡、生长停滞分化为花芽,而由靠近顶芽的1个腋芽迅速发展为新枝,替代主茎的位置,不久这条新枝的顶芽又以同样的方式停止生长,而由侧边的1个腋芽萌发成枝条替代主茎生长,如此重复进行。因此,这样形成的主轴是一段很短的主茎与各级侧枝分段连接而成,具有曲折、节间短和花芽较多的特点,是一种丰产的分枝方式。如核桃、柑橘、苹果都具有这种分枝方式。

(3)假二叉分枝

具有对生叶序的植物,顶芽生长出一段枝条后,停止发育或发育为花芽,而靠近顶芽的对生侧芽同时发育为新枝,新枝的顶芽和侧芽的生长活动与母枝相同,再生一对新枝,如此继续发育。这种分枝为假二叉分枝,如丁香、泡桐等。真正的二叉分枝是由顶端分生组织一分为二所致,多见于低等植物,如苔藓和卷柏的分枝方式。

第三节 叶

叶是植物体进行光合作用的重要营养器官之一。

一、叶的功能

(一)光合作用

植物体靠叶片的叶绿素利用光能把二氧化碳和水合成有机物并放出氧气这个过程叫光合作用。光合产物的多少,关系到植物体生长发育的好坏。

(二)蒸腾作用

叶片把水分以气体状散发出去的过程就叫蒸腾作用。

(三)其他功用

植物的叶可作为根外追肥的媒介,从而补充植物生长所需的营养,还有些植物的叶片可以产生不定芽和不定根,产生新的植株,具有繁殖功能。

二、叶的形态

(一)叶的构成

一片完整的叶子是由叶片、叶柄、托叶三部分组成的。三者俱全的叶叫完全叶(见图1-7)。如月季、苹果等。其中缺少任何一部分的叶都称为不完全叶。如缺少叶柄的金银花,缺少叶柄和托叶的君子兰等。

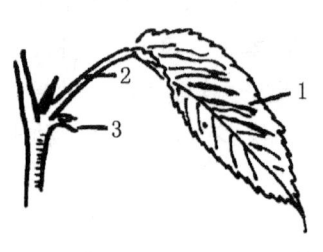
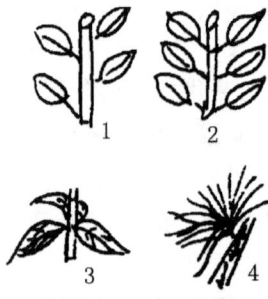

图1-7 叶　　　　　　　　　图1-8 叶序
1.叶片 2.叶柄 3.托叶　　　1.互生 2.对生 3.轮生 4.簇生

(二)叶序

叶在枝上按一定的顺序排列,这种排列的顺序就叫叶序。叶序有以下几种类型：(见图1-8)

1.互生　指每个茎节上着生一片叶。如杨、柳等。

2.对生　指每个茎节上着生两片叶。如桂花、丁香等。

3.轮生　指每个茎节上着生三片或三片以上的叶子。如杜松、夹竹桃等。

4.簇生　叶子丛状生长在茎尖上。如雪松、银杏等。

(三)叶的类型

1.单叶　每支叶柄上只生长一片叶,叫单叶。如女贞、一串红等。

2.复叶　每支叶柄上生长两片或两片以上的叶子叫复叶。如牡丹、合欢等。按小叶在叶柄上排列的次序不同,复叶又分为以下类型(见图1-9)。

单数羽状复叶　　双数羽状复叶　　掌状复叶

二回羽状复叶　羽状三出复叶　掌状三小叶　单叶复叶

图1-9 复叶

(1)羽状复叶　小叶长在叶轴两侧成羽状排列,如刺槐、皂荚、合欢等。叶轴顶端只生一片小叶的复叶叫单数或奇数羽状复叶。叶轴顶端对生两片小叶的复叶叫双数或偶数羽状复叶。

(2)掌状复叶　小叶片生长在总叶柄顶端,成掌状分裂。如七叶树等。

(3)单叶复叶　一个叶柄上只生长分做上下两小叶的复叶。如柑橘。

(4)三出复叶　只有三个小叶着生在总叶柄的顶端,如胡枝子。

(四)叶片的形态和质地

1.叶片的形态　叶片的形态一般从叶形、叶缘、叶尖、叶基、叶脉、叶色进行描述。

(1)叶形(见图1—10)

图1—10　叶形

叶的形状种类很多,常见的有圆形、卵形、椭圆形、披针形、线形等。还有些特殊的叶形,如鳞形的柽柳、侧柏等,锥形的杜松、柳杉等,针形的马尾松、雪松等,心形的丁香、紫荆等;肾形的天竺葵等,扇形的银杏,盾形的慈姑等。

(2)叶尖　植物品种繁多,叶尖形状也很多,常见的有急尖的女贞,微凹的黄檀,尾尖的梅,突尖的兰等(见图1—11)。

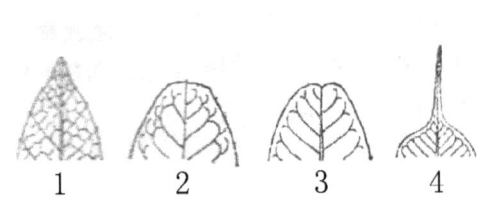
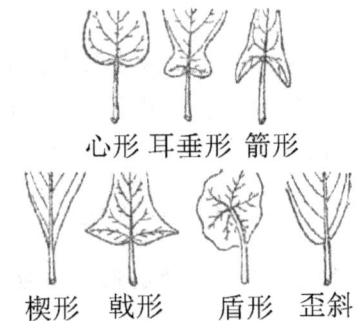

图 1-11 叶尖
1.渐尖 2.钝尖 3.微凹 4.尾尖

图 1-12 叶基

基 常见的有心形的紫荆、丁香,耳垂形的榭树,楔形的野山楂,斜形的黄榆,截形的加拿大杨,肾形的旱金莲(见图 1-12)。

(4)叶缘 常见的有全缘如女贞;锯齿状如梅、桃;重锯齿状如樱桃、榆;齿状如桑材;钝齿状如大叶黄杨;波状如蒙古柞等(见图 1-13)。

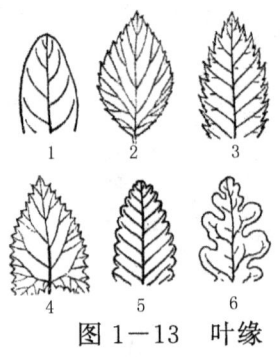
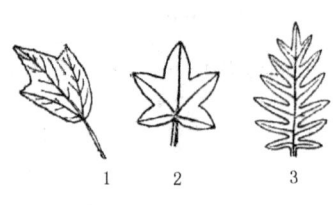

图 1-13 叶缘
1.全缘 2.锯齿 3.重锯齿 4.齿状 5.钝齿 6.波形

图 1-14 叶裂
1.三出裂 2.掌状裂 3.羽状裂

(5)叶裂 常见的有羽状裂和掌状裂,另外还有三出裂(见图 1-14)。

(6)叶脉 叶脉大体上分为网状脉如菊花、一串红等;平行脉如橡皮树、玉簪等(见图 1-15)。

2.叶片质地 叶片质地大体上可分为肉质、革质、纸质。

(1)肉质的如景天科植物半支莲等。叶片肥厚多浆。

(2)革质的如广玉兰。叶片坚硬、叶面光滑。

(3)纸质如桑树、槐。叶面薄而柔软。

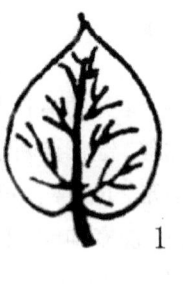

图 1-15 叶脉
1.网状脉 2.平行脉

3.托叶 生于叶柄基部,形态常因植物种类而异,如梨树的线形托叶;法桐的托叶鞘;小麦的叶舌等。

4.叶的变态 有牙鳞、叶刺、苞叶、叶卷须、捕虫叶、叶状柄等。

第四节 花和果实

一、种子

种子植物发育到一定阶段,便会开花结果,花、果实和种子是植物繁殖后代的主要繁殖器官。

不同植物种类,种子大小不同,一般大的可达 20~30 毫米,小到几毫米;不同植物种类,形态形状不同,有圆球形、肾形、三角形、多面体、椭圆形、扁圆形、贝壳状等;不同植物种类,种子颜色不相同,如苋科和草芙蓉科植物种子为黑色,荔枝、龙眼、相思树种子为红色,花铃草种子为白色,紫罗兰和百子莲种子为绿色,海州常山种子为蓝色等;不同植物种类,种子还常有各种纹饰或附属物,如鸡冠花种子光滑,蒲包花种子具有棒状突起,飞燕草、核桃种子存在很多波状褶皱,再如油松、马尾松种子有翅,乌桕、白蜡种子表面有蜡被,柳树、桃树种子有毛等。

相关知识:纹饰指种子表面高低不平或具有沟槽等所形成的图案。附属物指种子外面所带的毛、翅、蜡被等物质。虽然不同种类植物种子在形态上千差万别,但它们的内部结构基本上是相同的,一般由种皮、胚、胚乳三部分构成的。

现将种子的结构与发育列简表如下。

```
        ┌ 种皮(其   ┌ 外种皮—由多层厚壁细胞组成,通常较坚硬,其上常具有附属物。┐
        │ 上有种脐、 │                                                          ├ 具有保护作用
        │ 种孔等)   └ 内种皮—由薄壁细胞构成,一般薄而膜质。                    ┘
        │          ┌ 胚芽—在胚轴的上端,发育成植物的茎、叶、芽。
   种子 ┤          │ 胚轴—连接胚芽和胚根,其上着生有子叶,发育成植物的根颈部分。
        │   胚 ────┤ 胚根—在胚轴的下端,发育成植物的根和根系。
        │          │         ┌ 着生在胚轴的两侧或周围,是吸收或贮藏组织。
        │          └ 子叶 ───┤
        │                    └ 子叶出土后还有光合作用功能。
        └ 胚乳(有或无)—在种皮和胚之间,是贮藏组织。
```

二、花的形态及组成部分

(一)花的组成

一朵完整的花是由花梗、花托、花萼、花冠、雄蕊、雌蕊六部分构成(见图 1—16)。花梗是连接茎与花的部分,主要起支持和输导作用;花托是花梗顶端膨大部分;花萼、花冠、花蕊依次排列在花托上。一朵花,有花萼、花冠、雄蕊、雌蕊俱全的称作完全花;缺少其中之一的花称作不完全花。另外,植物花托下部常有一片或数片变态叶被称为苞片或苞叶。它们具有保护花芽的功能,还有些苞片具有艳丽的色彩,可以招引昆虫,有助花的传粉受精、结子。

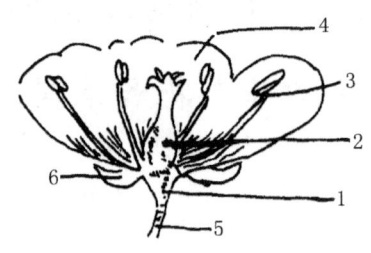

图 1-16 花
1.花托 2.雌蕊部分 3.雄蕊部分 4.花冠 5.花梗 6.花萼

1.花萼 位于花的最外层,由数个萼片组成。有些萼的外边还有更小的花萼称为副萼。如木槿、扶桑等。花萼主要起到保护花的内部结构的作用。它们通常为绿色。

2.花冠 它们由几个或几十个鲜艳的花瓣组成,紧贴花萼上部,它们一方面起招引昆虫的作用,另一方面保护花的雌雄蕊。

花冠的形态结构形式很多:

(1)依花瓣是否连合而分

花瓣互相分离独立生长在花托上的为离瓣形花冠,如月季、玉兰等。

花瓣的一部分或全部连接在一块的花为合瓣形花冠,如一串红、牵牛花等。

(2)依花冠形状分:

整齐花冠 通过花冠的中心能切出一个以上对称面的花冠。例如管状花冠的菊科;头状花序中央的花、漏斗状花冠的牵牛花;钟状花冠的倒挂金钟;石竹花冠的石竹;蔷薇花冠的月季、桃;十字花冠的桂花、紫罗兰等。

不整齐花冠 通过花冠中心只能切出一个对称面的花称为不整齐花冠,又称左右对称花冠。例如蝶形花冠的紫藤、刺槐等;唇形花冠的一串红、金鱼草等;舌状花冠的菊花。

无被花 花萼、花冠合称花被。两者具有的花称为两被花,缺一者为单被花。花萼花冠均缺时称为无被花。

3.雄蕊 位于花冠中由花丝和花药两部分组成。

(1)花丝是细长的丝状管,它的主要作用是支持花药并为其输送水分和养分。

(2)花药是生长在花丝顶端的囊状结构,囊内包的是花粉。当花粉成熟后花药开裂,花粉散出撒于雄蕊头上。

4.雌蕊 位于花中央,由子房(雌蕊的肥大部分,其中产生胚珠)、花柱(雌蕊的细长部分起连接作用)、柱头(接受花粉的部位)三个部分构成。雄蕊的花粉通过花柱将柱头接受的花粉输送到子房,然后通过受精过程,发育成熟为果实产生种子。

(二)花序及其种类

1.无限花序

无限花序的特点是:花序的主轴在开花期间仍可以继续生长,不断产生新的花序,各小花的开放顺序是由下向上开放。如花序缩短,各小花密集成一平面或球面时,则开花顺序由周缘开始向中央依次开放。故无限花序有时又称向心花序。

2.有限花序

与无限花序相反,有限花序轴顶端或最中心的花先开放,限制了花序轴的继续生长,各花开放的顺序是自上而下或由内向外。故有限花序又称离心花序或聚伞类花序。

三、果实

(一)果实的构造

果实是受精后的子房膨大发育而成,这种由子房形成的果实叫真果。如桃、核桃等;也有些植物的果实由子房和花托花萼或花冠甚至整个花序发育而成,这些果实称为假果。如苹果、梨、草莓等。果实的构造,分为外果皮、中果皮(肉质)、内果皮和种子四部分构成(桃的果实构造见图1—17)。

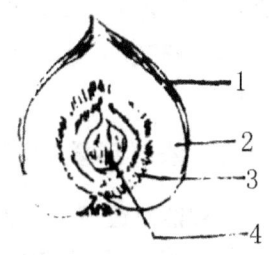

图1—17 果实
1.外果皮 2.中果皮
3.内果皮 4.种子

(二)果实的类型

根据构成雄蕊的心皮数、心皮的离合情况及果皮性质的不同,果实基本可分为单果、聚合果、聚花果三大类型。

(1)单果 一朵花形成一个的果实,它又包括两大类,干果和肉质果。

(2)聚合果是指由花中若干离生雌蕊发育而成的果实。每个雌蕊形成一个果实。例如芍药、莲子等。

(3)聚花果是指由整个花序发育而成的果实。如无花果、菠萝等。

第五节 园林植物的常用分类方法

园林植物种类极多,既包括裸子和被子植物,又包括蕨类植物;既有草本植物又有木本植物。为了便于研究和应用,必须进行分类。然而依据标准不同,分类又有多种方法。

园林植物类

一、依树木的生长类型分类

1.**乔木类** 树体高大(通常从6米至数十米),具有明显的高大主干。依其高度而分为伟乔(31m以上)、大乔(21~30m)、中乔(11~20m)和小乔(6~10m)四级。又常依其生长速度分为速生树(快长树)、中速树、缓生树(慢长树)三类。

2.**灌木类** 树体矮小(通常在6m以下),主干低矮。

3.**丛木类** 树体矮小而干茎自地面呈多数生出再无明显的主干。

4.**藤木类** 能缠绕或攀附他物面向上生长的木本植物。依其生长特点又可分为绞杀类(具有缠绕性和较粗壮、发达的吸附根的木本植物可使被缠绕的树木缢紧而死亡)、吸附类(如爬墙虎可借助吸盘,凌霄可借助于吸附根而向上攀登)、卷须类(如葡萄等)和蔓生类(如蔓性蔷薇每年可发生多数长枝,枝上生有钩刺故得攀缘上升)等类别。

5.**匍地类**:干、枝等均匍地生长,与地面接触部分可生出不定根而扩大占地范围,如铺地柏等。

二、依对环境因子的适应能力分类

1.**按照热量因子** 根据树种自然分布区域内温度的状况,可分为热带树种、亚热带(暖带)树种、温带树种和寒带、亚寒带树种。通常在实际应用中,各地根据树种的耐寒性而分为耐寒树种、不耐寒树种和半耐寒树种等三类。

2.**按照水分因子** 通常可分为耐旱树种(其中又可分为数级)、耐湿树种(其中亦可包括几级)以及湿生树种。

3.**按照光照因子** 可分为阳性树种、中性树种、阴性树种(耐阴树种),每类中又可分为数级。

4.**按空气因子** 可分为抗风树种、抗烟害和有毒气体树种、抗粉尘树种和卫生保健树种(能分泌和挥发杀毒素以及有益人类的芳香分子)等四类。每类别中又可细分为若干组。

5.**按土壤因子** 可分为喜酸性土树种、耐碱性土树种、耐瘠薄土树种和海岸树种等四类。每类中再分为若干级。

三、依树木的观赏特性分类

(1)赏树形树木类(形木类)

(2)赏叶树木类(叶木类)

(3)赏花树木类(花木类)

(4)赏果树木类(果木类)

(5)赏枝干树木类(干枝类)

(6)赏根树木类(根木类)

四、依树木在园林绿化中的用途分类

(1)孤植树(独赏树、标本树、赏形树)类

(2)庭荫树类

(3)行道树类

(4)防护树类

(5)丛林类

(6)花木类

(7)藤木类

(8)绿植篱及绿雕塑类

(9)地被植物类

(10)屋顶种植类

(11)桩景类(包括地栽及盆栽)

(12)室内绿化装饰类(包括木本切花类)

五、依树木在园林结合生产中的主要经济用途分类

(1)果树类

(2)淀粉树类(木本粮食植物类)

(3)油料树类(木本油料植物类)

(4)木本蔬菜类

(5)药用树类(木本药用植物类)

(6)香料树类(木本香料植物类)

(7)纤维树类

(8)乳胶树类

(9)饲料树类

(10)薪材类

(11)观赏装饰类

(12)其他经济用途类

花卉类

一、按花卉性状特征分类

这种分类方法是依据花卉本身的生物学特性进行的分类,不受地区和自然环境条件的限制,应用最为广泛。

(一)草本花卉

1.露地草花

在自然条件下,能正常生长开花结实的花卉,通常可分为以下几类:

(1)一、二年生草花

①一年生草花:一般以春天播种,夏秋开花结实,然后枯死,即在一年内完成其生活史的植物称一年生草花,又称春播花卉。如鸡冠花、百日草、半支莲、麦杆菊、紫茉莉、万寿菊等。

②二年生草花:一般在秋季播种,次年春夏开花结实,然后枯死,即在两年内完成其生活史的植物称二年生花卉,又称秋播花卉。如三色堇、金盏菊、雏菊、紫罗兰、桂竹香、须苞石竹等。

(2)宿根花卉

凡经一次播种后能多年生长的落叶草本植物,即冬季地上部分枯死(有些地区环境条件适宜,仍继续生长不枯死),根系在土壤宿存,来年春暖后又重新萌发生长的花卉称宿根

花卉,又称多年生花卉。如菊花、芍药、蜀葵、萱草、紫苑、楼斗菜等。

(3)球根花卉

地下部分肥大呈球状或块状的多年生草本花卉称球根花卉。依据地下部分形态特征和其他性状的不同,又可分为以下几类。

①按形态特征分:

球茎　地下茎短缩肥大呈球状或扁球形,其外部有明显的节,在节上头着生由叶子和腋芽变形的皮膜和芽眼,内部实心,质坚硬。如唐菖蒲等。

鳞茎　由多数肥厚鳞片,着生于盘状茎上形成。外被纸质外皮的叫作有皮鳞茎,如水仙、风信子、郁金香等;外面没有外皮包被的叫作无皮鳞茎,如百合、贝母等。

块茎　地下茎肥大呈不定型的块状体,其顶端有发芽点着生。如白头翁、花毛茛等。

块根　主根肥大呈块状,外被革质厚皮,其上无芽眼着生,若失去根颈部,则块根无繁殖能力。如大丽花,其新芽着生于块根与老茎基部交接处(称为根颈)。

根茎　地下茎肥大呈根状,上具明显的节,于节处生根。并有横生分枝,每个分枝的顶端为生长点。如美人蕉、鸢尾等。

②按生态习性分:

春植球根类　春季将球根栽种后,夏秋开花,入冬地上部分枯死。如唐菖蒲、大丽花、美人蕉、鸢尾等。

秋植球根类　秋末栽种,春季开花,夏季休眠。如郁金香、风信子、水仙等。

(4)水生花卉

在水中或沼泽地生长的花卉,大部分属于多年生宿根落叶草本植物。如睡莲、荷花等。

(5)岩生花卉

适合在岩石园栽培的花卉,耐旱性强,株型矮小。如垂盆草、白头翁、石竹梅等。

2.温室草花

原产热带、亚热带及南方温暖地区的花卉,在北方均作为温室花卉栽培。通常可分为下面几类:

(1)一、二年生花卉

如瓜叶菊、蒲包花、报春花等,均是在一年或二年内完成生活史的植物。

(2)宿根花卉

四季常青,地下部分多须根。如吊兰、万年青、君子兰、非洲菊、鸭跖草等。

(3)球根花卉

为常绿草本植物,地下部分肥大呈球状或块状。如仙客来、朱顶红、马蹄莲、花叶芋等。

(4)仙人掌及多浆植物

指茎肥厚呈掌状、柱状或球状,叶变态呈刺状或叶肥厚、多汁呈片状、球状,茎叶内具有发达的贮水组织的多年生植物。如仙人掌科、景天科、番杏科等植物。

(5)兰科植物

多年生草本。因其种类繁多,栽培习性独特,常单列一类。按其生态习性不同,又可分为地生兰类(如春兰、惠兰、建兰、墨兰、寒兰等)和附生兰类(如蝴蝶兰、卡特兰、兜兰、石斛、万带兰等)。

(6)蕨类植物

大部分为多年生常绿草本。靠孢子进行繁殖。如肾蕨、波斯顿蕨、鸟巢蕨等。

(7)凤梨科植物

如水塔花、蜻蜓凤梨、彩叶凤梨等。

(8)水生花卉

如王莲、热带睡莲等

(9)食虫植物

如猪笼草、瓶子草和扑蝇草等。

(二)木本花卉

1.露地木本

(1)落叶灌木类

地上部无一明显主干,多呈丛状生长。如牡丹、月季、迎春、贴梗海棠等。

(2)落叶乔木类

地上部有明显的主干,植株生长高大。如碧桃、梅花、石榴、玉兰等。

(3)落叶藤本类

如紫藤、凌霄等。

2.温室木本

(1)常绿亚灌木类

地上主枝半木质化,髓部常中空。如天竺葵、倒挂金钟、八仙花等。

(2)常绿灌木类

如杜鹃、一品红、含笑、米兰等。

(3)常绿乔木类

如南洋杉、棕榈、椰子、变叶木、山茶、橡皮树、龙血树等。

(4)常绿藤本类

如喜林芋、绿萝、常春藤、白粉藤等。

二、按花卉生态习性分类

(一)按耐寒性分类

不同花卉因原产地不同,对温度要求也不同,根据耐寒能力差异,可分为以下几类:

1.耐寒花卉

原产温带及寒带的二年生花卉、落叶宿根和秋植球根花卉、落叶木本花卉等。在我国北方寒冷地区能露地越冬,一般能耐0℃左右的温度,其中一部分种类还能忍耐−5℃～−10℃低温。在中原地区如三色堇、二月兰、金鱼草、萱草、玉簪、地被菊、芍药、郁金香、风信子、牡丹、月季、榆叶梅等,均能露地越冬。

2. 半耐寒花卉

原产温带较暖地区，耐寒力介于耐寒与不耐寒花卉之间，在北方冬季需稍加防寒便能越冬。如在中原地区，金盏菊、紫罗兰、桂竹香等，秋季播种，在早霜到来前移入冷床中保护越冬。

3. 不耐寒花卉

原产热带及亚热带的一年生花卉，春植球根花卉和常绿草本和木本花卉等在生长期间要求高温，不能忍受0℃以下的温度，其中一部分种类还不能忍受5℃左右温度。因此，在我国北方这类花卉生长发育必须在一年中无霜期内进行，或在温室内栽培。在华北凤仙花、鸡冠花、翠菊、麦秆菊、万寿菊等必须在春季晚霜过后开始生长发育。唐菖蒲、晚香玉、美人蕉、大丽花等春天土解冻后种植，秋末必须将地下部挖回，放到室内贮藏越冬。瓜叶菊、吊兰、报春花、喜林芋、彩叶凤梨、棕竹、山茶、巴西木、橡皮树等均要在温室内栽培。在冬季养护时，应根据它们对温度的不同要求分别进入低温、中温和高温温室栽培。

（二）按喜光性分类

不同花卉种类对光照强度和光照时间长短的反应是不一样的，因此也可以光照强度和光照时间长短作为分类依据。

1. 光照强度

（1）阳性花卉

原产于热带及温带平原上、高原南坡、高山地面的花卉。该类花卉必须在完全的光照下生长，不能忍受若干蔽荫。如多数露地一二年生草花和宿根、球根花卉、仙人掌科、景天科等多浆植物，水生花卉及多数落叶木本花卉。如月季、牡丹、扶桑、夹竹桃、石榴等。它们都喜强光，在蔽荫环境下，则生长发育受到影响。

（2）阴性花卉

原产于热带雨林、高山阴坡及森林下面的花卉，不能忍受强烈的直射光照，生长期要求50%~80%的蔽荫度才能生长良好，一般在温室内培养需加遮阳网遮阴，室外需在荫棚下养护。如兰科植物、蕨类植物，天南星科、姜、凤梨科等植物多属此类。这类花卉适合在室内摆放。也称室内花卉。

（3）中性花卉

原产于热带和亚热带地区的花卉，对光照强度的要求介于上述二者之间，一般喜阳光充足，但在微荫下也能生长良好。如萱草、耧斗菜、桔梗、杜鹃、山茶、棕竹、八仙花等。这类花卉在我国北方的夏季必须放在树荫下养护。

2. 光照时间长短

（1）长日照花卉

由营养生长期进入生殖生长期，每日所需光照时间必须在12小时以上（一般14~16小时）的植物。如唐菖蒲、百合、金盏菊、矢车菊、金鱼草、虞美人、紫罗兰和飞燕草等二年生花卉。

（2）短日照花卉

从营养生长期进入生殖生长期，每日所需光照在10~11小时以下的花卉。如菊花、一品红、叶子花等。

(3) 中日照花卉

这类花卉对光照长短要求不严格,无论在长日照或短日照下都可以开花。如香石竹、紫茉莉、大丽花、马蹄莲、仙客来、四季海棠、月季、扶桑等。

(三) 按水分需求分类

不同种花卉因原产地的雨量和分布状况不同,因此对水分的要求也有差异,大体上可以分为以下几类:

1. 旱生花卉

这类花卉大多原产于炎热干旱的荒漠地带,耐旱性强,能忍受较长时间的空气和土壤干旱。如仙人掌类和多浆植物,为了适应干旱的环境,它们茎肥厚呈柱状或球状,内具发达的贮水组织,叶片变小或退化成刺状,以减少蒸腾。

2. 湿生花卉

这类花卉原产于热带雨林或阴湿森林中,生长期间要求经常有大量水分存在。如蕨类植物、热带兰类和天南星科、鸭趾草科、凤梨科植物等。

3. 中生花卉

大多数花卉都属于这一类,对水分要求介于以上两者之间,有些种类偏于旱生花卉特征,有一些则偏重于湿生花卉的特征。

4. 水生花卉

这类花卉必须在水中生长。常见种类分以下 4 类:

(1) 挺水植物:即叶离开水面,根生长在泥里。如荷花、慈菇、千屈菜、水葱等。
(2) 浮水植物:即叶浮在水面,根生长在泥里。如睡莲、欠实等。
(3) 漂浮植物:叶浮在水面,根不生在泥土里,可随水漂动。如凤眼莲、莕菜等。
(4) 沉水植物:平时植株生长在水里,开花时才露出水面。如金鱼藻。

其他分类方法

(一) 依据自然分布分类

(1) 热带花卉
(2) 温带花卉
(3) 寒带花卉
(4) 高山花卉
(5) 水生花卉
(6) 岩石花卉
(7) 沙漠花卉

(二) 依据经济用途分类

(1) 药用花卉

(2)香料花卉

(3)食用花卉

(4)其他用途花卉

(三)依据观赏部位分类

(1)观花类

(2)观果类

(3)观叶类

(4)观干类

(四)依据园林用途分类

(1)花坛花卉

(2)盆栽花卉

(3)室内花卉

(4)切花花卉

(5)水景花卉

(6)岩石园花卉

(7)棚架花卉

第二章　园林植物生理学基础

植物生理学是研究植物生命活动的科学。植物的生命活动是在水分代谢、矿物质营养、光合作用和呼吸作用等基本代谢的基础上,从种子发芽、营养器官生长和运动、开花、受精、果实和种子成熟等生长发育过程来表现的。

植物生理学的任务就是研究和了解植物在各种环境下进行生命活动的规律和原理,并将其研究成果应用于植物生产中去。

第一节　植物代谢基础

一、水分代谢

代谢是维持生命活动的总称,(它包括同化和异化两个方面即合成和分解,植物的水分代谢概括为三个过程:水的吸收,水的运输和水的排出。)了解植物水分代谢的规律,及时而恰当地供应和控制水分,对植物的生长发育有着重要的意义。

(一)水在植物生活中的意义

1.水分是原生质的重要组成部分　原生质含水量一般都在80%以上才能保持代谢过程的正常进行。如果失水过多,会导致植物萎蔫,甚至中毒死亡。

2.水分是植物体内生化反应的原料　植物体内生理生化过程需要水直接参加,如光合作用、呼吸作用等。

3.水分是植物代谢的介质　土壤中营养元素只有溶于水才能被根吸收,矿物质盐类及代谢产物在植物体内运输,也必须随水溶液运输到各部位。

4.水分能使植物保持固有的姿态　细胞含有足够水分,才能使细胞膨胀,使枝叶挺立。

5.水分能调节植物的体温　植物在散失水分时,能降低体温,以免灼伤植物体。

(二)植物根系对水分的吸收

植物通过根系从土壤中吸收水分供植物生长的需要。植物有庞大的根系,但根吸水的部位主要在根尖。吸水能力最强的是根毛区。

1.根的吸水动力主要有两种　一是根压,二是蒸腾拉力。根压是主动吸水的动力;蒸腾拉力是被动吸水的动力。

2.影响根系吸收水分的外界条件　大气因素影响蒸腾速度,从而间接影响根系吸水。而直接影响根系吸水的是土壤因子。土壤中水分可分为重力水、毛细管水、吸湿水三种。其中毛细管水为植物吸水的主要来源,一部分重力水也能被植物吸收。土壤温度适宜时有利于根系吸水,土壤温度过高、过低或急剧降温都会影响根的生理活动,从而阻碍根系吸水。土壤通气性不良也会引起根系吸水量的下降。

3.水分在植物体内运输过程是 土壤中水分→根毛→根皮层→根的中柱鞘→根的导管→叶柄导管→叶脉导管→叶肉细胞→叶肉细胞间隙→气孔内室→气孔→空气中。

二、植物的矿质营养

植物要维护正常的生理活动,除需要水分外还需要各种矿质元素。植物必需的矿质元素主要有:碳、氢、氧、氮、硫、磷、钾、钙、镁。微量元素有铁、硼、铜、锌、锰、氯、钼等。

从生理学来看,植物必要元素来源可分为三类:水中元素氧、氢;大气中碳;土壤中氮和灰分元素。

矿质元素的吸收,主要是从土壤无机盐中吸收,所以依靠植物的根。影响吸收因子有:土壤温度,土壤通气性,土壤的酸碱度,土壤溶液浓度。地上部分吸收矿质主要在叶部。将肥液喷洒在叶面,通过叶子给植物以矿物质营养的方法,称为根外追肥。

表2-1 植物缺乏矿物质元素的症状检索表

```
A1老叶病症
    B1病症常遍布整株,基部叶片干焦和死亡
        C1整株浅绿,基部叶片黄色,干燥时呈褐色,茎细而短。(N)
        C2整株深绿,常呈红或紫色,基部叶片黄色,干燥时暗绿,茎细而短(P)
    B2病症常限于局部,基部叶片不干焦但杂色或缺绿,叶缘杯状卷起或卷皱
        C1叶杂色或缺绿,有时呈红色,有坏死斑点,茎细(Mg)
        C2叶杂色或缺绿,在叶脉间或叶尖和叶缘有坏死斑点,小,茎细(K)
        C3坏死斑点大而普遍出现于叶脉间,最后出现于叶脉,叶厚,茎细(Zn)
A2嫩芽病症
    B1顶芽死亡,嫩叶变形或坏死
        C1嫩叶初呈钩状,后从叶尖和叶缘向内死亡(Ca)
        C2嫩叶基部浅绿,从叶基起枯死,叶捲曲(B)
    B2顶芽仍活,但缺绿或萎蔫,无坏死斑点
        C1嫩叶萎蔫,无失绿,茎尖弱(Cu)
        C2嫩叶不萎蔫,有失绿
            D1坏死斑点小,叶脉仍绿(Mn)
            D2无坏死斑点
                E1叶脉仍绿(Fe)
                E2叶脉失绿(S)
```

三、植物的光合作用

光合作用是指植物体内叶绿体吸收光能,将二氧化碳和水合成有机物,并释放出氧气的过程。

光合作用的意义可概括为三点:把无机物转变为有机物,把太阳能转化为化学能并贮存于合成的有机物中,使大气中的氧气和二氧化碳的代谢得以平衡,保护生态环境。

光合作用和其他生理过程一样,受到一系列内外因素影响。其内因主要有植物种类、植株年龄、器官及叶绿素含量等因素。外界因素主要有:

（一）光照强度

一般说来,光合作用的强度与光照强度成正比。但当光照强度达到一定程度时,光照强度再增加,光合作用并不再随之增高。这时的光照强度为光饱和点。达到饱和点后光照强度再增加,光合作用反而下降。这是因为强光引起色素和酶类的钝化,同时强光导致高温,水分亏缺,气孔关闭,CO_2供应不足等。

（二）CO_2浓度

CO_2是光合作用的主要原料,其含量直接影响光合作用,大多数植物当空气中的CO_2含量低于60ppm时,光合作用显著降低,甚至完全停止,这一浓度称CO_2补偿点。适当提高CO_2浓度,在一定范围内能提高光合作用强度,一般情况下光合作用最适CO_2浓度为0.1%,而空气中CO_2含量通常为0.02%～0.03%左右。所以如能适当地增加空气中CO_2浓度,光合作用便能显著增加。

（三）温度

植物进行光合作用温度范围很宽,一般说,植物可在10～35℃范围进行正常光合作用;最适点约为25～30℃;一般植物光合作用最高限温度为40～50℃,这时光合作用很微弱甚至停止。但温度对光合作用影响程度和植物起源有关,温带植物光合作用的最低温度为0～5℃,寒带植物最低可达-5～-7℃,而热带植物在4～8℃时光合作用便受抑制。从温度最低限开始,光合强度随温度升高而加强,超过最适点以后,光合强度便下降。

（四）水分和矿质元素

水分是光合作用的原料,但植物所吸收的水分用于光合作用的不到1%,而大部分用于其他生理过程和通过蒸腾而散失。因此,水分对光合作用的影响不是直接的,它主要通过影响植物的其他生理活动,从而间接地影响光合作用。

植物生命活动所必需的十几种矿质元素对光合作用也有直接和间接影响。了解影响光合作用的因素以后,对园林植物栽培、管理上创造植物生长的适宜环境,提高植物对光能的利用率及光合效率。

四、植物的呼吸作用

（一）呼吸作用的意义

呼吸作用是和植物生命密切相关的一种生理过程。在植物生命活动中有极其重要的作用:一是供给植物生命活动所需要的能量;二是为了其他化合物合成提供原料;三是能增强植物的抗病性。

（二）影响呼吸作用的外界因素主要有:

1.**温度** 在一定温度范围内,随温度升高,呼吸强度也增高。温度对呼吸作用的影响有三点:最低点、最适点和最高点。

2. 氧气　氧气是呼吸作用中有机物分解、氧化的必要条件。在正常情况下,空气中氧的含量为20%,而土壤通气不良就影响根的正常呼吸。如有的行道树生长不良就是因为土壤被踏的太实,且通气不良,氧气供应不足而引起的。

3. 二氧化碳浓度　呼吸作用的产物,在一定含量时可增强光合作用。正常大气中的CO_2浓度虽低并不影响呼吸。土壤深处通气不良,所以要中耕松土,使土壤与大气进行气体交换,才能保护根系正常呼吸。

4. 水分　外界环境中水分多少能影响细胞含水量,对呼吸作用影响很大。

5. 大量粉类污垢沉积叶面　阻塞气孔,也能影响植物呼吸作用的正常进行。

第二节　植物的成花生理

一、花芽分化的诱导因素

关于植物的成花,科学家很早就有研究,并对花芽分化的机理问题发表了不少有关的学说。如春化作用、光周期反应、碳氮比学说、温度诱导、成花激素学说等。不管哪一种学说,目前根据研究的结果,大家普遍认为,花芽分化是在内外条件综合作用下产生的,而物质基础是首要因素,激素和一定的外界环境因子则是重要条件。

（一）春化作用

某些花卉在个体发育过程中要求必须通过一个低温周期,才能引起花芽分化,继续下一阶段的发育,这个低温周期叫春化作用。需要春化作用的植物,冬春季的低温能促使这些植物成花加速。

1. 春化现象

依据要求低温值的不同,可将花卉分为三种类型：

(1)冬性花卉：这一类花卉植物在通过春化阶段时要求低温,均在0～10℃温度下,能够在70天的时间内完成春化阶段,在近于0℃的温度下进行得最快。如二年生花卉和春天开花的宿根花卉月见草、毛地黄、毛蕊花、美国石竹、罂粟、矢车菊和耧斗菜、荷包牡丹等均为冬性花卉,如果由秋播改为春播,对开花极为不利或不能开花。

(2)春性花卉：这类植物通过春化阶段时要求低温在5～12℃,比冬性植物高,同时完成春化作用时间较短,约5～15天。一年生花卉和秋季开花的多年生草花为春性植物。

(3)半冬性植物：介于上述两种类型之间,对温度要求不甚敏感,通过春化阶段时低温不能低于3℃,高温在15℃也能完成春化。其通过时间为15～20天。如紫罗兰属植物。

2. 春化的部位与解除

一般认为,春化作用限于分生组织内进行,它可以是种子内的胚,也可以是幼苗或其他营养体的芽。据试验,十字花科的紫罗兰和六倍利等是由幼苗的芽通过春化阶段,豆科的香豌豆由种子内的胚通过春化阶段。

春化作用可以被解除,在春化过程还没有完成结束前,就将植株再返回到常温下,春化效应会有不同程度的消失。如果植物在春化过程中,立即改换在30℃或更高温度条件下,则春化效应会完全丧失。如果在春化阶段已经完成的情况下,再将植株移到高温的条件下,便不会再使春化效应发生消失。

3. **春化的生理机理**

有关春化机理,目前还没有一个比较一致的看法,一种观点认为,春化是活化了一个或一组与成花有关的基因,也可能是活化了某种细胞器,于是引发一系列的生化过程。如有人推测,在低温诱导下,植物体内的核酸和蛋白质发生变化,可能引起细胞遗传信息去阻遏作用变化,最后引起顶端分生组织的一定区域转变成"花原基"。另一种观点认为,植物在低温下产生一种春化素,而在长日照下春化素能转变成赤霉素(GA),同时在长日照下又能形成一种成花素,结果在赤霉素和成花素共同作用下引起成花。而植物在短日照下,春化素不能转变成赤霉素,同时也不也形成成花素,因此就不能成花。短日照花卉则正好相反。

以上结果说明,春化作用,除要求低温条件外还要依赖于其他条件,如光照长短、能量供给等。早春开花植物需低温长日照条件,相反,菊花成花需要低温配合短日照条件。

(二)光周期作用

1. **光周期现象**

一定时间光照与黑暗的交替,称为"光周期"。光周期现象则指光周期对植物生长发育的影响,不仅可控制某一部分花卉的花芽分化和成花,而且还影响植物其他生长发育现象,如分枝习性、地下器官的形成以及其他器官的衰老、脱落和休眠等。

2. **光周期感受部位及传导**

用菊花做试验证明叶片是光周期感受部位,而且完全展开前后的叶片对光周期反应最为敏感,而未成熟或是已经衰老的叶片敏感程度最低。

植物花原基的形成是在顶端分生组织内进行的,而感受光部位是叶片,这就说明叶片受光周期诱导以后,能形成一种成花素,然后成花素从叶片通过茎的韧皮部传送到芽的分生组织,诱导成花。

3. **光敏色素在诱导成花中的作用机理**

光敏色素是感受光周期刺激的物质,可以从高等植物的大部分器官和组织中提取出来,而且在分生组织中含量最高,多集中分布在植物细胞的膜系统上,影响膜的透性,从而改变细胞水分与物质的进出、酶系统的活性,最终导致花器形态建成。说明光敏色素不是开花刺激物,而足可以触发开花刺激物的合成、可被激活的物质。

(三)植物体内碳、氮含量与成花关系

植物体内含碳量与含氮量的比例,决定了植物是生长还是成花。当植物体内含碳量不足或是含氮量过多,植物都不能成花,而只有碳、氮含量充足时,或碳的含量多于氮的含量时,才利于植株开花。

综上所述,虽然植物成花问题有低温春化和光周期的诱导,但是,碳水化合物和氮素供应,始终是植物成花代谢的前提和基础。

（四）积温学说

一年内日平均气温≥10℃持续期间平均气温的综合，即活动温度综合简称积温。积温学说认为植物平均发育速率与植物发育期内环境的最低温度以上的温度总和（积温）呈直线关系。如某植物从出苗到开花，发育的下限温度为0℃，需要经历600℃积温，当日平均温度为15℃时，需经历40天，而日平均温度为20℃时，则需要经历30天。总之，积温值更适合对光周期要求不严格而生育过程又与温度条件密切相关的植物种类。

（五）成花激素学说

多数观点认为，在某种或某类开花激素物质的作用下，会导致代谢状况的改变，而这种成花激素是从植物感受外界光照的部位叶片中产生，而再由叶片转移至芽，或直接由芽产生。然后导致花原基的形成，以花原基为基础，才能进行花芽分化。目前有关成花激素形成机理尚待进一步研究。

二、花芽分化的时期和过程

（一）花芽分化的时期

依据花芽开始分化的时间及完成分化全过程所需要时间长短不同，可分为以下几个类型。

1. 夏秋分化类型

花芽一年分化一次，在6～9月高温季节进行，至秋末花器官的主要部分已分化完成，翌年早春低温下再进行性细胞分化，然后到春暖时开花。许多木本花卉，如牡丹、樱花、梅花、杜鹃等属于这一类型。部分球根花卉也是在夏季高温季节进行花芽分化。如郁金香花原基是在鳞茎收获前或收获后的夏季休眠期内完成。其花芽分化的最适温度是17～18℃，如果温度超过20℃就不利于花芽分化的进行。

2. 冬春分化类型

原产温暖地区的某些木本花卉，如柑橘类多在12月至翌年3月进行花芽分化，分化时间短并连续进行，一些二年生花卉和春季开花的宿根花卉，多在春季温度较低时期进行花芽分化，如金盏菊、雏菊、紫罗兰、三色堇等，只要通过低温春化，又满足长日照要求，即使植物体还很幼小，也能开花。

3. 当年一次分化的开花类型

一些当年夏秋开花的种类，在当年的新梢上或茎顶端形成花芽。如紫薇、木槿、萱草、菊花等，基本属此类型。另外，春植球根和一部分秋植球根类花卉，如唐菖蒲、美人蕉及百合等，其花芽分化是在叶片生长到一定阶段以后才进行。唐菖蒲早花型品种通常要在主茎上长有2片叶时，生长点才开始花芽分化，要求最低气温在10℃以上；晚花型品种通常要在主茎上长有4片叶时，要求最低气温在12℃以上。

4. 多次分化类型

一年中多次发枝，每次枝顶均能形成花芽并开花，如月季、倒挂金钟、香石竹等四季开花的木本花卉及宿根花卉；当新枝生长达一定高度时，顶端营养生长停止，花芽逐渐形成。在顶花芽形成过程中，其他花芽又继续在基部生出的侧枝上形成，如此在四季中可以多次开花。

5.不定期分化类型

每年只分化一次花芽，但无一定时期，只要达到一定的叶面积就能开花。如凤梨科和芭蕉科的某些种类。

（二）花芽分化的过程

花芽分化的过程是在分生组织感受到成花刺激信号后，发生一系列生理与形态结构的变化。整个过程可分为生理分化期、形态分化期和性细胞分化期。

生理分化期是在形态分化前进行的，多数认为形态分化前1～7周出现生理分化。生理分化期间，植物体呼吸作用、某些酶的活性、养分的供应状况、激素的含量等，都应有所不同。

形态分化在生理分化之后，当芽内的生长锥由"叶原基"转变为"花原基"，此时顶端分生组织由尖形变为圆球形。以后圆球形表面有规律地发生一定数量的瘤状突起。这些瘤状突起进而发育成花器的各个部分。形态分化全过程又分为花原基产生时期、萼片形成期、花瓣形成期、雄蕊形成期、雌蕊形成期（图形2－1）。

性细胞成熟期，就是花粉和胚囊的发育时期。一般当花粉和胚囊成熟时，花朵即可开放。

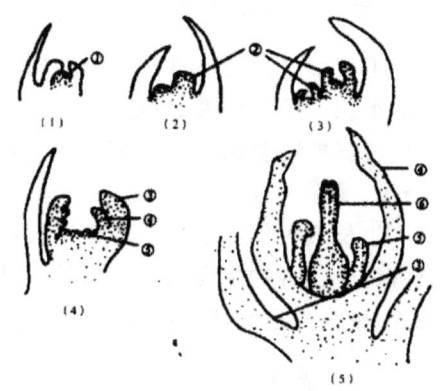

图2－1 杜鹃花花芽分化

三、开花与环境

1.温度

花芽的萌发必须有一定的温度条件。一般讲，温度高，花芽萌发过程加速。但不同种花卉要求温度条件不相同，原产热带、亚热带地区的一年生花卉，开花时要求温度偏高，如鸡冠花、凤仙花、牵牛花、半支莲等，花朵开放要求25～30℃。而原产温带及较冷地区的二年生花卉，如紫罗兰、金盏菊、三色堇、雏菊等，温度必须在5～15℃左右才开花。一些对温度要求适中的花卉，如金鱼草、蜀葵、虞美人等，开花适温为15～25℃，秋菊的开花适温为13～16℃。

某些木本花卉和球根花卉，开花阶段对温度要求特殊，在开花前必须经过一个低温休眠时期，才能进入开花阶段，如牡丹和杜鹃，要求2～5℃的冬季低温。而当休眠解除后，又要求15～20℃温度才能开花。桂花必须经过17～20℃以下的夜间低温，才能在20～25℃适温下开花。又如水仙花要求低温5～9℃，休眠结束后，茎叶生长适温是18～25℃，随着茎叶生长便能如期开花。

早春开花的植物，在3、4月气温回升较快的年份，花期普遍提前。若遇早春霜降严重的年份，花期普遍推迟。开花期内温度过低或过高，均会使花朵遭受寒害或热害。

2.光照和肥水条件

一般草本花卉,不论在春季长日照条件下,还是在秋季短日照条件下开花,都要求光照充足,开花便加速,花期也较长。

大部分落叶木本花卉,春天在日照延长的环境下,都会加速开花。另外,植物体内的营养水平也影响开花,那些营养状况好的植株开花提早。

第三节 植物激素

植物激素是植物新陈代谢的产物,它在某一器官内形成,可以转送到其他器官。这些物质在体内含量极低,而生理活性很强,对植物休眠、生长、开花和果实发育起调节作用。

一、植物激素的种类和生理作用

(一)生长素

生长素是人们最早发现的植物激素,是一种简单的化学物质—吲哚乙酸,它可以由植物的组织中分离出来,又可人工合成。吲哚乙酸的衍生物或类似物也有相同功效,人工合成生长素类物质如:2－萘乙酸,吲哚丁酸,2.4－二氯苯氧乙酸,4－碘苯氧乙酸(增产灵)等。

生长素大部分集中在各个生长尖端,在活细胞中,通过极性传导;分布到植物的各个器官。生长素的主要生理作用是促进细胞的分裂、伸长、增大,也有促进组织分化的作用。此外,生长素还能诱导植物生长的向性运动,并广泛应用于扦插繁殖中促进生根。

(二)赤霉素

赤霉素是赤霉病真菌的代谢产物,目前发现的赤霉素有50多种,其中,常用的、效力最大的是赤霉酸(GA3)。

赤酸素对植物的生理作用主要有以下几个方面:

1.促进细胞的分裂和伸长。 赤霉素最显著的生理效应,就是促进茎和叶的伸长。只要将微量的赤霉素(0.1ppm)滴于植物生长锥上,便引起植物急剧的生长,尤其对矮生植物更为突出。生产上也应用抗赤霉素物质如矮壮素,可以使植物变矮,茎变粗。节间缩短,叶色变绿,并有促进开花,提高产量的效果。

2.促进植物开花。 赤霉素能代替某些植物发育所需要的低温和长日照条件,加速某些长日照植物发育。

3.破除休眠,促进发芽。 赤霉素可破除各种休眠,促进种子的后熟过程和树木休眠芽的萌发,并防止果实脱落和形成无籽果实。

(三)细胞分裂素

细胞分裂素又称"激动素",是核酸类的物质。一般认为细胞分裂素在根类里合成,并通过木质部运到地上部分。细胞分裂素的主要生理作用是促进细胞分裂和组织分化。用于整株植物或器官,能活跃分生活动,推迟衰老过程。在组织培养时加入细胞分裂素能诱导愈伤组织的形成、芽和根的出现、细胞的分化。

(四)脱落酸

脱落酸又名休眠素,在植物体内含量极微,而活性很高,由叶片形成后转入休眠器官。主要作用是促进植物的休眠和器官的脱落,能促进某些短日照植物开花,并减弱其他植物激素促进生长发育的作用。

(五)乙烯

乙烯是植物果实成熟时产生的一种气体,称"气态激素"。乙烯的基本功能是催熟作用。此外,还能引起叶子脱落,抑制细胞伸长,调节性别转化,有利于雌花形成等。

二、类激素类生长调节物质

类激素类生长调节物质是由人工合成的生长调节剂,它具有激素类的特点,在极低的浓度下有很强的生理活性,被人们用来控制植物的生长发育。常见的主要有三类:

1.生长促进剂,可以促进植物生长发育。

(1)类生长素类的生长促进剂有吲哚丁酸(IBA)、萘乙酸(NAA)、2.4-D等。

(2)赤霉素类生产上常见的有九二〇,是 CA_3,GA_4,CA_7 的混合物。

(3)分裂素类生长促进剂有细胞激动素 KT、6-13A、苯基脲化合物、油菜内酯等。

2.生长延缓剂,可以延缓生长发育速度,主要表现为抑制节间伸长,常见的种类有多效唑、矮壮素、缩节胺、比久等。

3.生长抑制剂,可以抑制顶端分生组织的生长。常见种类有青鲜素、整形素、乙烯利等。

第三章 园林土壤肥料学基础

第一节 土壤的物质组成

土壤组成是指土壤发展到一定阶段的外部表现,它由固体、液体、气体三部分组成。这三部分物质共同构成一个相互联系、相互制约、不断运动的统一体,他们成为土壤肥力的重要物质基础。

土壤 ⎰ 固相 ⎰ 矿物质:由岩石风化产生,占土壤体积38%,重量95%。
　　　　　　 有机物:占土壤体积12%,重量5%,是N素和有效养分的主要来源。⎱ 土壤固体(50%)
　　　　　　 生物体:土壤中昆虫、虫及各种微生物,特殊成分具有特殊作用。
　　　 液相:土壤水分包括重力水、吸湿水、毛细管水等存在于土壤孔
　　　　　　隙中并溶解各种物质,占土壤体积15%～35%,常发生变化。⎱ 土壤孔隙(50%)
　　　 气相:土壤空气包括氧气、二氧化碳等,
　　　　　　占土壤体积15%～35%,经常变化。

相关知识:土壤空气与大气间的气体交换为扩散。土壤吸收氧气,放出二氧化碳和水蒸气的整体效应,这种现象称作土壤呼吸。

一、土壤的组成

土壤组成是土壤发展到一定阶段的外部表现,它由固体、液体、气体三部分组成。

(一)固体物质包括矿物质和有机质

1.矿物质包括岩浆冷却后直接形成的原生矿物质和原生矿物经过风化后形成的次生矿物质。

2.有机质包括活的和死的有机体及死亡后和新陈代谢的产物。

(二)孔隙内可以容纳气体和液体

1.气体中氮约占80%,其他气体约占20%。

2.液体包括地下水、水汽凝结水、自然水、可溶性盐类溶液等。

二、土壤有机质

(一)土壤有机质的来源

主要是生物体的死亡残留物,它们包括动物、植物、微生物等。其中植物的残留体占主要成分。这些残留物质在一定条件下,经过微生物分解、土壤化学反应合成新的物质,成为土壤有机质重要来源。在园林生产中施入土壤的有机肥料,也属土壤有机质的来源途径。

（二）土壤有机质的组成

1.动物和微生物的遗体。
2.动、植物和微生物的排泄物和分泌物。
3.上述两种物质的分解产物。
4.腐殖质即有机质经过分解合成后形成的新的有机物。它是土壤有机质的主要成分,它的含量直接反映了土壤的肥力。

（三）土壤有机质成分

土壤有机质成分包括碳水化合物、含氮化合物、脂肪化合物、单宁物质和灰分物质。

（四）土壤有机质的两大类型

1.**新鲜有机质**　它们是未被分解,保持原来形状的动植物遗体。这些残余物质呈半分解状态,原组织形态已被破坏,但是可以和土壤矿质分开。

2.**腐殖质**　它们是土壤中的一种黑色有机物,经微生物分解,失去原形并与矿物质颗粒紧密结合。它们占有机质的35%～90%,影响着土壤的理化性质和土壤肥力。

三、土壤有机质的作用

土壤有机质对土壤肥力的作用是多方面的,可概括以下几点：

（一）植物营养的主要来源

土壤有机质中含有多种营养物质,如氮、磷、钾、钙、镁、硫、铁以及微量元素。自然土壤中氮素主要来源于土壤有机质,占氮素含量的90%～95%。有机氮需转变为供植物吸收的可供态氮,才可被植物吸收利用。有机质中的有机酸,提高矿质盐类的溶解度,增加营养元素的有效性,提高营养物质的利用率。

（二）促进植物的生长发育

土壤中有机质的黑色腐殖质,可以提高植物活性,促进植物根的呼吸作用和细胞的渗透压,增加植物对营养的吸收和促进有机物质的积累。有机质又含有各种激素、抗生素,可以刺激植物生长,增强植物抗性。

（三）促进土壤微生物的活动

土壤微生物的营养物质大部分来源于有机质和腐殖质,因此,充分腐熟的有机质才能发挥活的微生物最大的效能。

（四）改善土壤的物理化学性质

土壤有机质中含有一种弱酸盐,在一定的pH值范围内,可以起到调整pH值的缓冲作用。同时它还能丰富植物营养,改善土壤的营养状况。有机质又是一种胶体,具有凝聚作用,能改善土壤结构,形成水稳性团粒结构,从而改善土壤的理化性质。

第二节 土壤的基本性质

各类土壤有酸性、中性、碱性之分,这就是土壤基本的化学性质,而且根据土壤质地不同又形成不同物理状态,称为物理性状。

一、土壤质地的基本类别

土壤质地指土壤的砂黏性,又称作土质。质地决定了土壤蓄水、透水、保肥、保温、导热和可耕性等主要土壤性质。根据土质不同将土壤分为砂土、壤土和黏土三个基本类别。

1.**沙质土类** 颗粒较粗,孔隙大,易于耕作,通气透水,有机质含量低,保肥能力差;升温快,降温快,昼夜温差大,植物易于扎根。常用作扦插基质或用做配制培养土,适宜栽培球根花卉和多浆类植物。管理养护中,后期注意追肥,高温干旱季节注意补水。

2.**黏质土类** 颗粒细小,孔隙小,通气透水性差,吸水保肥能力强;土壤变化幅度较小,土壤具黏性,不利于植物扎根。土黏重紧实,通透性差,早春土温偏低;不利于植物播种出苗,对大多数花卉生长不利。

3.**壤质土类** 土粒大小适中,介于砂土和黏土之间,兼有沙质土和黏土的特点,既通气透水又蓄水保肥,水、肥、气、热状况比较协调,耕作性和扎根性能良好,适宜大多数花卉生长。

二、土壤的酸碱性

土壤的酸碱反应常用土壤溶液的pH值来表示,不同土壤的pH值虽然不相同,但多数土壤的pH值在4~9范围内,而且一定土壤类型其pH值往往是比较固定的。常用pH值划分下列几级:

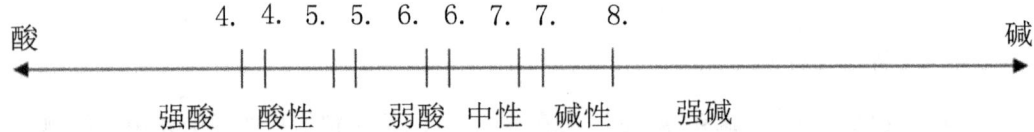

土壤的酸碱性是气候、植被及母质条件共同影响的结果,其中气候因子起主要作用。我国长江以南的热带和亚热带,土壤风化和盐基淋溶十分强烈,大部分土壤pH值为4.5~5.5之间,呈酸性如红壤土和黄壤土类。东北山地森林土壤由于较强淋溶条件,一般呈微酸性或酸性,平原黑土则近中性。华北和西北地区,降水少,土壤淋溶弱,一般土壤呈中性或碱性或石灰性,个别地方形成强碱性土壤。

相关知识:土壤pH值简易测定方法是,取样土加水充分搅拌均匀,待土壤澄清后取溶液上清液,用pH试纸插入,对比即可读出pH值。

三、土壤肥力

土壤本质的特性就是土壤肥力,即指土壤生长植物的能力。具体就是土壤在植物生长发育全过程中,不断地供应和协调植物必需的水分、养分、空气、热量和其他生活条件的能力。

土壤肥力具有生态相对性。对于一定植物能够在这种土壤中生长良好,但未必在另一种土壤中也能生长良好。所谓"适地适树""适地适作"是指把植物生态要求和土壤的生态、理化性统一起来,土壤肥力才能充分发挥,植物才能良好生长发育。

相关知识:土壤中水分、养分、空气、热量和微生物等各肥力因素不是孤立的,二是相互联系,相互制约的,并且土壤性状及其肥力总是处于不断变化之中。

第三节 土壤结构与土壤肥力

一、土壤结构的概念

构成土壤的土粒有各种粒经和形状,各种土粒的空间排列方式,称为土壤结构。土壤的结构性表现在土壤颗粒的空间排列方式及其稳定程度、孔隙的分布和通透状况等方面。良好的土壤结构有利于植物根系的活动、通气、保水和保肥。

二、土壤结构的类型

土壤结构的形成取决于两种作用力:一是切割力,另一种是胶合力。两种力的作用在一定条件下互相制约,互相促进,达到暂时平衡,形成一定的结构类型。

（一）单粒结构

它是指分散的单粒。由于胶结物质的缺乏,切割力强,因此,土粒呈单粒结构。这种结构漏水漏肥,缺乏有机质和矿质营养,肥力低。砂土属于这种结构。

（二）团粒结构

以某一土粒为核心,向四周等量均匀胶结切割,形成大小不同的球体结构称作团粒结构。它是最理想的结构。

（三）块状结构

土粒沿土团三面等量胶结和切割形成的立方体结构称作块状结构。即通常被称为"坷垃"的土团属这类结构。

（四）柱状结构

土团沿垂直方向的切割力大于水平方向的切割力就形成了柱状结构。其中,有明显棱角的柱状结构称作棱柱状结构。盐碱土多属这种结构。其立土性强,易漏水漏肥。可以通过合理耕翻施肥、增加有机质等方法进行土壤改良。

(五)片状结构

土团沿水平方向的切割力大于垂直方向的切割力,形成了片状结构。盐土表层多属此类结构。

三、土壤结构与土壤肥力的关系

(一)土壤结构与土壤空隙

由于土粒和团粒聚合体大小不同,形成的土壤空隙也不同。小团聚体构成毛管空隙,吸水力强、保水保肥力强、拉力强、水位上升快;大的团粒间组成非毛管空隙,有利土壤水分、空气的流动,渗透性好。有合理结构的土壤具有以上双重优点,有利于植物生长,能协调空间结构以及水、肥、空气、热的关系。

(二)团粒结构对土壤肥力的重要影响

1.**从空气和水分方面看**:由于团粒结构具有良好的空隙关系。毛管空隙可以保水,以补充根系水分的吸收;非毛管空隙可以排出过多的水分,留出空间进入空气,供植物根系呼吸。

2.**从养分供给看**:具团粒结构的土壤在有机质分解的同时,矿质营养溶解于水中,被毛细管吸附,能被植物吸收利用,提高矿物养分的利用率,促进植物的生长发育。

3.**从耕作方面看**:具团粒结构土壤的黏结性、黏着性、可塑性等比较适中,便于机械操作和田间管理,能充分发挥机械效能。

4.**从植物生长看**:具团粒结构的土壤疏松、通气性好,便于植物根的伸展、呼吸和营养吸收,有利于根群发育,以促进整个植物体的生长。

第四节 绿地土壤的改良

一、自然土壤

1.**暗棕壤** 这种土壤是分布在小兴安岭、长白山、完达山及大兴安岭东坡的、在湿润的森林条件下,腐殖质积累的过程和弱酸性淋溶过程中形成的,呈弱酸反应,有机质含量较高,腐殖质有积累的,剖面暗棕色的土壤。

2.**棕壤** 是在夏季绿阔叶林的华北、西北以及胶州半岛一带山地的主要土壤。土壤在好气条件为主的环境条件下,酸性趋于中和,盐基饱和度高,下层由于淋溶作用常呈微酸性反应,是明显的黏化现象,质地较黏重,土壤呈棕色。一般有机质含量高达5%～13%,盐基代换量一般为20～30毫克当量/100克土。我省山区多为该种土壤。

3.**褐土** 是暖温带半湿润的低山和丘陵地区的主要土壤,和棕壤接连。以中生的夏绿阔叶林为主要植物。褐土由腐殖质层、黏化层、钙积层等组成,土壤中性略偏碱,质地粘重,腐殖质量含量略低于棕壤为1.5%～4%。剖面不同层次呈现碳酸盐反应,盐基代换量

10～20 克当量/100 克土。我省低山丘陵地带多为该种土壤。

4.红壤和黄壤 是亚热带常绿阔叶林下形成的。由于干旱程度不同,黄壤部分在湿润地区,红壤地区较干旱,是长江以南的主要土壤。红壤是在富铝化和生物循环作用下的产物;黄壤的形成和红壤相似,但由于气候较湿冷,氧化铁水化成水化氧化铁,使土壤染上黄色成黄壤。红壤和黄壤区园林植物丰富,是我国名贵花木茶花、桂花的基地。

5.黑土和黑钙土 是东北地区平原地带的主要土壤。该区夏热多雨,冬季少雪,土冻期长,冻土层厚,是在草本植物覆盖下形成的土壤。地下水位深,矿化度低。有机物质以积累为主,腐殖质层厚,含量高,黑钙土略差。土壤胶体为钙镁饱和,土壤呈中性到微碱性反应,碳酸盐积聚成钙积层。

6.粟钙土 主要分布在西北地区的山前台和丘陵平原以及山间盆地。该区属于大陆性。气温较低,全年降雨量少,雨量集中在夏季,粟钙土是弱腐殖质的累积和钙化过程共同作用形成的。粟钙土由于弱腐殖的积累,有机质含量甚低,盐基代换量不高,胶体物质少,土壤质地轻沙。

7.草甸土 分布全国各地,是在草甸植被下发育而成的半水成土壤。该区一般地势洼,地下水汇集,排水不良。草甸土具团粒结构,呈现碳酸盐反应。pH 值中性至微碱性,由于草甸化过程和地下水的浸润,产生了腐殖质积累,土壤肥力较高。

8.盐碱土 主要分布在沿海和内陆局部地区,含盐量高,尤其是钠盐形成的碱土更高,它是由海积物和盐水过程积累形成的。土壤盐分大部分聚在表层,地下水矿化程度高,有机质含量低,具盐结皮和白霜,结构柱状或棱柱状,pH 值可达 9 以上。

9.湖土和砂姜黑土 主要分布在北京至我省漯河以东的华北大平原上,是暖温带冲积土。在半干旱和湿润条件下季节明显,蒸发量高,具有明显的干湿交替,是近代冲积物和湖积物形成的。其含矿物质营养丰富,土壤春旱夏涝,呈现盐渍化,pH 值中性偏碱性,砂姜黑土较湖土的生物循环快,积累物质多,呈黑色。

二、绿地土壤

城市绿地土壤、自然风景区土壤,随着城市建设的发展,植物被破坏,自然平衡被人为地、新的平衡所代替,人工土壤重新形成,就是现在的城市绿地。

1.填充土的形成 填充土主要是城市的生产建设过程中改造的土壤。大部分是几经耕作的黏质土和城市建设遗留下来的灰石渣料经过搅动夯实的杂质土及垃圾堆积而成。

2.填充土的改良利用 在新建的填充土上进行绿化施工时应全面换土。换土深度要大于所栽植物的主要根系的分布深度。大树栽植更要严格把好换土关。换土成分中,除土壤外,应掺入有机腐熟肥料、松针土等,以改良土壤的理化性质。

三、土壤改良

栽培花卉植物所用土壤应具有良好的团粒结构,疏松而又肥沃,排水通气,保水保肥,富含大量腐殖质,酸碱度适宜。然而在实际生产栽培中理想的土壤几乎没有,往往需要进行土壤改良,消除或调节障碍性土壤因素。

1.土壤改良剂

(1)有机土壤改良剂

● 泥炭：又称草炭，是由沼泽植物残体在长年积水、缺氧条件下经过不完全分解而形成。呈棕色、褐色或暗褐色，呈酸性或中性，疏松多孔，持水能力极强（达本身重量的 2～10 倍），速效氮含量低，分低位、中位、高位泥炭三种。

泥炭是一类用途广泛的改土材料，既有改良土壤物理性质，又可改善土壤化学性质和养分状况。其优点增加砂土持水能力，黏土渗透性，使土壤疏松透气，利于根系发育，并能增加土壤缓冲力，微生物活性和养分供应。

● 木屑、树皮、刨花类

木屑可增加土壤通透性和保水能力，在微生物作用下分解，转化为腐殖质，能够增加土壤团聚性和保肥性。施用前应作堆沤处理。

刨花、树皮类有较高通气性，但持水量较低，施用前都应作堆腐处理。

● 蔗渣、甜菜渣

蔗渣多用在热带地区改良黏质土壤；甜菜渣在北方多用来改良黏质或沙质土。

● 稻壳与砻糠灰

稻壳是一种优良改善黏土通透性材料，具有良好通透性。施用时一般加 1% 的氮素肥料。稻壳不完全燃烧的灰称作糠灰，掺入土壤起到疏松土壤作用并增加有效钾元素成分。

● 化学泡沫

尿素和甲醇的合成泡沫树脂，孔隙率 70%，含 30% 氮素，持水量为 50%～70%，常用于屋顶花园或类似场所做土壤改良剂。

● 土壤结构改良剂

指人工提取或合成的多分子有机化合物。常见的有聚合多糖类和腐殖酸类，主要改善土壤持水性和通气性。如聚丙烯腈水解钠盐、乙酸乙烯酯、聚乙烯二酸共聚物钙盐、聚乙烯醇、聚丙烯胺等。

● 土壤增温保墒剂

防止土地表面蒸发，增加地表温度的一类黑色乳剂，是高分子脂肪类经皂化后的产物。施用时喷洒在土壤表面形成一层黑褐色薄膜，增加辐射吸收。如美国的"TAB"制剂能够吸收超过自身重量 300～1000 倍的水分等吸水剂。

(2)无机土壤改良剂

● 石灰　最常用的酸性土壤改良剂，主要作用是中和土壤酸性，有助于土壤团粒结构形成，提供充足的钙素养分。

小知识：氧化钙(CaO)又称为生石灰，与水作用形成氢氧化钙【$Ca(OH)_2$】和 CO_2，CO_2 进一步形成重碳酸钙【$Ca(HCO_3)_2$】及碳酸钙($CaCO_3$)。

● 石膏、黑矾、硫黄粉　是常用的集中碱性土壤改良剂，主要作用是中和土壤碱性，对弱碱性土壤或中性土壤酸化，有杀菌、消毒的作用。但是水分过多、通气不畅状况下，不宜使用硫黄粉。

● 沙子　常用于黏重土壤的质地改良，能增加土壤非毛细管孔隙度和通透性，降低土壤黏着性,同时也降低土壤水分保持能力。

● 蛭石 是水化的镁硅酸盐或黏土材料,在 800～1100℃ 高温下生成的层片状物质,多孔隙,质轻松软,保水性极好,通水透水,pH 值 7～9。

● 珍珠岩 是粉碎岩石加热到 1000℃ 以上形成的膨胀岩石,质轻多孔,无营养成分,pH 值为 7～7.5,能提高总孔隙度。

● 炉渣 是工业副产品。具有多孔性,可增加土壤孔隙度和通透性,有一定保水保肥能力,pH 值碱性,对酸性土壤改良更适用,含有一定磷、钾养分。

其他还有碱性硅酸盐以及岩棉、硅藻土、蛭石等

2. 土壤质地改良

(1) 黏重土壤改良 掺沙子或沙土是改良黏重土壤的根本方法。除掺沙外,施用膨化岩石类如珍珠岩、浮石、岩棉等也可改变土壤通透性。炉渣、粉煤灰等一般用 300～600t/h m²,可以取到效果,但注意防止碱性加重。

施用有机肥是常见改良黏土的好方法,一般 20～30t/h m²。

(2) 沙质土改良 改良沙质土壤的根本方法是增加土壤矿质胶体含量掺入黏土或泥、塘泥等。施用低位泥炭 15～30t/h m² 可收到明显效果。

(3) 渣砾质土壤改良 掺入足够量的壤土来改变城市土。

(4) 水湿地土壤改良 起垄、筑台或埋设暗沟、暗渠,栽植适树。

相关知识:改善土壤过紧实状态的直接方式就是松土打洞,改善树下土壤通气性的特殊措施是埋条法和透气井法。

3. 土壤酸碱性调节

调节土壤酸性常用生石灰进行中和,有时可用草木灰、粉煤灰;碱性土壤常通过施用黑矾(Fe_2SO_3),石膏($CaSO_3$)以及硫黄粉等来取得效果。施用硫酸亚铁一般量为 $11g/m^3$。

小知识:露地花卉可用硫黄粉或硫酸亚铁使土壤变为酸性,用量为 $50g/m^3$ 或 $30g/m^3$ 硫黄粉;盆栽花卉可浇灌 1:50 硫酸铝或 1:180 硫酸亚铁水溶液。正常情况下采用泥炭土或南方酸性山泥等配置培养土或用特制矾肥水浇灌。

4. 土壤消毒

土壤是病虫害传播的主要媒介,也是病虫生存繁殖的主要场所。无论苗圃苗木、盆土配制都需要彻底消毒。

(1) 高温处理

将柴草、树叶或秸秆等堆放在地上进行焚烧和烟熏,使 50cm 厚土层升温至 50～80℃。有条件的地方利用管道把 100～120℃ 蒸气引入消毒,时间为 40～60 分钟。

(2) 日光、紫外线消毒

将配制好的营养土放在清洁过的混凝土地面或木板、铁皮上,平散开暴晒 3～15 天即可杀死大量病菌、害虫、成虫等。

(3) 药剂处理

● 熏蒸法 常用熏蒸剂有溴甲烷、氯化苦、硫酰氟、甲醛等。0.5% 甲醛喷洒床土,拌匀后堆制。用薄膜密封 5～7 天或甲醛 50 倍液浇灌土壤,膜封 24 小时;氯化苦既可杀虫

灭菌又能防治线虫,每平方米 25 穴,每穴 20×20cm,灌药剂 5ml,踩实土层,表面洒水 10～15 天耙地翻地。

● **固体掺入法** 常用药剂硫酸亚铁、多菌灵、代森锌、百菌清等。硫酸亚铁以 2%～3%的比例与细土混合制成药土;多菌灵每立方米土施入 40 克,65%代森锌每立方米土施入 60 克,拌匀后用薄膜覆盖 2～3 天。

5. 耕作改良土壤的方法

(1)采用轮作和混种制 不同植物对水、肥的要求不同,对土壤结构的恢复创造程度也不同。豆科植物有根瘤固氮作用;松类植物具有菌丝体,可以气氮素固定并胶合土壤颗粒;禾本科植物的根群发达,切割胶结力强。因此采用轮作制,合理利用土壤中的肥料,综合利用土壤中不同的盐类,不同植物可以相互促进生长,促进土壤结构合理。

(2)混合施用有机肥和无机肥 无机肥料分散切割力强、肥效高、见效快。但易使土壤板结碱化。有机肥料含多种营养元素,能改善土壤的物理性质,促使团粒结构形成,使土壤疏松,胶结土壤颗粒形成团粒结构,但分解慢,肥效迟。因此混合施肥既可改变土壤结构,又能及时供应植物生长所需要的营养物质。

(3)施用含钙盐类如石灰、石膏等,既可有利于土壤颗粒胶结,又能中和土壤酸度。

(4)合理耕作和适当调整沙粒和黏粒的比例。

第五节 盆栽土壤

盆栽土壤是园林花卉和盆景的主要人工土壤,盆栽植物特别是树桩盆景类对土壤要求极其严格,必须了解植物对土壤条件的要求,运用科学方法进行人工调制,配合日常的正确管理,促使盆栽植物正常生长。

一、培养土

1. **土壤** 选无杂草种子、无病虫害的沙壤土和壤土。
2. **珍珠岩** 质轻,渗透性好,无菌,吸水力强。
3. **蛭石** 质轻,吸水量大,通气性好。
4. **草炭** 又称泥炭,有机质含量高,吸附能力强。
5. **锯末、稻壳** 质轻,通透性好,用前应堆腐。
6. **腐叶土** 落叶加入园土、人粪尿堆积腐熟后过筛使用。腐叶土质轻、疏松,通气性好且富含多种营养物质。
7. **针叶土** 用松、柏科针叶树的枯枝落叶堆积腐熟,具强酸性。
8. **河沙** 培养土配制根据植物生长习性不同配制方法也不同。

二、配置方法

按常用材料采用体积比的浓度进行配制:

1. 烧土 7%～8%,腐熟堆肥 10%～20%。
2. 泥炭,浇土,黄心土各 1/3。

3.腐熟肥料 30%～40%,沙壤土 30%～40%,过磷酸钙 5%,其他沙土 15%～20%。
4.腐熟肥料,泥炭土,砂壤土各 1/3。
5.松针土,泥炭土,砂壤土各 1/3。

第六节　肥料与绿地施肥

"庄稼一枝花,全靠肥当家"老祖宗留下的栽培谚语对园林植物栽培有很强的针对性和指导性。"苗木壮不壮在于肥"是园林绿化生产养护实践中的总结。

一、植物缺肥的判断

1.症状观察

根据植物正常生长发育状况,出现叶子变黄、变小,开花少而小,枝条细弱、枝叶稀疏、生长迟缓、长势衰弱等现象时,最有可能需要对症施肥。

表 3－1　植物常见缺元素症状检索表

A1	病症发生于全株或下部老叶上
B1	病症出现于全株但常常枝条下部老叶干焦和死亡
C1	叶色淡绿、基部叶片黄或呈褐色,叶小茎短而细……缺氮
C2	叶色深绿,下部叶的叶脉间黄化常带红或紫色,尤其在叶柄上,叶早落……缺磷
B2	病症发生于较老较下部的叶子上,局部杂色或失绿叶缘杯状卷起或卷皱
C1	叶出现病斑,叶尖、叶缘出现干枯部分,黄化从边缘向中间扩展,而后脱落……缺钾
C2	叶黄化出现于叶脉间,晚期枯斑,叶脉仍绿,叶缘向上或向下反曲皱缩……缺镁
C3	坏死斑点普遍出现于叶脉间,叶厚、茎短小叶丛状……缺锌
A3	病症发生于新叶
B3	顶芽死亡,嫩叶变形或坏死
C1	嫩叶尖端和边缘腐败,叶尖常形成钩状,根系死亡……缺钙
C2	嫩叶基部腐败,茎与叶柄极脆,叶捻曲,根系生长部分死亡……缺硼
B4	顶芽存活,无坏死现象,但缺绿或萎蔫
C1	嫩叶萎蔫,茎尖弱,不失绿……缺铜
C2	嫩叶不萎蔫,有缺绿
D1	坏死斑点小,分布于全叶面,叶脉仍绿,形成网状,花小而花色不良……缺锰
D2	无坏死斑点
E1	叶脉失绿……缺硫
E2	叶脉仍绿……缺铁

2.植物组织分析

植物组织分析、土壤分析、田间试验是主要营养诊断手段。如 $H_2SO_4-H_2O_2-ICP$

法分析植物组织元素,通过 IFA 测定(免疫荧光抗体测定法)N 素含量和 ICP 测定 Ca、Mg 等其他元素含量。

二、常用肥料及其功能作用

花卉生长发育的各种营养元素主要源于肥料。常见主要肥料有三类:有机肥、无机肥和微生物肥。

1.有机肥料 凡是营养元素以有机化合物形式存在的肥料称为有机肥料。其特点是种类多、来源广、营养完全。施用能够改良土壤理化性质,肥效缓慢持久。多以基肥形式施入土壤中。

常见有机肥
- 粪肥
  - 马(驴、骡):质地粗松,腐熟分解快,发热量大,属热性肥。养分大,宜作基肥。
  - 羊(兔):质细腻,有机质含量高,水分少,属热性肥。养分丰富,分解快。
  - 鸡(禽)类:养分含量丰富,需要堆腐消毒处理,属热性肥。
  - 牛粪:养分含量较少,水分较多,属冷性肥,适宜沙质土壤。
  - 猪粪:养分含量较高且均衡,性柔和,属暖性肥,可作基肥和种肥,宜于各类土壤。
  - 人粪尿:养分含量较高,富含氮素,为速效有机肥。
- 堆肥:植物残体、植物性垃圾和其他废物加适量粪肥堆制,经微生物发酵,分解转化而成的肥料。绿地最常用基肥之一。用量 10~20t/h m² 或占总土量体积 1/3~1/4。
- 饼肥:油料作物籽实榨油后的残渣,常被制成厚饼状。其养分丰富,含氮素量高,有一定数量磷、钾和微量元素,分解迅速,易于肥效,属热性肥料。用量为 750~1000kg/h m²。用水浸泡加一定量黑矾可作盆栽花卉追肥作用。
- 杂肥类
  - 骨粉:含大量钙、磷元素,适合酸性土壤使用。能浸泡 1:10 水溶液作追肥使用。
  - 鱼杂肥:含氮、磷素和钙、镁微量元素。1:5 加水沤制,用于追肥。
  - 蹄角类:包括马蹄片、猪蹄壳、牛羊蹄角,含氮、磷的完全肥料,肥效持久。

相关知识:饼肥水沤制方法:按 1:5 或 1:10 取样饼肥或蹄角、油渣类加清水浸泡 20~30 天后发酵,肥液呈酱油色,再加少量黑矾,加 10 倍清水稀释,3~5 天即可作追肥使用。

2.无机肥料 又称矿质肥料或化肥。大多数要经过化学工业生产,各营养元素以无机化合物状态存在。其特点养分较单一,含量高,肥效快,体积小便于运输。但长期使用易造成土壤板结、肥效短、易消失。

氮肥:含 N 为主的无机肥,如尿素、硫酸铵、碳酸氢铵、硝酸铵等。

磷肥:含 P 为主的无机肥,如过磷酸钙、钙镁磷肥、重过磷酸钙、铜渣磷肥、磷矿粉。

钾肥:含 K 为主的无机肥,如氧化钾、硫酸钾、草木灰。

复合肥:包括二元、三元和多元复合肥。如磷酸铵、硝酸磷肥、硝酸钾、NPK 复合肥等。

微量元素肥:这些元素是植物生长发育中不可缺少的。如硼砂、硫酸铜、锌肥、铁肥等。

相关知识:氮肥、钾肥多为中性或生理酸性肥料,适宜酸性土壤而总在透水性强的砂土使用,不宜同碱性肥料混用。磷肥多呈碱性,不宜作追肥使用。草木灰为速效钾肥,呈碱性可直接中和土壤酸性。

3.微生物肥料 用科学方法将自然界中一些有益于植物生长发育的微生物,从土壤或植物体中分离出来,经人工培养繁殖加工制成的生物性肥料,又称为菌肥。常见的有以下几类:

菌根菌肥:使用范围广,松科、壳斗科、桦木科、杨柳科、胡桃科、杜鹃科、桃金娘科等70种针阔叶树种都能适用。

固氮菌肥:含大量的气性自生固氮菌,有助于氮素养分积累。

根瘤菌肥:具有很强植物专一性。如:豆科植物刺槐、紫穗槐、胡枝子、三叶草等,能同根瘤共生形成根瘤,固定大气中氮素,增加土壤N素养分。

磷细菌肥:磷细菌多属好气性,使用范围较少,能将土壤中无效磷转化为速效磷。

抗生菌肥:能转化土壤中迟效养分,增加速效性N、P、K含量,同时对根瘤病、立枯病、锈病、黑斑病等有抑制病菌作用或促进植物生根发芽作用。用20~80倍水浸液洒苗木根系快沾。

缓释、复合、专用和液体喷施是当前肥料发展的大取向。从专用程度上,园艺、园林专用肥愈来愈使用方便,不仅适于大量生产,更适用于家庭或室内盆栽花木的养护管理,合理施肥才能有效促进植物的健康苗壮生长。

三、施肥的方式与方法

1.施肥方式 施肥有三种基本方式即基肥、种肥和追肥。

基肥:又称作底肥。是指播种或定植前结合土壤耕作或整地而施用肥料。

追肥:是指在植物生长发育期中所进行的施肥。

种肥:是指在播种或扦插时施用的肥料,主要目的是供给幼苗初期生长发育对养分的需要。

2.施肥方法 常用的有撒施、沟施、穴施、灌溉浇施和根外追肥等五种方法。叶面喷施是根外追肥的主要方法,一般的化学肥料如尿素、硫铵、过磷酸钙等都可用于根外追肥。某些易溶性磷肥如磷酸二氢钾和微量元素肥料因施入土壤后易固定,通常采用根外追肥方法。

除上述施肥方法外,目前浸种、拌种、沾根以及埋干和树干输液在特殊情况下也常常施用,如大树移植中树干输液增加水分和养分。

3.合理施肥的原则及要领

园林植物整个生长发育过程可分为若干阶段,各阶段对营养的需求成分和量各有偏重,所以要保证植物正常生长发育就必须采用多次、多种方式方法合理施肥,提高肥效,减少浪费,应遵循明确目的,因土施肥,因植物施肥,因天施肥,根据肥料特性适量、适时施肥。在这里特别强调几点:第一,因土施肥。一般土壤以有机肥料和氮素化肥为主,在南方壤土应多施磷肥,黏质土可一次追化肥量大些,砂质土可采用少量多次施肥为好。北方土壤一般不需施钾肥,多施有机肥即可。第二,适量施肥。氮肥使用过量会造成疯长、花少,尤其秋季不能封顶,易受冻害。磷肥施用过量,会缩短植物旺盛生长时间。任何速效化肥施用过多,都将抑制植物生长发育,甚至出现烧根现象。

4.肥料的混合使用与保存

(1)有机肥料与无机肥料的混合使用

有机肥料	无机肥料
富含有机质,具有改良土壤作用	只供给植物养分,对土壤改良作用较小
养分齐全但有效含量低	养分单一但有效含量较高
肥效缓慢持久	肥效快但不持久
含大量腐殖质,保水,保肥能力强	养分浓度大,易淋失
能促进有益微生物活动,增强土壤肥力	只能提供某一元素且专用性强,适宜阶段性生长发育

表3—2 各种肥料混合施用情况表

＋表示可以混合施用
△混合后立即使用
×表示不可混合施用

	(1)	(2)	(3)	(4)	(5)	(6)	(7)	(8)	(9)	(10)	(11)	(12)	(13)	(14)
(1)硫酸铵														
(2)硝酸铵	△													
(3)氨水	×	×												
(4)碳酸氢铵	×	△	×											
(5)尿素	×	△	×											
(6)石灰氮	×	×	×	+										
(7)氯化铵	+	△	×	×	×									
(8)过磷酸钙	+	+	×	+	+	×	+							
(9)钙镁磷肥	△	×	+	+	+	×	×	×						
(10)磷矿粉	+	×	+	+	+	×	×	△	+	+				
(11)钾盐	+	△	+	+	+	+	+	+	+	+				
(12)磷酰胺	+	△	+	+	+	×	×	+						
(13)草木灰	×	×	+	×	×	+	×	×	+	+	+	×		
(14)屎尿	+	+	×	×	×	×	×	×	×	×	×	×	×	
(15)堆(厩)肥	+	×	+	+	+	+	+	+	+	+	+	+	+	+

(2)肥料的保存

大多数肥料都具有吸湿性、挥发性、腐蚀性、毒性特点,因此贮存使用时应注意以下几方面:

第一挥发性强的化肥一定要密封运输保存,以减少挥发损失。

第二大多数化肥都具有吸湿、结块、分解而降低肥效,因此贮存应放在干燥阴凉的库房内。

第三不同类别肥料,应贴挂标签,分别存放,以免相互发生化学反应降低肥效。

第四贮存肥料仓库要有防火设备,不与汽油、煤油等易燃易爆品同放,尤其运输中不能与金属品、铁制品撞击,结块时应溶于水后使用。

第五腐蚀性强的肥料如氨水,不用金属容器存放。有毒、有强烈刺激性肥料要加强安全措施,如在搬运中不裸露皮肤、戴口罩、手套等。

第四章 园林植物育种及良种繁殖基础

随着我国城乡绿化事业的发展,对园林工作的要求越来越高。人们期待着园林事业中所用的园林植物既能体现出物种的多样性,又能展示出品种的多样性,以满足人们不断增长的物质需求和精神需求。这就要求我们应不断地把优良的园林植物新品种充实到园林绿化之中,以提高园林绿化的质量。因此我们必须学习了解园林植物育种的基础知识。

第一节 引种驯化

一、引种驯化的概念

引种驯化是把外地的栽培植物或野生植物突破原来的自然分布区,引种到新的地区种植,经人工培育,使其适应在新条件下的生长发育,这种迁移培育种植的过程称为引种驯化。

引种驯化与其他的育种方法相比,因其所需时间短,投入少,见效快,所以它是最经济的丰富本地植物种类的一种育种方法。在制定育种计划时,首先要考虑引种的可能性,只有在没有类似品种可供选择时,才着手采用其他育种方法创造新品种。此外,通过引种驯化可保存植物种质资源,避免基因资源的流失。

二、引种驯化时需考虑的因素

植物引种驯化必须遵循气候相似和生态型相似的规律,经过栽培试验以后,方可应用于生产,切不可盲目乱引,以免失败后造成不良后果。要使引种驯化获得成功,必须考虑以下因素:

1.重视拟引进花木品种在原产地的经济表现和观赏价值 植物的经济性状表现是由遗传物质决定的,引种驯化工作并不能改变其遗传物质,所引种的植物在适宜的引种地的表现与其在原产地的表现是基本一致的。

2.比较植物原产地和引种地的生态条件 引种不同气候带的多年生植物时,特别要注意对原产地和引种地区生态条件的对比,正确掌握植物与环境的客观规律,是引种驯化成败的关键。为了减少引种中的盲目性,应注意原产地与引种地区之间的生态环境,特别是气候因素的相似性。一般来说,认为生态条件相似的地区引种驯化易获成功。

3.分析限制植物引种驯化的主要生态因子 限制植物引种的主要生态因子是温度、日照、降水、湿度、土壤酸碱度和结构等,引种驯化时除对植物原产地生态环境进行综合分析外,还应对影响植物生长发育的限制性因子进行分析。如植物由低纬度地区向高纬度地区引种时,往往取决于引种地区的温度能否满足该物种生长发育的最低要求。湿润地区的植物向干旱地区引种时,取决于引种地区的降水和湿度是否可满足该种植物生长发育的最低需求。

4.研究引种植物的生态历史 分析引进植物目前分布范围,并比较原产地与引种地区的生态条件差异,也并不能全面确定该植物的潜在能力和可能的适应范围。因为植物适应力的大小,不仅与目前分布地区的生态条件有关,而且与系统发育中历史上的生态要件有关。植物的现代自然分布区只是在一定的地质时期,特别是最近一次冰川时期形成的。植物生态历史越复杂,它的适应潜力和范围可能越大。此外,在植物的进化过程中,进化程度较高的植物较之原始的植物,由于其系统发育中所经历的生态条件较为复杂,其适应性的潜力也可能更大些,引种也可能更容易成功。

5.考虑引种植物的生态类型 生态型是指同一种(变种)范围内在生物特征,形态特征与解剖结构上,与当地主要生态条件相适应的植物类型。许多园林植物自然分布很广,同一植物如果长期生活在截然不同的生态环境中,常常形成不同的生态类型。同一种植物由于生态型的差异而有不同的抗寒性、抗旱性、抗涝性、抗病虫性等。这些不同的生态型是引种工作中需加以考虑的。在引种时,如将同一植物的多个生态型同时引入一个地点进行栽培和选择,从中选出适宜的生态型,那么这种植物在引种地区成功的可能性就会增大。

6.温度与引种驯化 温度能限制植物的分布,当然也能影响植物的引种。因此,在引种工作中必须注意以温度为主导的气候条件特点,遵循其气候规律,以保证引种工作的成功,根据长期所得到的经验,首先必须注意气候相似性原则。气候相似性原则,就是把植物引种到气候条件(主要是温度条件)相似的地方栽种,比较容易获得成功。气候相似性不仅在本地带内,也包括在不同地带中气候相似的地区:如生长在低纬度、高海拔地区的植物能在高纬度低海拔地区找到相似的气候条件,南方喜温暖的植物可以在较北方的阳坡找到立足点,而北方平原上的植物却能在较南地方的阴坡找到相似的环境条件,所以气候相似性原则是一条重要的引种原则。

此外,从无数引种工作的实践中,还得出二条经验:一是北种南引(或高海拔引到低海拔)要比南种北移(或低海拔引种到高海拔)容易成功。因为南种北移是影响到能否成活的问题,而北种南移主要是提高产品质量的问题;二是草本植物比木本植物容易引种成功,一年生植物比多年生植物容易引种成功,落叶植物比常绿植物容易引种成功。草本植物,特别是一年生草本植物适应性强,容易引种。灌木比乔木矮小,较能抗低温,比乔木容易北移或南引,落叶乔木又比常绿乔木更能适应低温条件,容易北移和南引。因此,在南种北移时,往往采取乔木矮化(灌木化)和强令在低温季节落叶进入休眠的方法,促使其度过低温季节,保证其北移和南引的成功。

三、引种驯化工作程序和措施

1.引种驯化工作程序

(1)确定引种驯化目标:根据当地的园林发展情况,了解人们的生活需求;结合当地自然、经济条件和现有品种存在的问题,有目的、有计划地从国内外引进新品种。例如,郑州市城市园林科研所制定的引种驯化目标:①引进夏秋花灌木树种;②注重彩叶植物引种驯

化;③引进常绿彩色地被植物;④引进常绿耐寒树种;⑤注重月季品种的引种

(2)引种材料的收集和筛选:确定引种目标后,根据目标,通过交换、购买、赠送或考察收集的方式获取引种材料,进行种源实验,筛选出适宜的种类进一步引种驯化。

(3)种苗检疫:防止引种驯化时带入检疫对象。

(4)建档:对引种驯化工作的每个细节进行详细记载,以备日后查阅。

(5)引种驯化试验:新品种在推广之前,必须先进行引种驯化试验,以确定其优劣和适应性。试验的一般程序包括①种源试验;②品种比较试验;③区域化试验;④栽培推广。试验中观测项目包括:①植物学性状;②物候期;③抗逆性,包括抗病虫害、抗寒、抗旱、抗涝、抗盐碱等;④适应的环境条件。

2. 引种驯化栽培技术措施

引种驯化时,必须注意栽培技术的配合,以避免因栽培技术原因而错误否定新引进品种的价值。通常需考虑的栽培技术措施主要有:

(1)适宜的播种期和栽植密度;
(2)苗期管理措施;
(3)光照处理;
(4)土壤酸碱性;
(5)防寒、遮阴;
(6)种子的特殊处理;
(7)引种某些共生微生物;
(8)适当的整形修剪方法。

3. 引种驯化成功的标准

(1)引种植物不需特殊的保护措施,能够安全越冬度夏,并且生长良好;
(2)没有降低原来的经济价值和观赏价值;
(3)能够用原来的繁殖方法(有性或无性)进行正常繁殖;
(4)没有明显或致命病虫害。

第二节 选择育种

一、选择育种的概念

选择育种,简称选种,是指从自然界中挑选符合目标、人类需要的群体和个体。通过比较、鉴定和繁殖,以改变园林植物群体的遗传组成或从中筛选出无性系。

植物进化的过程是一个自然选择的过程,在这个过程中自然界总是保留那些能够适应自然条件的个体,淘汰那些不能适应自然条件的个体,选择的结果使得植物更适应自然环境条件,但这一过程是缓慢的,新的物种的产生要经历漫长的历史时期。

自从有人类以来,人们便按照人类需要对物种进行保留和淘汰,这便是人工选择。人类在没有认识植物的遗传变异规律之前,人工选择往往是无预定目标地保存植物的优良个体,淘汰没有价值的个体。在这个过程中完全没有考虑到改变品种的遗传性。这种选择作用一般十分缓慢,但虽然岁月漫长也产生了明显的效果。人类在认识到植物的遗传变异规律后,便开始有计划、有明确目标、应用完善的鉴定方法有系统地进行工作,这便是有意识选择,这种选择作用大,见效快,随着人类文明的发展,园林植物的有意识选择也越来越多。

二、选择育种的方法

1.混合选择 混合选择法是指从一个原始混杂群体或品种中,按照某些观赏特性和经济性状选出彼此相似的优良个体,然后把它们的繁殖材料(如种子、根茎、块茎等)混合起来种在同一块圃地里,次年再与标准品种进行比较鉴定的方法。如果对原始群体的选择只进行一次,就繁殖推广的,称为一次混合选择。如果对原始群体进行不断选择之后,再用于繁殖推广称为多次混合选择。

2.单株选择 单株选择法就是把从原始群体中选出优良单株的种子分别收获、保存。分别播种繁殖为不同家系,根据各家系的表现鉴定上年当选个体的优劣,并以家系为单位进行选留和淘汰的方法。在整个育种过程中,若只进行一次以单株为对象的选择,而以后就以家系为取舍单位的,称为一次单株选择法。如果进行连续多次的以单株为对象的选择,然后再以各家系为取舍单位,称为多次单株选择法。

3.无性系选择 无性系是指一株植物用无性繁殖所得的所有植株的总称。无性系选择是指从普遍的种群中或从天然杂交、人工杂交的原始群体中挑选优良单株,用无性方式繁殖,而后加以选择的方法。无性系选择不同于无性繁殖,也不是指无性系内的选择;无性系选择不仅是根据其表现型优劣加以选择,而且要经过无性系测定才能大量繁殖。无性系繁殖指对已入选品种扩大推广,不再需要经过无性系测定阶段,就可直接大量进行营养繁殖。由于同一无性系植株的遗传基础是相同的,所以无性系内选择是无效的。为了提高无性系选择的效果,必须把无性系选择与无性系鉴定相结合。

由于无性系选择是将挑选出来的优良单株采用无性繁殖方式推广,因而能够保存优良单株的全部性状。因此,对那些可采用营养繁殖的,而遗传交叉极其复杂的杂种,采用无性系选择效果较好,例如,现代月季、牡丹的杂交育种中,对杂种后代的选择一般都使用无性系选择的方法。

三、芽变选种方法

1.芽变概念及意义

芽变是体细胞突变的一种形式,它发生在植物体芽的分生组织细胞当中,当变异的芽萌发生长成枝条或由此形成个体,在性状上表现出与原类型不同的现象就称为芽变。

芽变是植物产生新变异的来源之一,它增加了植物的种质,丰富了植物类型,既可为杂交育种提供新的种质资源,又可直接从中选出优良的新品种。由于许多优良的芽变可直接通过无性繁殖保持,作为品种推广,所以被广泛应用于园林育种事业上。

2.芽变的特点

(1)芽变的多样性:芽变的表现形式多种多样,既有叶、花、果、枝条特征的变异,也有生长、开花习性、物候期、育性等生物学特性及生理生化、抗性等方面的变异。主要芽变类型有：

①枝条变异，如扭枝，蔓枝，垂枝变异；

②色素变异，如叶色变异、花色变异；

③生物学特性变异，如开花期变异，育性变异（失去可育性）、抗逆性变异。

(2)芽变的重演性：同一类型的芽变，可以在不同时期，不同单株上重复发生。

(3)芽变的稳定性：稳定的芽变是指性状发生变异后，在生长过程中，它可以长期地保持这种变异了的性状，无性繁殖时能够稳定地遗传。而不稳定的芽变发生后，在生长发育过程变异的性状可能消失，恢复成原有类型。

(4)芽变的局限性和多效性：芽变的本质是基因突变，个别基因的改变对植物的表现型带来的改变是少数的局部的改变，但由于植物性状具有一定的相关性，个别基因的改变也可能引起相关性状的一系列变化。

3.芽变选种的方法

(1)芽变选种的目标：芽变选种主要是从原有优良品种中进一步发现，选择更优良的变异类型，要求在保持原有品种优性状的基础上，针对存在的缺点，通过选择得到改善或获得观赏价值更好的新类型。

(2)芽变的选种时期：芽变选种工作原则上可在植物生长发育的各个时期进行，通过细致观察发现芽变。实际工作中，主要根据选种目标抓住最易发现芽变的有利时机，集中进行选择，如选择花期不同的芽变，要特别注意开花初期和终花期。

(3)芽变的分析和鉴定：发现芽的变异之后，首先要区别它是芽变还是受环境的影响，或仅只是表现型的变化。通常的办法是将变异类型与对照通过无性繁殖（如嫁接、扦插）在相同环境条件下比较鉴定，以排除环境因素的干扰，使突变的本质显示出来。

4.芽变的选种程序

(1)初选：把发现的芽变通过无性繁殖的方法固定下来，繁殖到一定数量以备复选应用。

(2)复选：把初选得到的芽变类型嫁接到同一种砧木上，种植在同一环境条件下，与在该环境条件下的对照品种进行比较观察，并做详细记录，一般至少需三年以上的记录观察。

(3)决选：在选种单位提出复选报告之后，由主管部门组织有关人员，对入选品系进行评审决选。

参加决选的品系，应有选种单位提供下列完整资料和相应实物：

a.该品系的选种历史，评价和发展前途的综合报告。

b.该品系在选种内连续三年的鉴定结果和有关鉴定意见。

c.该品系在不同地理环境内的生产试验结果和有关鉴定意见。

d.该品系及对照的实物。

对于上述资料和实物，经审查鉴定合格后，可由选种单位命名，作为新品种向生产单位推广。

第三节 杂交育种

一、杂交育种的概念

遗传特性不同的类型和个体间雌、雄配子的有性结合叫作杂交。对杂交所获得的杂种进行培育选择，获得新品种的方法就叫杂交育种。根据杂交亲本双方亲缘关系的远近，杂交又分为近缘亲交和远缘杂交两大类。

杂交是基因重组的过程。通过杂交可以把亲本双方控制不同性状的有利基因综合到杂种个体上，使杂种个体不仅综合双亲的优良性状，而且在生长势、抗逆性、生产力等方面超越其亲本，从而获得某些性状都更符合要求的新品种。因此，它比单纯的选择育种更富于创造性和预见性。

二、杂交育种计划的制订和准备工作

为了使杂交工作顺利进行，并获得良好的杂交效果，应该制定杂交育种计划。杂交育种计划应包括：育种目标的确定，杂交组合，杂交方式的选择，对亲本开花授粉的生物学特性的了解，调节花期的措施，亲本种源的选择，杂交数量和杂交进程，操作规程等。主要内容如下：

1.确定杂交育种目标 育种目标应从园林绿化的实际出发，目标要规定得具体，有针对性，重点突出，使育种有目的地进行。一般杂交种，一次只要求解决一个重点问题，切不可面面俱到。

2.选择亲本的原则

(1)亲本必须具备育种目标所要求的目标性状；

(2)选用地理上起源较远，生态型差别较大和亲缘关系较远的材料作为亲本进行杂交；

(3)应当选择当地推广品种作为亲本之一；

(4)应选择遗传能力强，一般配合力好的材料作亲本；

(5)应选择雌性器官发育健全，结实性强的为母本，而以花粉多，育性正常的作父本。

3.确定杂交方式 在一个杂交育种方案中，参与杂交的亲本数目以及各亲本杂交的先后次序，称为杂交方式。常见杂交方式有：

(1)单交：指一个母本与一个父本的成对交配，以 A×B 表示。

(2)复交：指两个以上亲本间的杂交。一般是先将一些亲本配成单交组合，再将单交组合后代相互杂交或与另一品种杂交，以使多个亲本优缺点互补。主要形式有(A×B)×C、(A×B)×(C×D)、[(A×B)×C]×D。

(3)回交：由单交得到的 F1 与其双亲之一的杂交，主要形式是(A×B)×A，(A×B)×B。

(4)多父本混合授粉杂交：多个亲本的花粉混合，对同一母本进行授粉，以 A×(B+C+D+……)表示，主要用来克服杂交不亲合现象。

4.熟悉花器构造和开花习性 了解亲本的花器构造和开花授粉习性,对于确定花粉采集时期和授粉时期以及杂交技术是十分必要的。

5.花期调整 杂交育种时,有时选择的两个亲本开花时间不一致,使得难于进行杂交,在这种情况下,就需对开花期进行调整或收集父本花粉贮藏等。

6.花粉处置

(1)花粉收集与贮藏 为保证花粉的纯度,在授粉前将要开放的发育好的花蕾进行套袋隔离。待花粉成熟时采下带到室内阴干收集花粉。对花期不遇的亲本要先收集花粉贮藏,待母本开放时再行授粉。

(2)花粉生活力测定 为保证杂交成功,杂交前可先对花粉活力进行测定,测定方法有直接测定法、间接测定法两类。直接测定法是把花粉直接授到同种植物柱头上,做好隔离,然后观察柱头上的花粉萌发情况或看最后结果情况。间接测定是通过观察花粉形态或生物染色法测定花粉活力,也可用花粉发芽实验测定花粉活力。

三、杂交技术

1.母株和花朵的选择 选择具品种代表性的生长健壮,开花结实正常的优良单株作母株,去雄的花朵以植株中上部向阳的花为好。每株保留3~5朵,多余去掉以保证营养的充足。

2.去雄套袋 为防止自交,两性花在散粉前必须去雄,去雄后立即套袋,以免其他花粉干扰。对不需去雄的花朵,开放前也必须套袋,以防外来花粉影响。

3.授粉 待柱头分泌黏液或发亮时,即可授粉,为确保授粉成功,最好在两三天内重复授粉2~3次。

4.记录 杂交工作的每一步必须详细记录,包括父母本名称,去雄授粉时间,母株上还应挂上标牌,注明杂交组合。

5.杂交后的管理 杂交后要精心管理,创造有利于杂种种子发育的条件。待种子成熟后,适时采收,分别贮藏。

四、杂种选育

1.杂种培育 杂交得到种子后应适期播种,并分别做好记录,出苗后仔细培育,待个体发育成熟后进行进一步的鉴定。

2.杂种后代的选择 杂种发育成熟后其性状得到充分的表现,这时根据育种目标对杂种进行选择,选出符合育种目标要求的个体,其余的不要轻易淘汰,往往需重复观察选择几次后,确信无价值的个体才可淘汰。

3.杂种后代繁殖 对选出的优良杂种,为尽快形成新品系,新品种,可采用适当的繁殖方法,如组织培养、全光扦插育苗法等,迅速增加繁殖系数。在有条件的地方,可利用温室、塑料大棚等设施,创造杂种生长发育的良好条件,提高育种效率。

第四节 诱变育种

一、概念及意义

诱变育种就是利用物理或化学的诱变因素处理植物材料,使其遗传物质发生改变,产生各种各样的突变,对发生的突变进行选择并固定下来培育成新的个体,从而获得新品种。诱变措施可以提高植物的变异频率,扩大变异范围,缩短育种年限,可以改变植物单一性状,而使其他性状保持不变;但诱变措施引起的变异方向难以掌握,有利突变率较低,有些突变在生长发育过程中会恢复原有性状,对多基因控制的性状诱变效果一般较差。诱变育种根据诱变措施的不同可分为辐射诱变,化学诱变和空间诱变。

二、辐射诱变育种

辐射诱变育种是指使用物理射线辐照植物材料,使其发生突变,并加以选育。

1.辐射诱变常用射线种类有 r 射线、x 线、β 线、中子、紫外线、激光、高能电子束等。

2.植物材料对辐射的敏感性

(1)致死剂量:即辐射后引起全部死亡的最低剂量。

(2)半致死剂量:即辐射后引起50%个体死亡的剂量。

(3)变异率与剂量的关系:在致死剂量以下随剂量增加变异率上升。

3.辐射方法

(1)外照射　用射线直接照射植物材料,如:种子、营养器官、花粉、子房、愈伤组织等,引起突变的方法。

(2)内照射　将放射性物质引入植物体内,由它放射出的射线在植物体内进行照射,引起突变的方法。如用放射性物质 ^{32}P、^{35}S、^{14}C 浸种,或注射入植物体内,或施入土壤使植物吸收。

4.辐射育种基本步骤　首先选取合适的材料,其次确定一个适宜的辐射剂量进行辐射,最后要把发生突变的个体通过无性选择分离出来。

5.辐射后代的选育

(1)种子辐射后代的选育:辐射诱发的突变多是隐性的,要使隐性突变表现出来,首先使种子发育的个体进行自交,然后从自交的后代中进行选择。

(2)无性繁殖器管辐射后的选育:对无性繁殖的杂合体营养器官进行辐射后,其突变在当代一般即可表现出来,可用芽变选种的方法进行选育。

三、化学诱变育种

化学诱变育种是指利用化学物质诱发植物体产生遗传变异,从而进行新品种选育的一种方法。

1.常见诱变剂种类　甲基磺酸乙酯、亚硝基胍、5－溴尿嘧啶、二氨基吖啶、亚硝酸、秋水仙碱等。

2. **诱变方法** 浸渍法、涂抹法、注入法、施入营养液培养法等。
3. **影响诱变因素** 药剂的浓度、处理时间、处理时的温度、pH值，诱变材料的组织结构，生长特性等都会影响诱变效果。
4. **诱变后代的选育** 方法同辐射育种。
5. **人工诱导多倍体** 人工诱导多倍体是化学诱变的一种，它是利用化学药剂诱导使植物遗传物质染色体加倍。常用药剂为秋水仙碱，一般浓度在0.1%到1%之间。处理时间通常为一至数天。处理后要及时清洗植物材料表面。

四、空间诱变育种

空间诱变育种指利用太空的真空、微重力及强辐射环境进行诱变育种的方法。随着我国航天能力的不断增强，空间诱变育种在我国的应用前景广阔，一些园林植物的育种材料已经搭载航天器进入太空并回收。如洛阳牡丹的种子搭载"神舟四号"成功回收。

第五节 园林植物品种退化及其防止

一、品种退化的原因

所谓品种退化是指园林植物品种经几代栽培繁育后，其优良性状表现出逐步减弱，或者有时会表现出某些预料不到的不良性状的情况。品种退化狭义指由于栽培条件、栽培方法不当，病虫害严重感染，繁殖材料质量不高，以及机械混杂等诸多因素影响，而造成的优良品种在生产上、应用上、观赏上价值降低的现象。品种退化的原因很多，概括起来说，有以下几个方面：

1. **机械混杂**

机械混杂是指在采种、储藏、包装、调动、播种、育苗、移栽、定植等栽培繁殖过程中，把一个品种的种子、种球或苗木，机械地混入了另一个品种之中，从而降低了品种的纯度。在不合理的轮作和田间管理不善的情况下，前茬作物和杂草种子的繁衍，以及施用混杂了其他品种或杂草种子的未经腐熟的肥料，也会造成机械混杂。

机械混杂的危害在于引发生物学混杂，这将给栽培及应用带来更大的损失，造成品种更严重的退化。

2. **生物学混杂**

生物学混杂是指由于品种间或种间一定程度的天然杂交造成了一种品种(系)的遗传组成内混入了另一些品种(系)的遗传物质，使原品种(系)不能表现固有种性。这种混杂主要是由于在良种繁殖过程中，未将同一品种(系)与其他品种(系)进行适当隔离，发生了天然杂交。

由于生物学混杂大大降低了品种的纯度和典型性，更为严重的是，在以后的生产栽培中，由天然杂交产生的后代将会产生各种性状分离的现象，出现的不良个体会进一步的生物学混杂，使品种利用价值逐步丧失。生物学混杂一般是由于同一种内不同品种间或种间发生天然杂交造成。这种情况在异花授粉植物中最为普遍，有时在自花授粉植物中也会发生。

3. 良种自身遗传性发生变化和突变

尽管良种是一个纯系,但在各株之间的遗传性上都或多或少地存在差异,由于这些内在因素的作用,加之环境条件、栽培技术等外界因素的影响,在繁育过程中,繁殖材料本身不断发生变化,差异增多。

4. 栽培技术和环境条件不适合品种种性要求

优良栽培品种都直接或间接地来自于野生种,其野生性状在良好的栽培条件下处于潜伏的隐性状态。但是当环境条件与栽培方法不适合品种种性要求时,优良的种性就会被潜伏的野生性状所代替。隐性性状会代替原来的显性性状,品种因而退化。如莲座类的重瓣菊花品种在栽培不良时最易产生重瓣性降低和花朵直径变小等退化现象。

5. 在繁育过程中,缺乏对良种的选择

良种的出现,很大程度上取决于人们选择的方向。在缺乏选择的栽培条件下,某些花卉品种中,美丽的花色将逐渐减少,而不良或原始花色的比例则逐渐增加。例如,蒲包花黄色品种与红色品种在一起栽培几年后,较原始的黄色花植株逐年增加。而鲜艳的红色花植株越来越少。有许多园林花木品种具有复色花、叶,若不注意对其特性的选择,或缺乏对影响其特点、性状因素的控制,也会发生品种退化现象。如红黄相间的五色鸡冠、撒金碧桃、撒金柏等观花、观叶植物。

6. 长期营养繁殖引起的生活力衰退和积累病毒

长期营养繁殖而得不到有性复壮的机会使内部异质性逐步削弱,致使生活力降低。如有人观察到长期营养繁殖(扦插、嫁接等)的植物在生长势、抗病性等方面都有所降低。扦插繁殖的树木如杨树、柳树等苗木比实生繁殖的苗木衰老期提早,表现出早期枯梢、树干空心等现象。

长期采用扦插、分株等营养繁殖的各种作物,都有可能感染一种或数种病毒 Virus 或类病毒 Viroid。已发现侵染植物的病毒超过 3000 种。长期无性繁殖,使病毒积累,危害加重。观赏植物品质下降,花变小,色泽暗淡,产花少。如兰花、石竹、大丽花、花叶芋、唐菖蒲、郁金香、风信子、菊花等。

二、品种退化的防止

随着园林绿化的普及和发展,需要园林植物种苗的规格和种类日益增多,有关良种退化问题更为明显地表现出来。解决这一问题应该从两方面着手,首先要建立完整的良种繁育体系和严格的良种繁育制度,其次是采取具体的防止品种退化的措施。

1. 建立完整的良种繁育体系和严格的良种繁育制度

在良种繁育体系中,对有推广价值,且预期使用年限较长的品种,繁殖所用的种子应先由育种单位的育种者直接生产;也可以在育种者负责的前提下,委托某个场圃生产,即由育种者提供繁殖材料,繁殖后进行田间试验、验收,最后挂育种单位的牌子出售,经济上实行分成;对国外、外地引进推广的优良品种,由种子公司委托某个场圃负责生产,然后推广。这种做法可克服"种出多门",甚至偏离标准性状的弊病,减少混杂,确保良种纯正。

2.防止混杂

(1)**防止机械混杂** 防止机械混杂是保持良种纯度和典型性的重要环节。主要应做好以下工作：

①专人采种和采种球 专人负责及时采收种子,掉落地上的种子,宁可舍去以免混杂,先收最优良的品种,种子采收后必须当时标以品种名称,如发现无名称标签的种应舍去,装种子的容器必须干净,保证其中没有旧种子,如用旧纸装应消除其上用过的旧名称。

②播种(种球)育苗 播种前的选种、浸种等工作,必须做到不同品种分别处理,用具洗净。播种时选无风天气,相似品种最好不在同一畦沟育苗,或留有一定的隔离地段,或以其他显著不同的品种作隔离。播种后,应用插牌、画种植图双对照的方法留底。

③移植 移苗过程中最易混杂,移植前要对所移植品种进行对照检查,核实无疑后方可进行。移栽时,最好定人定品种,专人移植,并且按品种逐个进行,避免发生混苗。移植后,应及时画定植图。

④去杂 最好在移苗时、定植时、初花时、盛花期和末花期等各个不同时期进行去杂,这项工作是防止机械混杂的有效措施。

(2)**防止生物学混杂** 防止生物学混杂的基本方法是隔离与选择,隔离的方式有空间隔离和时间隔离。

①空间隔离 为了防止异花授粉的园林植物造成生物学混杂,在良种繁育过程中,就要求有一定的隔离区。由于异花授粉的主要媒介是昆虫和风,作空间隔离时综合考虑到本地区风向情况,风力大小以及不同植物品种花粉易飞散程度、花粉量、天然杂交率、繁殖地面积等多种情况,根据以上资料决定隔离距离。一般来说,花粉量多的风媒花植物比花粉量少的虫媒花植物隔离要大;花的重瓣程度小的植物比花的重瓣程度大的植物隔离距离要大;天然杂交率高的植物比天然杂交率低的植物隔离距离要大;播种面积大,缺乏天然障碍物的情况下比播种面积小,有天然障碍物的情况下隔离距离要大。据研究,部分园林花卉各品种间应隔离的最小距离如表4-1所示。

表4-1 部分园林花卉的隔离距离

编号	植物名称	最小距离(m)	编号	植物名称	最小距离(m)
1	三色堇	30	6	桂竹香	350
2	飞燕草	30	7	石竹属	400
3	矮牵牛	30	8	波斯菊	400
4	含羞草	200	9	万寿菊	400
5	百日草	200	10	金盏菊	400

由表4-1株行距可以看出,在实际工作中完全依靠空间距离来防止品种间生物学混杂,往往是不可能的,因此,利用地形、建筑物和木本植物来加以隔离,既防止了生物学混杂,同时又具有可行性。

②时间隔离 时间隔离是防止生物学混杂的行之有效的方法。它可以分为跨年度隔离和花期隔离两种方法。跨年度隔离就是将易发生生物混杂的品种在不同年度播种繁殖。花期隔离是在同一年内进行分月播种,分期定植,把开花期错开,这种方法对于某些

光周期不敏感的植物适用,如翠菊品种可以秋播,也可以春播。

3.提供适宜的生长发育环境,提高栽培技术水平

(1)良种繁殖的土壤选择:应该具备良好的土壤结构,避免过分粘重的土壤,应该排水良好,这两点对于球根花卉更为重要。

(2)合理施肥:对于生产种子来说,混合肥料以及适当多些的磷、钾肥有良好的影响。

(3)扩大营养面积:与一般大田比起来适当加大株行距,可以提高种子的质量,增加种子的典型性。

(4)合理轮作:合理轮作除了诸如防治病虫害、合理利用地力、促进植物生长发育等一般作用外,对于良种繁育特别有益的是还能防止混杂和一定程度地防止球根花卉的生活力退化。

(5)避免砧木的不良遗传性的影响:采用嫁接繁殖的木本植物。通常以一二年生的良种接穗不要嫁接在野生的老龄砧木上,以嫁接在栽培品种的一二年生实生苗上为宜。

4.去杂去劣,加强选择

去杂主要指去掉非本品种的植株和杂草;去劣主要指去掉感染病虫害,生长不良的植株和穗粒。这项工作要在植株生长发育的不同时期分次进行。

选择是有效的良种繁育方法之一,它可以使品种保持高度的纯度,有效地控制显性性状。选择的具体做法有以下几个方面:

(1)选择品种典型性单株 在植株生长发育的不同时期进行若干次选择。

①幼苗期选择在移植或定植时,根据性状的相关性进行一次选择。

②初花期选择早花品种的良种繁育在这一时期去劣,能有效地保持早花性。

③盛花期选择在这个时期对花卉的典型性进行选择,把具有优良花色或综合其他优良性状的单株加以标记,把具不良性状的单株加以淘汰。如在选择瓜叶菊留种单株时,应特别注意筒状花的颜色,它决定后代花色的能力超过舌状花的能力。

(2)选择品种典型性花序 同一单株不同部位的花序或花朵所产生的种子,其品种典型性也不同,通常在植株上最先开的花,能比晚开的花产生更好的种子后代,如花较大和花期较早(如果选育晚开花的品种则应摘去早开的花,而用晚开的花留种)。在金鱼草和矮牵牛这一类的花卉上,它们花着生于主枝和侧枝上,每个蒴果中的种子重量一般是由下而上递减,它们所产生的后代在生长势上也有显著的差异。

在具有两种花色的观赏植物中,应选择两种花色的比例最符合人们需要的花序或花朵留种,如五色鸡冠、斑纹凤仙花。用营养繁殖的方法来繁殖有斑点或斑纹的观叶植物时,选择插穗应从具有典型性的枝条上剪取,否则会失去其花叶的特点,而为一般的绿叶所代替,如花叶常春藤、银边天竺葵等。

5.改变生活条件,提高生活力

(1)改变播种时期 改变播种时期的作用是使植物在幼苗和其他发育时期,遇到与原来不同的生活条件,植物同化了这种条件会增加其内部的矛盾性,提高生活力。如牵牛、凤仙等植物通常进行春播,在温暖地区可试验改春播为晚秋播;香豌豆常秋播,可改秋播为早春播。

(2)换种 将长期在一个地区栽培的良种,定期地换到另一地区繁殖栽培,经1～2

年,再拿回原地栽培,或两个地区将相同品种交换,也可以将同一品种分成两部分,分别换到另外两个地区栽培1~2年,然后又同时拿回原地混合起来栽培,这些处理都能在一定程度上提高品种的生活力。

(3)特殊技术处理　采用低温锻炼幼苗和种子,高温和盐水处理种子,以及有人用萌动种子进行干燥处理等都能在一定程度上提高植物的抗性和生活力。

6.利用有性过程增加内部矛盾,提高生活力

(1)品种内杂交　在自花授粉植物同一品种不同植物间进行杂交,最好能在不同条件下预先培育种株,并运用自由异花授粉;如难以做到预先培育,至少也应采用10株以上的父本花粉来进行人工授粉。

(2)品种间杂交　在特别选出的品种组合中进行异花授粉,可以利用杂种一代的杂种优势,提早花期,提高生活力,增进品质和抗性;同时由于杂种一代性状是一致的,并不会降低观赏价值,这种方法是由育种机构通过试验找出最好的品种组合后,每年进行杂交大量生产杂种种子,供应栽培单位的需要。例如在金鱼草、报春花等草本花卉上应用此法,收效显著。

(3)人工辅助授粉　用人工来补足天然授粉的不足,以保证花粉供应和扩大选择受精范围,一般用于异花授粉的植物,如观赏南瓜、观赏向日葵、报春花、重瓣百日菊、四倍体金鱼草等。仙客来商品化生产种子,一般要通过人工辅助授粉。

7.选择易于生活力复壮的植物体部分做繁殖材料

同一植株的不同部分,就发育阶段来讲可能是异质的,这些部分生活力复壮的能力也有差异。一般讲,阶段上愈幼年的部分这种能力亦愈强,相反则愈低。例如选择大丽花基部或中下部的腋芽扦插,不仅成活率较高,而且植株粗矮壮,品种典型性高(花大),相反,如选用中上部腋芽扦插则植株细弱而品种典型性差;扦插繁殖四季海棠时,上部插穗长成的植株细长,少分枝,生长势极弱,而下部腋芽插成的植株则分枝较多,生长势也较好。

在剪取多年生木本植物的插穗或接穗时,应该从幼龄或壮龄的树上剪取,不应该从衰老的老龄树上剪取,用萌蘖进行树木更新的时候愈接近地面的萌蘖生活力愈强。

在多年生宿根花卉中,距离根茎较远的地方,萌发的嫩芽具有较强的生活力,而较近处的嫩芽则相对较差,例如菊花用靠花盆边缘处的"脚芽"扦插比用中心处的"脚芽"扦插能得到更强壮的植株。

第六节　良种繁殖的措施和方法

良种繁育是科研至生产推广中重要的一环,科研培育出的优良品种,只有通过迅速大量繁育、迅速投入生产及园林应用,才能发挥出新优品种的经济效益和社会效益。良种繁殖概括地说有两个方面:第一向生产、用苗单位提供品种纯正、种性性状显著、生命力强的优良品种;第二运用各种繁殖技术,加速繁殖,提高繁殖系数,满足生产、应用上的数量要求。主要包括三方面的工作:

一、良种繁育圃的建立

对于园林树木优良品种的推广,主要是通过良种繁育圃的建立,通过有性和无性繁殖手段,在保证优良品种质量的前提下,加速繁殖。良种繁育圃包括良种母本园、砧木母本园和育苗圃。

1.良种母本园

良种母本园的任务在于提供苗圃繁育良种过程中所需要的大量优良品种的接穗、插条、枝芽以及实生繁殖的种子。母本园的建立,一般根据需要和可能条件进行选址,或选择条件较好、栽培水平较高的苗圃,通过选择母树,改造作为母本园。在条件不允许的情况下,对其中个别优良单株可以采用特殊管理和保护措施,作为采种母树,进行单系繁殖。

2.砧木母本园

在嫁接繁殖中,如果嫁接苗所选用的砧木差异很大,对于接穗品种习性会产生不同的影响,使优良品种种性表现出差异或引起退化。有时采用了不恰当的砧木,会因亲合性下降而造成严重损失。因此,在园林树木优良品种选育和良种繁殖的同时,还应重视优良砧木品种的选育和建立良好的砧木母本园。

3.育苗圃

育苗圃的任务是繁育品种纯正和高质量的苗木。当今科学的发展,使良种繁育走向具有人工模拟自然条件、电脑控制、排灌设施,能适应机械化操作,无严重病虫害和自然灾害的大型、高质量育苗圃。国内育苗单位也在不同程度地学习和引入国外先进的育苗设备,逐步创造条件向生产育苗的专业化方向迈进。

二、先进的育苗技术

1.培育无病毒苗

园林植物的好品种,通过无性繁殖几年后,往往积累病毒而产生退化。如北京农学院从荷兰引进的百合种球栽植一年后,通过分球繁殖获得第二代种球,用第二代种球栽植就表现出了某些退化现象(花茎变短、花朵数减少)。因此,无病毒苗的繁殖已受到国内外的广泛重视。在国外,像德国、荷兰、英国等国家的花卉科研机构常与企业、生产性苗圃合作,对园林植物采取茎尖组织培养脱毒获得无毒苗,所生产出的种苗、种球一般称为无病毒苗,如月季、百合、唐菖蒲、郁金香等花卉无病毒苗表现出花茎长、花朵数多、花大、色艳等观赏价值比较高,从而赢得了信誉,赢得了国际市场。目前国内的一些城市如上海的科研机构进行了唐菖蒲、香石竹、菊花等的脱病毒研究,已取得了良好的效果。

2.快速育苗技术

目前越来越多的新技术应用到园林植物育苗中。如通过组织培养技术来加快繁殖系数,利用全光照自动喷雾技术来提高苗木扦插成活率,采用容器育苗技术等。

三、提高良种繁育系数

1.提高种子的繁殖系数

适当扩大营养面积,尽量使植株营养体充分生长,这样长出的植株果实饱满,种子数量多,种子饱满。

抗寒性较强的一年生植物,可以适当早播,以利于延长营养生长时期,提高单株产量。对某些春化阶段要求条件严格的植物,如桂竹香等可以控制延迟春化阶段的到来,在大大增加了营养生长以后,再使其通过春化阶段,从而提高单株产量。

对植物摘心,促使侧枝生长,也能提高单株采种量。

对于许多异交或常异交的花卉,如石竹、瓜叶菊、蒲包花、仙客来等可进行人工辅助授粉,能显著增加种子数量。

2. 提高一般营养繁殖器官的繁殖系数

(1)充分利用园林植物的巨大再生产能力 园林植物可以用来进行营养繁殖的器官很多,如根、茎、叶、腋芽、萌蘖等,可充分利用园林植物的这种较强的再生能力,提高繁殖系数。

(2)延长繁殖时间 通过利用电热插床以及温室等设备,几乎终年可进行扦插、分株、嫁接等无性繁殖手段,延长繁殖时间,提高繁殖系数。

(3)节约繁殖材料 在原种数量较少的情况下,可以利用单芽扦插和芽接,这样比一般扦插和一般嫁接能更多地增加繁殖系数。

3. 提高球根类花卉的繁殖系数

许多园林植物是利用地下的变态器官如球茎、鳞茎、块茎、块根等进行繁殖的,通常的繁殖方法是利用自然形成的子球繁殖。可以通过一些措施提高子球的繁殖数量。如,把唐菖蒲母球切成三四块,让每块上都有一个芽,这样3~4个芽就能萌发并形成三四个较大的球。

球根花卉在种植时,可采用深栽,加大株行距等措施,来提高种球产量。如百合深栽形成的小仔球比浅栽形成的小仔球数量多。

百合等球根花卉,可用鳞片扦插法繁殖。具体做法是:百合花开花后,从母球上剥取鳞片,先用1:1000的70%甲基托布津消毒,然后进行扦插,即可从基部长出新根,形成新球,此类新球栽培2~3年即可培养成开花球。

百合的一些品种,在叶腋处生有珠芽,可在珠芽成熟时剥离,另行栽培,培养1~2年即可开花。为使珠芽形成的数量多、个体大,可把花蕾掐掉。风信子的母球,7月~8月份从地里掘起后,用刀切割鳞茎的基部,然后埋于湿沙中,经过两周取出置于有木框的架子上,保持室温在20~22℃,注意通风和不见阳光,这样放几个月后可在伤口附近增殖大量小球,再将母球连同子球一并栽植露地,培养1年后再行分栽,培养2~3年后就可培养成开花球。将郁金香冷藏后期的鳞茎置于33~35℃之高温室内处理一定时间,一般9月中旬处理15~20天,10月上旬处理10~15天,10月下半月处理7~10天,这样可以抑制花芽的发育,植株不开花,而提高种球的繁殖量。

4. 组织培养

利用园林植物的根、茎、叶、花等器官作为外植体,通过组织培养的方法,能快速而大量地繁殖。如从理论上讲,1年内可从1个兰花茎尖很容易地繁殖出400万株兰花苗来。所以组织培养也是提高良种繁育系数的重要途径。

第五章　园林苗木繁殖

苗木繁育一般分为有性繁殖(即种子繁殖)和无性繁殖(即用种子以外的植物材料进行繁殖)。无性繁殖又分为扦插、嫁接、分株、分蘖、压条、埋条等。播种繁殖是育苗的最主要方法,其产苗量高,成本低,苗木具有完整的根系和顶芽,苗木不易老化,对外界的适应能力强;其缺点是部分树木难以获得种子,或发芽困难,或成熟慢。另外,对优良品种,若采取种子繁殖不能很好地保持母本的特性。无性繁殖则材料容易获得,苗木变异性小,能保持母本的优良特性,开花较早;但植株容易老化,抗逆性稍差,扦插、嫁接繁殖取条部位不当则容易引起偏冠等,部分植株不易无性繁殖。

第一节　播种繁殖技术

一、种子的采集

种子品质直接影响苗木质量。采集种子时应注意选择优良母树,即生长健壮、树形丰满、无病虫害、具有优良性状的壮年树,以保证种子饱满、品质纯正、发芽率高、出苗整齐、幼苗健壮;同时应注意在成熟期马上采收,若采早了则种子未成熟,发芽能力弱,迟了则种子已掉落或被鸟类、害虫吃掉而采不到。

鉴定种子成熟的方法有两种:一是果实变化识别。如浆果(葡萄)、核果(桃、李)、仁果(海棠、苹果)等,果肉软化变色,并有一定的甜味、香气,即为成熟。干果类的荚果、蒴果(紫荆、紫薇)、翅果(槭树)等果皮由绿色变为黄褐色、干燥、紧缩、硬化或裂开,即为成熟。针叶树球果类的果鳞干燥硬化,由青变黄并微裂,即可采种。二是种子变化识别。成熟种子的种皮、种仁具有一定色泽,而且种仁饱满、坚韧,有一定重量。不成熟的种子,则不饱满,或呈液状。

二、种子处理及品质检验

1.采收后的果实和种子,应及时处理,以免霉烂变质,影响发芽力。处理方法有以下两种:

(1)干果类种子的处理　干果类包括荚果、球果、翅果、蒴果等。这类果实,一般通过风吹日晒、碾压、敲打、揉搓等方法取出种子,除去碎枝残叶、泥石混杂物等。

(2)肉质果种子的处理　肉质果包括多汁的浆果、核果、聚合果、仁果等。这类果实,肉质较厚,果汁较多,采回后若不及时处理则易发热、霉烂,降低种子质量。果实采回后及时倒入容器内,加适量清水,用棍棒捣烂果肉,或经发酵、过筛冲洗,然后选出种子阴干。小粒易碎的种子,可倒进竹箩里搓洗过筛,淘去果皮、果肉杂物后阴干。种子取出后,再经风选、粒选、水选等,除去鳞片、果皮、果肉、瘪籽、泥沙等杂物,得以纯净种子,然后贮藏备用。

2.种子品质检验

种子品质好坏是播种成败的关键,因此播种前要对种子的品质进行检验。完整的种子品质概念包括遗传品质和播种品质两部分。由于遗传品质很难从种子外部性状来加以判别,而要通过对母树的选择和对子代的测定来选择遗传品质优良的父母本。通常的种子品质检验是指对播种品质的检验,包括纯度、千粒重、含水率、发芽率、发芽势等。

(1)纯度检验测定　纯净种子占供检材料的重量百分比。检验时,先称试材总重量,然后仔细把纯净种子与废种子和杂物分开,分别称重,用下面公式计算纯度:

$$\text{纯度}(\%) = \frac{\text{纯净种子重量}}{\text{供检试材总重量}} \times 100\%$$

(2)千粒重测定　一千粒净洁种子在气干状态下的重量称千粒重。检验时,随机抽取供检试材料,挑出纯净种子,每百粒为一组,共抽4组以上,分别称重后算出百粒平均重量,再求出千粒重(扩大10倍)。也可随机抽取一千粒净种子直接称重。

(3)含水率测定　含水率是指种子所含水分和与种子重量的百分比。常用测定方法,取试样2份,分别称重后在80℃烘2~3小时,然后在100~105℃下烘5~6小时,放入有干燥剂的干燥器中冷却后称重。用下面公式计算出含水量:

$$\text{种子含水量}(\%) = \frac{\text{干燥前重量} - \text{干燥后重量}}{\text{干燥前重量}} \times 100\%$$

(4)发芽率测定　发芽率是指种子在室内正常发芽的种子粒数占供检种子粒数的百分率。是表明种子发芽能力的主要指标之一。检验时取纯净种子,经消毒浸种后,整齐摆放在发芽床上,放在恒温箱内,保持25℃,待种子发芽后每日检查记录当日发芽数,在连续5天平均发芽粒数不够1%时停止统计,视为发芽终止,用下面公式计算发芽率:

$$\text{发芽率}(\%) = \frac{\text{发芽种子粒数}}{\text{供检种子粒数}} \times 100\%$$

(5)发芽势的测定　发芽势是指种子发芽的整齐程度。一般用种子日发芽量最高时,已发芽的种子粒数的百分比来表示。检验办法同发芽率,计算出发芽率后检查找出日发芽量最大的一天,然后把这天发芽粒数与它们之前的各天相加,用下面公式求出发芽势:

$$\text{发芽势}(\%) = \frac{\text{日发芽达最高时已发粒数芽}}{\text{供检种子粒数}} \times 100\%$$

(6)生活力检验　生活力是表明种子有无生命力的指标,用具有生命力的粒数占供检种子粒数的百分比表示。检验方法是用只对活细胞染色的化学染色剂对胚进行染色,并判断其是否有生命力。

种子检验还包括种子检疫,即检查种子是否带有病虫害。

三、种子贮藏

除了可随采随播的树种外,大部分花木种子,从采收到播种需间隔一段时间,要适当贮藏。贮藏期间要创造适宜的温湿度条件,抑制种子的呼吸及代谢过程,而不损伤胚,最大限度保持种子生命力,延长其寿命。

1.**干藏法**　把含水量较低的种子,贮藏于干燥环境中,常用的方法有两种:

(1)普通干藏法　将正常含水量的种子装入袋、箱、缸等容器中,上盖后,置于消毒后的低温、干燥、通风的室内。此法适用于多种花木种子的短期贮藏。

(2)**封闭干藏法** 将经过精选、干燥的种子(含水率不超过10%),装入经过消毒的密封容器内。如果在容器内放入木炭、草木灰、氯化钙等干燥剂,可延长贮藏时间。

2.湿藏法 将种子贮藏在湿润和较低温度的环境内,使种子保持一定含水量和通气,维持生命活动。此法适用于安全含水量高的种子(一般为较大粒的种子),或休眠期长又需要催芽的种子,如苏铁、银杏、桂花、广玉兰等树木种子。常用三种方法,即室内堆藏法、露天埋藏法和流水贮藏法。其中,室内堆藏法最常用,它是在干燥、通风、无阳光直射的房屋内,地上铺一层沙,将种子和湿沙混合或分层堆放,堆至50~60厘米时,上面再盖湿沙。贮藏期间,如发现沙的湿度不够,应及时洒水。此法因种子内水分与贮藏环境的相对湿度接近平衡,可延长种子的寿命。一般相对湿度以20%~25%为宜。此法适宜于高温多湿地区自然贮藏。

3.低温贮藏法 在-2~4℃的冷室或冷藏柜里,当种子含水量降至4%左右,种内自由水不致结冰时,装入容器内,分层放在架子上,可长期保存。

4.真空贮藏法 将盛放种子的容器内空气抽出,以控制种子的呼吸强度,保持种子发芽能力。其温度必须在冰点以下。此外,改变贮藏空气,以二氧化碳或氮气代替自然空气,也可延长种子的寿命。

四、种子消毒

种子播种前应进行消毒,以消除病菌对幼苗的危害。常用的方法有4种:

1.福尔马林消毒 在播种前1~2天,将种子放入0.15%的福尔马林溶液中,浸15~30分钟,取出后密封2小时,然后将种子摊开稍阴干后播种。

2.硫酸铜消毒 用0.3%~1.0%硫酸铜溶液浸种4~6小时,然后取出阴干,即可播种。

3.高锰酸钾消毒 用0.5%高锰酸钾溶液浸种2小时(或3%的高锰酸钾溶液浸种30分钟),取出密封半小时后,用清水冲洗数次,阴干后播种。

4.其他药物消毒 用退菌特、多菌灵、托布津等浸种或拌种,防止幼苗立枯病。

五、种子催芽

通过人为措施,使处于休眠状态的种子在适宜的外界条件(水分、温度、空气等)下发芽,达到出苗快、整齐、生长健壮的目的。催芽是育苗成败的关键措施之一。

1.水浸催芽法 一般分为热水浸种和温水浸种两种方法。用水量一般为种子重量的5~10倍,浸种时间一般以种子膨胀为宜。

(1)**热水浸种** 适用于外壳坚硬、带油质、休眠期短或不休眠的种子,紫藤、合欢、紫荆、元宝枫、枫杨、苦楝、紫穗槐等可用热水浸种。将种子放入80~90℃热水中浸种,搅拌均匀后,让其自然冷却,而后继续浸24小时。种子越小,高温处理时间应越短。小粒种子高温处理几分钟即应捞出冷却。

(2)**温水浸种** 海棠等适于45~50℃温水浸种24小时;侧柏等适于冷水浸种6~24小时。

2. 沙藏催芽法 将种子放入低温(2~7℃)、湿润沙土内,使种子在沙土中通过休眠期,促使其顺利萌发(方法同种子沙藏)。一般在冬季进行。

沙藏催芽时间长短,因树种而异:杜鹃、榆叶梅等需 30~40 天,海棠等需 50~60 天,桧柏、腊梅、玉兰、小叶女贞等需 100 天以上。

3. 雪藏催芽法 此法适用于温度较低、有积雪的地方。对休眠期短的种子,如牡丹、月季、蔷薇等,用雪藏催芽,可提高种子发芽力及发芽势,有利于幼苗出土,增强抗寒能力。

4. 秋播处理 大粒硬壳种子,可利用秋季播种,以播种代替贮藏,使种子在低温、湿润条件下通过休眠期,继而顺利发芽。

5. 特殊处理 对一些种皮特别坚硬不透水的种子,可机械磨损,使种皮破裂吸水萌发。

含蜡质的硬粒种子如桃、梅、荷花、黄花夹竹桃等,可在浓硫酸中浸种 5~20 分钟。处理时,应根据种皮的厚度掌握适宜时间。然后捞出用清水冲洗后播种。用 0.03%~0.05%溴化钾溶液处理种子 24~28 小时,能使小叶女贞等种子顺利萌发。生产上常用的植物激素如赤霉素、吲哚乙酸、萘乙酸、2,4-D 等浸种,都有显著的催芽效果(表 5-1)。

表 5-1 几种主要花木种子播种前处理

名称	种子处理方法
腊梅	11 月混沙 2 倍,在冷室内沙藏,或播种前 2 周用 40~50℃温水浸泡 24 小时,捞出加沙 2 倍,置于室内催芽后播种
紫薇	播前 20 天,用冷水浸种 3~5 小时,捞出后混沙 2 倍,置室内催芽后播种
紫荆	播种一个月,用 60~70℃热水浸种 1~3 小时,捞出沙 2 倍,置室内催芽后播种
银杏	选出净种,混沙 2 倍,藏入阴凉、干燥处的沟中,直至播种
侧柏	播前 10~15 天,用 40~50℃温水浸种 24 小时,捞出,混沙 2 倍,置室内催芽后播种

六、土壤准备

不论是花坛播种还是播种育苗,均应选择地势平坦、干燥、排灌条件好的地方进行。土质以中性、微酸性壤土或沙壤土为宜,做到湿润而不积水。大田育苗时,每 1/15 公顷(1 亩)施腐熟农家肥 4000~5000kg,深耕 30~35cm,将肥料翻入土中,然后平整土地,清除杂草,再根据需要作好苗床。

南方苗木培育一般采用高床育苗,以防止积水。对怕涝、发芽出土较难、需要精细管理的花木以及地势低、排水差、雨水多的地区,更应采用高床播种育苗。苗床一般应高出地面 15~20cm,宽 1~1.2m,长 15~20m。两床之间设 40~45cm 宽的人行道,兼排水之用。

对于一些极喜湿花木,可考虑采用低床育苗。床宽 1m,床背宽 30~40cm,高 15~18cm,长 15~20m。

中粒及大粒种子容易出苗,幼苗生长势强,播后不需精细管理,可采用高垄。垄高出地面,土质要疏松,透气良好,地温较高,这样种子发芽早,出土快,根系发达,病虫害较少。

高垄的一般规格:50～70cm,垄高20～25m,垄顶20～25cm,垄长20～25cm。垄不宜过长,否则管理不便。

七、播种时期

播种期直接影响苗木生长期长短,对苗木产量和质量至关重要。适时播种是培养壮苗的关键措施之一。在生产中往往根据绿化苗木的不同生物学特性及出苗时间、苗木出圃时间、播种环境条件等灵活掌握,适时播种。一般分为春季播种、秋季播种和随采随播。

1.春季播种 大多数花木适于春季播种。春季播种要适时早播,尽量缩短播种期。在北方土壤解冻时,抢墒播种则发芽早,扎根深,苗木生长壮,苗木在伏天到来之前已木质化,可避免高温、多雨造成幼苗枯萎。但要注意晚霜和春寒危害,可用塑料薄膜覆盖保护,以避免提早播种受到晚霜和春寒危害。雪松、女贞、侧柏、海棠、丁香、连翘、紫薇、紫藤、紫玉兰、月季等适于春季播种。

2.秋季播种 此法多用于较寒冷的地区。对于大粒、硬皮和有蜡质的种子,如桃、梅、黄刺梅、郁李、榆叶梅及一些松柏科的观赏植物,其种子发芽比较困难,可以在秋末冬初土壤结冻前播种,使种子在低温和一定的湿度下,完成贮藏和催芽作用,这样来年春季幼苗出土齐,扎根深,可增强抗旱、抗寒能力。但秋季播种,种子在田间时间较长,易遭虫害、鸟害、鼠害和风沙危害,需注意保护。

3.随采随播 对于含水量大、失水后容易丧失发芽力、不耐贮藏的种子,当春、夏季成熟时可随采随播。广玉兰、十大功劳、枇杷、桑、榆、柳、杨等适于随采随播。

八、播种方法

各种花木的播种方法因其特性、育苗技术和自然条件的不同而不同。常用的播种方法有撒播、条播和点播等。

1.撒播法 将种子均匀地撒播在育苗床上。适于幼苗生长缓慢、喜遮阴和种粒较小的花木。撒播时,对带有茸毛或颗粒小的种子,可以把种子混入等量的细沙或草木灰中,防止种子黏合,以保证撒播均匀。撒播后要及时覆盖湿土,以刚能覆盖种子为度;覆土过厚,影响出苗。具体厚度可根据种子大小具体确定,极小粒种子如杨、柳、桉树、桦木、桤木、泡桐等种子,覆盖0.15～0.5cm,即隐约可见的程度;小粒种子如柳杉、榆、黄檗等覆盖0.5～1cm;中粒种子如紫穗槐、侧柏、刺槐、白蜡、臭椿、复叶槭、元宝枫、槐树等覆盖1～3cm;大粒种子如板栗、油桐、山桃、山杏、银杏、苏铁等覆盖3～5cm,在干旱条件下覆盖可达8cm。

大、中粒种子一般用播种地的土壤覆盖种子,小粒种子宜用含沙量较多的土覆盖,极小粒种子用沙子、腐殖质土、泥炭土、火烧土、糠皮和锯末等覆盖。

撒播的缺点是幼苗期通气透光不好,株行距不一致,不便管理,也容易浪费种子。

2.条播法 即带状播种或沟播。要根据不同花木品种和当地自然条件、苗木生长速度、育苗年限和管理水平来确定条播的距离。一般条播幅宽5～10cm;深度据种粒大小而定,大粒种子3～5cm,中粒2～3cm,小粒1～1.5cm。把种子均匀地撒播在播种带后,覆土轻压,覆土厚度与撒播相同。

3. 点播法 即穴播,按一定的株行距挖穴点播。此法适于种粒大、发芽力强、幼苗生长壮的树种和珍贵花木,如核桃、山桃、山杏、银杏、雪松、白玉兰、板栗等。为了保证出苗率,每穴可放种子2~3粒。出苗后间去多余的苗木。株行距要适宜。

对于少量珍贵细小的种子,适于在温床或温室内播种,以便管理及保护。生产上常用浅木箱、浅盆或普通花盆点播。盆土用消毒过筛后的培养土,覆土厚度以不见种子为度,并用浸盆法给水,进行细致管理。

4. 播种量的估算

要做到节约用种又不影响育苗任务,我们就要掌握适当的播种量。播种量可用下面的公式计算。

$$X = \frac{NP/1000}{E\%(\%) \times K(\%)}$$

X. 单位面积上的播种量;

N. 单位面积上计划产苗量;

P. 种子千粒重(克);

E. 种子纯度%;

K. 场圃发芽率%;

由上述公式计算出单位面积播种量,需加一个损耗值,才能是单位面积上的真实用种量。损耗值与育苗技术和种粒大小有关。

九、切根播种育苗

切根播种育苗是近年来在绿化大苗培育中提倡采用的一种方法,对于直根性强、主根发达侧根稀少的花木树种,在培育绿化大苗时采用切根播种育苗的方法,可防止主根过深,促使苗木水平吸收根系发达,以利于大苗移植的成活及恢复生长,达到较好的绿化苗木移植效果。笔者对黄山栾树的切根育苗试验表明,切根使主根减短10.7%~17%,侧根长增加17.13%~21.1%,侧根粗增加75%~100%,侧根条数也显著增加。

但切根后由于胚根受伤,在一定程度上增加了幼苗感病腐烂、死亡的可能性,如消毒不彻底会严重影响苗木的成苗率,因此采用切根播种育苗时必须强化苗圃地的土壤及环境的消毒工作,以保证苗木的成活。

切根的具体做法主要有两种,一是先对花木种子进行催芽,待胚根长度达到1~2cm时进行切根,即利用锋利的刀片或剪刀切去胚根的1/3~1/2,而后进行点播。另外一种做法是,对于石砾、粗沙含量少的土壤,可以先进行常规条播育苗,待苗木主根达到一定长度(通常为20cm),再利用一锋利的类似锄头的工具(一般为特制工具切根铲,宽15~20cm,长50cm),沿苗床基部约12cm处往里切入,达到切根的目的。

十、播种后的管理

为了培养优质壮苗,幼苗出土前后要加强管理,创造有利条件,满足种子发芽和幼苗生长发育的需要。

1. 覆盖 一般覆土薄的小粒种子,在覆土后还应加以覆盖保护,以防止苗床地表板结,保持土壤水分,抑制杂草生长,避免阳光直射和风吹雨打,并可调节温度,防止冬季冻害、鸟害等。常用塑料小拱棚或稻草、麦秸、树叶、苔藓等物覆盖。用塑料小拱棚覆盖时,如气温过高,要注意通风及洒水降温,视其生长情况逐渐拆除。注意覆盖物不宜过厚,在幼苗大量出土时应及时拆除,以免苗木黄化、弯苗或出现高脚苗现象。

2.**遮阴** 在夏季育苗,为了降低表土温度,减少苗木蒸腾作用和土壤水分的蒸发,防止幼苗根茎日灼,在天气炎热干旱时,应予以遮阴保护。一般荫棚的透光度以30%~50%为宜,最好用活动荫棚;烈日当空时进行遮阴,阴天或晴天的早晚不遮阴,苗木木质化后及时拆除。

3.**间苗** 据苗木的疏密、生长速度和抵抗力的强弱而确定间苗次数。大部分阔叶类花木,幼苗生长迅速,抵抗能力强,在幼苗长出两片真叶时即可进行第一次间苗。而大部分针叶观赏花木,幼苗生长缓慢,易受干旱、病虫危害,应在苗木出土后,即进行一次间苗;当叶面重叠时,再进行第二次间苗;最后一次定苗。间苗原则是:适时间苗,留优去劣,分布均匀,合理定苗。间苗要在土壤湿润情况下进行,不要伤及苗木的根系,间苗后要及时浇水。间出的苗木应保存好,以便移植或补苗之用。

4.**补苗** 这是补救缺苗断垄的一种措施。应选择阴雨天或浇水后的傍晚,结合间苗进行补苗移栽。为了不伤及幼苗根系,应越早越好。用小铲带土移栽,并随即压实、浇水、以免幼苗缺水萎蔫。如能暂时遮阴保护,则成活率较高。

此外,待苗木生长至一定高度时,还应进行中耕除草、病虫害防治、施肥、浇水、修枝和除芽等工作,以保证苗木生长旺盛。

第二节 无性繁殖技术

植物的营养器官(根、茎、叶、芽)具有再生能力,可形成新的个体。无性繁殖通常包括扦插、嫁接、分株、压条、埋根等方法。无性繁殖得到的花木,其特点为:主根不如播种苗粗大,而侧根发达,生长较快;从发育阶段上来说,生理年龄较老,所以开花结果比播种苗早,寿命较播种苗短;能充分利用母树各部分,在短时间内繁殖出大量植株,并保持母株原来固有的独特性状,适于一些不宜获得种子和品质优良、观赏价值较高的观花、观果、观叶类花木的繁殖;对于某些优良和有益的遗传变异,如突变(基因与染色体在体细胞内的变化)、嵌合体的出现(突变影响一部分分生组织的遗传性改变),以及芽变(体细胞或染色体的突变),可用无性繁殖方法保存下来,以达到保存一个栽培新品种的目的。

一、扦插繁殖

扦插繁殖是用花木的营养器官根、茎、叶、芽、枝等器官或一部分作为插穗,在适宜的环境条件下,插在土壤、河沙、蛭石等基质中,使其生根、长叶,形成一个完整、独立新植株。扦插一般分为根插、叶插、枝插。

1.**扦插成活的条件** 影响扦插是否成活的因素主要有以下几个:

(1)插穗 树种特性不同影响了扦插成活难易。高温、高湿地区的树种比低温干旱地区的树种容易生根,幼龄树比成龄树容易生根。蘖枝比树上枝容易生根,枝条生长健壮、组织充实、叶芽饱满的比营养不良、长势弱的枝条容易生根,半木质化的枝条比成熟的硬枝容易生根,带叶扦插比不带叶扦插容易生根。

(2)温度　温度对生根的速度起决定作用,大部分花卉的扦插适温为白天 20～25℃、夜间 15℃左右,落叶花卉略低一些;原产于热带的植物则在 25～30℃条件下易成活。当然,温度也不应过高,否则生根反而很慢,伤口容易发霉腐烂;若达 35℃,则不宜进行扦插。土温对插穗影响也很大。如果大气温度超过土温,插条的腋芽或顶芽在发根以前就已经萌发,出现假活现象,容易回芽枯萎。若提高土温,使它和气温保持一致,或高于空气温度 2～4℃,就可以使枝条在萌芽之前先发根。生产上可以采用在扦插床内埋入加热管道的做法来提高土温,效果显著。

(3)湿度　为了维持插条的生命活力,促进愈合生根,必须保持一定的土壤湿度和空气的相对湿度。在生长季节用嫩枝带叶扦插时,相对湿度以 85%～90% 为宜,以保持叶片周围空气的水汽压与叶片细胞间的水汽压接近平衡,有利生根成活。

(4)空气　扦插期间,插穗生理活动同样比较旺盛,呼吸作用强烈,因而扦插基质必须有良好的透水、透气能力,以保证充足的氧气,满足插条生根时的呼吸作用。若空气不足,则插穗容易进行无氧呼吸,最终导致插穗窒息腐烂。

(5)光照　插条生根需要一定的光照。尤其在生长季节嫩枝带叶扦插,光合作用产物(尤其是因此产生的部分激素类物质)对根的孕育及发芽生长具有十分重要的作用。在光照条件下,嫩枝上的叶片可以进行光合作用,制造养分,促进愈合生根。光照还可杀死一部分病菌,提高土壤温度,利于生根。但若烈日直晒,气温过高,同时不能满足水分要求,就将造成插穗失水萎蔫或灼伤,要进行适当遮阴。嫩枝扦插时若采用全光照喷雾育苗,效果更佳。但有时也可在无光的黄化条件下促进生根。

(6)扦插基质　不论硬枝扦插或嫩枝扦插,都要选择质地疏松、保温、保湿透气性能良好的插壤或基质,如蛭石、珍珠岩、河沙稻糠灰、泥炭等。有些花木,在沙内生根长而分枝少,易折断。在珍珠岩内扦插则根系分枝较多、较长,且柔韧,移栽易成活。因此,要选择透气良好的基质,适当控制水分状况,就能培育苗木发达的根系。此外,pH 对产生不定根影响很大。如侧柏在 pH 为 7 时,生根最好。

2. 促进生根的方法　为了加快插条愈合生根,除适当提高土温外,在扦插之前对插条进行适当处理,可以极大地提高生根效果。

(1)浸水处理　把剪好的插条在清水或流水中浸泡 8～12 小时后进行扦插,可收到良好的效果。浸水处理的作用主要是,通过清水或流水浸泡,可以洗去插穗切口处的生长抑制物质,如丹宁、树脂、乳汁等,同时又利于插穗吸足水分,保证插穗生根。具体做法是,将插穗按同一方向排列(最好能用绳子绑好),将下切口置入清水或流水中处理。

有些花木在硬枝扦插前,用温水浸泡(30℃以下)处理,可以激发插条本身酶的活性,促进营养物质的转化,加速插穗的愈合生根。

(2)切口处理　有些花木在剪枝时,往往从伤口流出大量的汁液,造成水分、养分的流失(尤其是嫩枝扦插),容易降低扦插成活率,必须进行处理。上切口的处理方法有:在插条上切口处滴蜡处理,或用烧热的金属快速烧烫伤口,使其形成一层保护膜。这种方法还能减少病菌感染。对于下切口,可蘸草木灰或活性炭粉进行处理。有条件时,可把枝条捆扎成把,放入蛭石或净沙的插床内加温,保持25~28℃,并浇水保湿,待伤口产生愈合组织后取出扦插。

(3)生长激素处理　在适宜的环境条件下,用适当浓度的植物激素处理插穗,可以促进愈合生根。常用的植物激素有:萘乙酸、吲哚乙酸、吲哚丁酸、2,4-D、三十烷醇等。近年来,中国林科院开发出了系列的ABT生根粉,可以选择适当种类使用。激素处理应注意合理浓度,浓度过高反而抑制生根,应根据相应资料进行适当配置;在没有把握时,宁可将激素浓度降低处理。植物激素有粉剂和水剂,其使用方法有浸泡法、快蘸法和蘸粉法。

浸泡法:先把称好的激素放入容器中,用少量酒精将其溶解,然后加入清水,再稀释到适宜的浓度。一般花木可采用0.002%~0.01%浓度,浸泡6~12小时即可取出扦插。

快蘸法:激素配制法同浸泡法,不同的是快蘸处理时使用的浓度较高,一般花木可用0.03%~0.06%的浓度,将插穗基部3~5cm放入药液中快蘸,迅速取出插入育苗床。三十烷醇对花卉插穗生根效果显著,也很安全,常用浓度为0.00005%~0.0005%。目前我国各厂家生产的产品纯度不同,使用时应参照说明书确定浓度。

蘸粉法:按照使用说明书,用电子天平精确称出某种激素和滑石粉的数量,分别放入玻璃容器中;用95%的酒精溶解激素,用清水溶解滑石粉,然后将所溶的激素放入装有滑石粉的容器中,充分搅拌,置于黑暗处,保持在60~70℃的温度下;待干燥后,研成细粉,装入深色玻璃瓶中,密封备用。扦插时,将插穗基部的伤口蘸上粉剂,再插入基质中培养。此法比较简单,吲哚乙酸及萘乙酸浓度为0.05%~0.1%,此浓度适合于能自然生根但发根率不高的花卉。对难发根的花木,如罗汉松、五针松、龙柏等,浓度可提高到0.1%~0.2%。

(4)黄化处理　一些花木插条内含有较多的色素、油分及松脂,这些物质会抑制植物细胞的活动,阻碍愈伤组织的形成和根的发生。如在剪取插条之前,用黑纸或泥土把枝条封裹遮光,一个月后剪下扦插,其遮光部位易形成根原体,插后容易生根。也可在早春芽萌动之前,将要选用的一段枝条用黑纸裹套着,使之在发育过程中受到弱光;其遮阴部位在夏末时便形成了根原始体,秋季剪下扦插,也很容易生根。这种方法称为黄化处理。

3.扦插方法

(1)枝插　枝插又分为嫩枝扦插、老枝扦插及漂水插等。

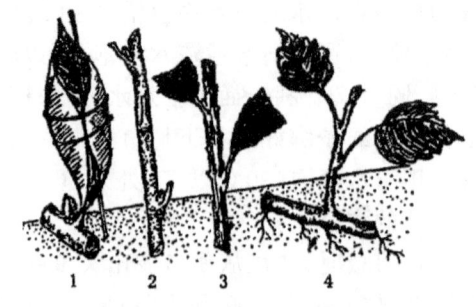

图5-1　几种扦插方法
1.单芽扦插　2.老枝扦插　3.嫩枝扦插　4.根插

①嫩枝扦插　多用于常绿、半常绿木本花卉和落叶木本花卉。常规的方法是在花木生长旺盛的季节,采当年生半木质化枝条,按2～4节为一段,每段约10cm左右剪截。保留上部1～2个叶片,叶片过大可只保留1/2～1/3,将插条基部节下1.5～3mm处的切口削平或削成马蹄形(剪短部分位于叶柄下端较好),随即插入湿润的基质中(图5－1)。

插前最好用略粗于插条的小木棒插好一小孔,以免插条直接插入时,造成插穗切口的创伤,引起发霉腐烂。插入深度依植物种类的不同以及温度、湿度状况灵活掌握。对于能从节间皮下形成层发生不定根的树种可适当深插,上面留出1～2个侧芽即可,如橡皮树。而有的树种只能从愈伤组织内发根,可适当浅插,如月季。嫩枝扦插应保持稳定的温度(18～27℃)和较高的空气湿度,理想的方法是进行全光雾育苗。不能进行全光雾育苗的,插后应及时喷透水,并盖塑料薄膜保温,适当遮阴;中午高温时打开薄膜一角换气,以防止高温、高湿造成切口发霉腐烂。嫩枝扦插用吲哚丁酸、萘乙酸0.03%～0.05%作快蘸处理,可提高成活率。适于嫩枝扦插的树种有山茶花、桂花、梅花、月季、雪松、橡皮树、南天竹、龙柏、铺地柏等。有一些树种嫩枝扦插时,因它们的侧芽不易萌发,其插穗可带顶端的嫩芽,以利于生根后的生长。如扶桑等一些花卉,可用枝条的先端作插穗,依靠顶芽萌发生长。

嫩枝也可以进行水插,数量较大时可将枝条捆成小捆,基部1/3插入清水中,每2～3天换一次水,在荫棚下养护,直至生根。少量的可插入瓶内,家庭花木培育中常用此法。扦插时应选用带色的玻璃瓶,因生根往往在黑暗中进行,适当遮光有利生根。阳光直射时,瓶外壁可包一层白纸,以反射阳光,使瓶内水温不致过高,引起剪口腐烂。瓶口用塑料泡沫塞紧,以固定插条。还可用一根细塑料管插入水中,一端露出瓶外,保持新鲜空气的流通。插后置于背风向阳处,3～5天换一次水,生根后轻轻取出另行栽植。

②老枝扦插　又叫硬枝扦插。多用于落叶木本花卉,在落叶后至发芽前的休眠期进行。也可用于常绿花木,在停止生长后至春季树液流动前进行。南方适于秋冬插,北方适于春插。插条应从幼树,尤其是实生幼树上选取,取条部位以近地处萌芽萌蘖枝条为好,也可采取生长健壮,芽充实饱满和无病虫的一年生枝条做插穗。

插条长度以12～15cm为好,具体应根据插条和环境条件适当应用,每插穗应保留2～3个节(即叶柄或芽)。插入深度1/2左右,上面留1～2侧芽(或叶片)为宜(图5－1)。一般来说,环境越干旱,插穗应越长,插入土中应越深,保留叶片应越少。插后应及时浇水保湿。北方秋插时要注意封土埋条越冬,至来年萌芽前再将埋土扒去。也可秋季剪取插条,贮藏在2～4℃的湿润条件下,来年春季进行扦插。适于硬枝扦插的花木树种有:木槿、紫薇、夹竹桃、桂花、含笑、月季、佛手等。

对于一些扦插不易生根的木本花卉,如白玉兰、米兰、杜鹃及一些松柏科的观赏植物,可用生长激素处理,也可用割插、土球插、踵插等方法处理,为插条创造更多的生根机会(图5－2)。为了促进愈合生根,无论是单芽插或嫩芽插,

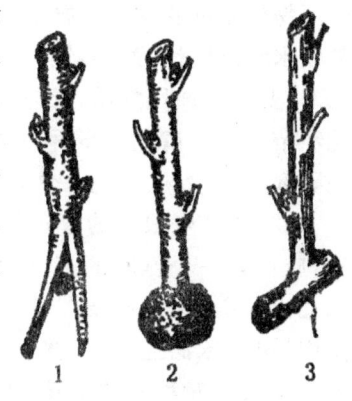

图5－2　插条处理
1.割插　2.土球插　3.踵插

插后都要搭塑料薄膜拱棚,以保温保湿,并适当遮阴,调节光照和温度。

③漂水插　此法与嫩枝水插不同,它适于南方多水面地区使用,可对一些常绿木本花卉进行大量的枝插繁殖,如茉莉、橡皮树、夹竹桃、栀子等。将花木的插条插在用竹子编的圆形竹箅(竹筛)的孔洞中,让其漂浮在水面上,或系在小船后,利用湖泊及池塘内水的相对恒温及良好的通风、供氧条件,为插条生根创造一个优越的环境。此法节省人力物力、降低成本。适于嫩枝和老枝扦插繁殖,但必须选择适合水插生根的花卉植物。

(2)单芽扦插　此法在繁殖优良品种时,一次能获得大量的苗木,并节省繁殖材料。它适于一些易生根或具有角质、蜡质叶的花木,如橡皮树、桂花、山茶花、葡萄等。插穗的上剪口距芽尖0.5～1cm,下口视节间长短而定,一般插穗长度不超过10cm。浅插在沙床内,芽要露出沙面,所带的叶片可绑在小棍上,使其直立(图5－1)。当插条基部发出新根以后,腋芽开始萌动时,即可长出一株新苗。

(3)根插　利用根上的不定芽萌发而长出新的植株。此法适于根系发芽能力强、具有肥大肉质须根系或直根系的花木,如樱桃、木瓜、泡桐、山楂、贴梗海棠、紫藤、枸杞、凌霄、紫薇、大丽花等。

根插多结合春秋雨季对母株进行移栽或分株时进行,这时贮藏养分多,又未开始生长。把母株上剪下或挖断的主根截成长10cm左右的小段,按一定的株行距插入育苗床内,入土深度为4/5或全部斜插土内。较细的根段,可平埋在苗床内,然后覆土2～3cm,并经常保持床土湿润。忌水分过大,以免引起烂根(图5－1)。但需要全光照,以提高土温,促进成苗。一些观叶的花叶嵌合体,用根插产生的新植株,往往容易失去斑叶的性状,降低了观赏价值,繁殖时应加以注意。

根插繁殖比较简单,但根段的大小决定繁殖效果的好坏。细嫩根及鲜根,最好在温室大棚内扦插;粗大的根,可以露地扦插。

4.扦插苗的管理

(1)生根前插穗的管理　露地老枝扦插及根插,要求插后浇透第一次水,以后要注意保持适宜的土壤和空气湿度,及时清除杂草和防治病虫害。带叶嫩枝扦插、叶插、单芽插或不易生根的花木老枝扦插,要注意使插穗保持在较高的湿度下(但不能积水),因此应经常喷水,做到量少次多,同时注意控制温度。若在温室或塑料薄膜棚内进行,高温时(超过30℃)要适当通风降温,炎热季节可搭荫棚保湿,使插条不萎蔫,以利生根。以后随气候变化和苗木生根情况逐步拆除荫棚。落叶树种在根系尚未生成,但地上部分开始展叶时,应摘除部分叶片,以避免水分蒸腾过多而导致插条失水,影响生根。

(2)插穗生根后的管理　当插条生根后,水分应相应减少,新苗长到15～25cm高时,应选留一个健壮的直立芽,其余陆续剥去。已生根的老枝插条,多数于落叶后休眠期掘出移栽,常绿树要带土球移栽。带叶嫩枝扦插或叶芽扦插的插穗,生根后要降低湿度,保持床面通风、见光。当根系形成侧根时即可移出,应适量施肥。通过加强管理促苗生长。对移栽的幼苗,要在遮阴及适宜的湿度、温度条件下逐步炼苗1～2周后,再转入正常管理。

二、嫁接繁殖

嫁接又叫接木,是把准备繁殖优良品种的枝或芽嫁接到另一植株(砧木)上,使它们彼此愈合成为一整体,并继续生长下去的一种繁殖方法。供嫁接用的枝或芽成为接穗,承受接穗的植株叫砧木。以枝条做接穗者称为枝接法;以芽作接穗者称为芽接法。不论用枝接法还是芽接法繁殖的花木统称嫁接苗。

嫁接是花木繁殖的主要方法之一。它能保持品种的优良特性,促进花木的生长发育。它可调节树势,增加观赏效果。对于失去价值的老品种,可用高接换头法,培育满意的树冠,达到保存品种的目的。在雄雌异株的树体上,用枝接可得到雄雌同株。通过选择具有较强适应性和抗性的砧本进行嫁接,可以提高接穗的品质。对于母株少的珍贵品种,只用一个芽便可繁殖一个优良单株,进而扩大繁殖。在芽变选种上,常用芽接法稳定变异品种的特性。花木枝干因受病虫危害或严重冻害、机械创伤等,造成树势衰弱,可用桥接法修复伤口挽回树势,恢复生机。用嫁接法,可把不同品种、不同花色的枝、芽接在统一砧木上,提高其观赏价值。

1.影响嫁接成活的因素 影响接穗成活与否的因素主要有以下几点:

(1)亲和力的大小 一般说来,砧木和接穗的亲缘关系越近,亲和力就越强,嫁接越容易成活,嫁接苗生长发育也越好。所以,同品种之间嫁接亲和力最强,不同品种间嫁接稍差,同属异种及不同属间亲和力就更弱。但也有例外,如桂花接在小叶女贞上,就是异属间嫁接,可成活率很高。实践中应根据树种的特性具体运用。

(2)砧木和接穗物候期的异同 砧木和接穗两者的树液流动期和发芽期同步或接近同步,其成活率就高;砧木的物候期略早于接穗,利于成活。因为嫁接后,接穗维持其生命活动和愈伤组织形成所需水分、养分要靠砧木补充。如果接穗先活动发芽,砧木就不能及时供给水分、养分,容易造成接穗枯死。

(3)嫁接的质量 嫁接时接穗和砧木两者的形成层必须对齐,相互紧密结合,才能产生愈伤组织,细胞间形成胞间联系,把两者的原生质相互联系起来,形成新的植物体。在嫁接时,确定形成层部位十分重要。同时,应注意接穗和砧木之间一定不能留有韧皮部,否则嫁接后接口部位仍然容易脱离倒伏。嫁接时宁可将皮部多削去一些,甚至去掉一部分木质部。

(4)环境因素的影响 适宜的温度及湿度是形成层薄壁细胞活动的必要条件。如果干旱缺水、空气湿度太小,嫁接成活率就低;湿度过大、雨水过多,伤口易腐烂,也很难成活。温度太低、太高都不利细胞分裂与愈伤组织的产生。通常因植物种类不同,适宜温度也不同(范围变化较大,13～32℃),但一般植物的适宜温度为25℃左右。

2.砧木与接穗的选择 不同的砧木种类对嫁接花木的生长发育、产量情况及对环境的适应性等有着不同的影响。因此,花木嫁接繁殖时,选择适宜的砧木是十分重要的。要求砧木与接穗要有较强的亲和力。砧木要有较好的根系(包括实生和无性系),能适应当地的气候与土壤条件。砧木种子来源广、纯度大,对母株要进行选择及鉴定。砧木不应对嫁接品种的生长、开花、结果有不良影响。砧木应有较强的抗性和适应性。

接穗必须是当地推广的优良品种。供采穗的母树应是生长强健、无病虫害、已结果的成年植株,并表现出该品种固有的优良特性。如观花植物花形美观,层次较多,花色艳丽,具有芳香。观果花木还应具有丰产、稳产、挂果时间长及抗逆性强等优良特性。在同一植株上尽量选用生长充实的一年生枝条的中部或基部以上至2/3处这一段作接穗。常绿针叶树的接穗应带一段二年生的枝条,这样嫁接后成活率高、生长快。

3.接穗的贮藏 少量嫁接可就近随采随接,若春季嫁接量大,可在前一年秋末冬初采回接穗,成捆进行湿沙假植贮藏,春季嫁接时取出。若早春气温过高,应及时检查穗条,防止霉烂,并适当降温,保持砧木与接穗萌发期一致,以免影响成活。若未能及时嫁接,可放在冰箱内(5~10℃)保存2~3周。需要贮藏1~3个月者,须降温至0℃,使穗条处于休眠状态。寒冷地区,把接穗捆埋入排水良好的土壤冻层以下。少量珍贵花木,可用蜡封接穗方法保存。芽接用的接穗,最好当天随采随接,并及时剪去叶片,保留0.5cm长的叶柄,用湿布包裹,以减少蒸发。生长季节需要保存大量接穗时,应及时贮藏在阴凉的窖中,并覆盖湿沙;或用竹筐吊放在井内的水面上保存。长途运输的接穗,分品种捆好,用塑料膜包裹,装入竹篓、蒲包或湿麻袋中快件托运,避免高温、曝晒。运到目的地后,应及时解开包装,放阴凉湿润处散热、洒水降温,贮藏备用。

为了便于一些花木接穗的贮运、延长嫁接时间、提高成活率,可采用蜡封接穗处理。这是一个行之有效的方法。具体做法是:冬季或早春采取接穗,剪成15cm左右(上剪口要留饱满芽)。然后将石蜡装入烧杯或罐头筒内,放在热水盆里,盆水用火炉加热至80~90℃时,再把接穗两端分别在熔化的石蜡液中蘸一下,每次蘸接穗长度的1/2。最后使整个接穗蒙上一层很薄的石蜡,装入塑料袋内,置低温窖内或冰箱(温-1~1℃)备用。蜡封接穗能抑制生理活动,减少水分蒸发。一般可贮藏4个月,采用皮下接、劈接和腹接等方法,成活率可达85%以上。

4.嫁接时期的选择 应依花木的种类、生长发育状态、气候条件的不同而具体选用(表5-2)。一般来说,一年四季都可进行嫁接繁殖(冬季在温室内进行),但选择最佳嫁接时期,可大大提高嫁接成活率。

表5-2 常见花木接穗、砧木和嫁接时间

接穗树种	砧木树种	嫁接时期及方法	接后表现情况
梅花	山桃、山杏、野梅	3月切接,8月芽接	亲和力较强,生长良好
榆叶梅	山桃	3月切接,8月芽接	亲和力较强,生长良好
碧桃、红叶李	山桃、李	3月切接,8月芽接	亲和力强,生长良好
樱花	野樱、青肤樱	2月下旬至3月切接,4月芽接	亲和力强,生长良好
石榴	石榴	4月中旬至5月下旬切接,8月芽接	亲和力强,生长良好
苹果	海棠、山丁子	3月切接,8月芽接	亲和力强,生长旺盛,抗寒
葡萄	免疫性砧木	3月中旬切接	亲和力强,抗性强
枇杷	枇杷实生苗、石楠	3月至8月下旬切接	亲和力强,生长良好
桂花	小叶女贞	3月切接,7~8月腹接、芽接	亲和力强,生长旺盛,抗寒
牡丹	牡丹、芍药	9月下旬切接、根接	亲和力强,生长良好

续表

接穗树种	砧木树种	嫁接时期及方法	接后表现情况
山茶	山茶、油茶	3～4月靠接	亲和力强,生长良好
月季、木香	野蔷薇	3月切接,6～8月芽接,冬季根接	亲和力强,生长旺盛,抗寒
白玉兰	紫玉兰	8月芽接,9～10月切接,5～6月靠接	亲和力强,生长良好
龙柏	侧柏、桧柏	4月腹接,6月腹接	亲和力强,生长旺盛,抗寒
五针松	黑松	生长季节髓心形成层对接	亲和力强,生长良好
龙爪槐	国槐	春季高枝接,6月靠芽接	亲和力强,生长旺盛
柿树	君迁子	春季枝接,夏季芽接	亲和力强,生长旺盛
紫藤	野蔷薇	3月切接	亲和力强,生长旺盛
栗	栗	3～4月切接,8～9月芽接	亲和力强,生长良好
梨	棠梨、杜梨	3月切接,8月芽接	亲和力较强,生长良好

(1)春季嫁接 春季多用枝接,并以切接、劈接为主,多数花木在2～4月进行。最早的如月季切接,在温室内元月即可开始。五针松、山茶、梅花、木瓜等枝接,可于2月初至3月上旬进行。3月至4月中旬适于桃、李、杏的枝接。比较晚的柑橘类等,从3月下旬到4月进行。这一时期内,枝条内部的树液开始流动,顶芽开始萌动,接口容易愈合,嫁接的成活率较高,落叶树及常绿树类的高枝更新,3～6月都可进行腹接和靠接。

(2)夏季嫁接 从5月下旬到7月中旬这一时期内,进行绿枝嫁接,即新梢之间的嫁接。其特点是形成层及其附近的组织,还有皮层及髓部均能产生愈合组织,接后容易成活。桃、月季等可进行芽接,此时期皮层与木质部容易分离。其他花木的靠接,都在此时期进行。

(3)秋季嫁接 秋季是芽接的适宜时期。从8～9月(立秋前后),这一时期新梢已生长充实,积累了较多的养分,同时树液流动也很旺盛,多数花卉植物容易离皮,因此,接后成活率较高。但秋季嫁接不可过晚,否则因气温渐低,不易离皮,接后愈合不充分,同时易受冻害。除芽接外,秋季还可进行腹接及舌接等。

(4)冬季嫁接。冬季花木进入休眠期,常绿类花木的生命活动也随之降低,露天已不适宜嫁接。若有温室或塑料大棚,可结合苗木出圃,收集残根、断桩进行根接。接完后,就地在温室内用湿沙假植贮藏,促其愈合,翌春天气转暖,进行移栽定植,可提早成苗。

5.嫁接方法

(1)枝接 凡用植物的枝条作接穗进行嫁接通称为枝接,根据嫁接的形式和手法不同分为劈接、切接、舌接、腹接、靠接、根接、髓心形成层接等。

①切接 切接是花木枝接中常用的方法之一。用于露地木本花卉嫁接。在春秋雨季进行,以春季最好。因为在春季顶芽刚萌动,新梢尚未抽生,这时枝条内的树液已开始流动,接口容易愈合,嫁接成活率高。此法无论高接或平接都适用。操作要领是:选一年生充实的枝条作接穗,剪成6～10cm长的茎段,每段要带2～3个饱满芽。然后用切接刀在接穗基部削出大小不同的2个对称斜面:一面长约2cm,约削去1/3木质部;另一斜面长

度约1cm,稍削去一些木质部,使其成楔形。削面必须平滑,最好是一刀削成。与此同时,将直径1~2cm的砧木,离地面10~15cm处剪断,再按照接穗的粗度,在砧木截面的北侧选一个合适的位置,用切接刀顺木质部与皮层之间,稍带木质部,自上而下垂直劈开一条裂缝,深2.5~3cm。然后把接穗的长削面向里,插入砧木的切口内,并将两侧形成层对齐(若接穗较细,则应使一侧形成层对准)。最后用塑料条带把接口绑紧,培湿土堆保护(图5-3)。对一些较幼嫩或常绿花木的接穗,为了防止接穗在接口愈合前干枯,最好用一个塑料袋把接穗和接口一起套住,待接穗成活后去掉。

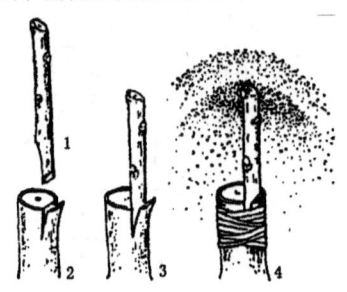

图5-3 切接
1.削接穗 2.劈砧木 3.插接穗 4.绑扎

②劈接 又叫割接。适用于大多数落叶花木,在砧木较粗时使用。落叶类花木劈接时间和切接一样,而常绿花木则在立秋后进行,因嫁接后炎热的伏天已过,接穗不易失水,伤口不易干裂或发霉。玉兰类嫁接效果较好。劈接与切接的不同处在于,砧木粗大而截面大,在截面中间或1/3处用劈接刀垂直劈一裂口,深度2~3cm。接穗基部两侧的削面长短一致,成楔形,但比砧木裂口深度长1cm左右。为了提高成活率,常用两根接穗插入砧木切口的两侧,二者的外侧形成层要对齐。最后绑扎并涂以接蜡或湿泥,以免伤口干燥(图5-4)。

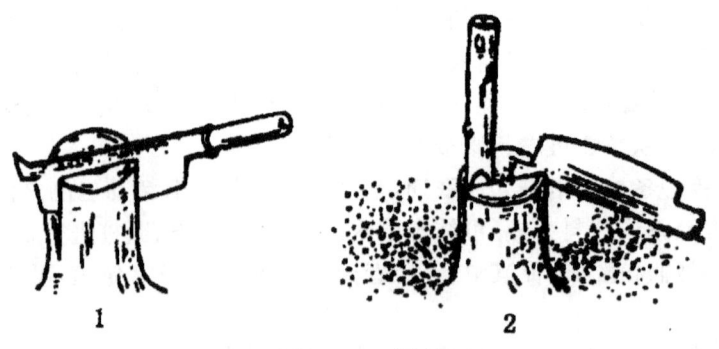

图5-4 劈接
1.砧木劈一裂口 2.插入接穗

③腹接 又称腰接。腹接是在砧木的较高部位进行枝接。在生长期进行。常绿花木类如龙柏、翠柏等多用此法。接穗上要具有1~2芽,下端削成一侧稍厚一侧稍薄的楔形面。再将砧木距地面较高的光滑处,用刀以30°左右夹角向下切一斜形切口,切口长度与接穗削口一致,深度约为砧木直径的1/3。然后,将接穗斜面的一侧向内插入砧木切口,使形成层相互吻合,而后加以绑扎。待成活后,将接口以上的砧木剪去,即成新株(图5-5)。

④靠接　又称诱接、带根接。靠接的特点是砧木与接穗各有自己的根系,嫁接时不需剪断,对两者的养分运输无大影响,容易成活。多用于亲和力较差或用其他嫁接方法难以接活的花木,某些观果树种利用靠接法,还可以当年结果。靠接简单,容易掌握。嫁接时选用粗细相同的砧木和接穗,选两者枝条的相同嫁接部位各削去长度相等、深度达枝条直径的1/3～1/2,再将两个削面互相靠合在一起。若削面宽度不一致,可使一侧形成层对准,然后绑扎。待愈合成活以后,将接穗自接口下剪断,砧木自接口上剪断,即成一株新的植株(图5—6)。

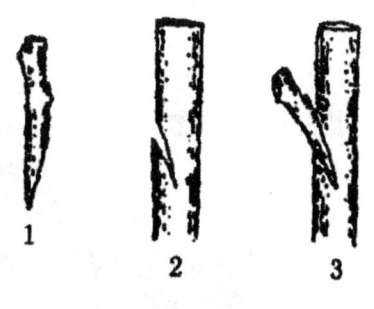

图3—5　腹接
1.削接穗　2.削砧木　3.插接穗

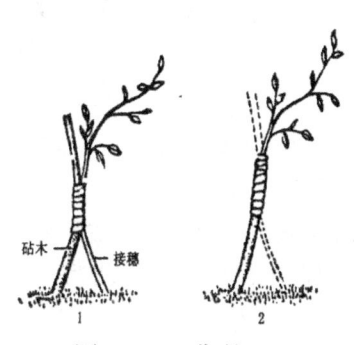

图5—6　靠接
1.砧木、接穗靠合　2.剪枝

图5—7　舌接
1.削接穗　2.削砧木　3.插接穗

⑤舌接　又称对接,是花木枝接中应用最广的一种方法。舌接在砧木与接穗粗细一致时使用。在砧木上削成3cm左右的斜面,然后在削面上由上至下1/3处,顺势往下劈1cm左右长的刀口。在接穗下芽的背面削成3cm长的斜面,然后在削面上由下往上1/3处上劈成1cm长的切口,呈舌状。最后把接穗的劈口插入砧木的劈口中,使二者的舌状部分交叉,并使形成层对准。如砧木及接穗粗细不一致,形成层一边必须对准密合,再加以绑扎,外涂接蜡或封土堆保护。由于形成层的接触面大,切口不容易折损,故容易成活,成活后接口部位很牢固(图5—7)。

⑥髓心形成层贴接　多用于针叶树的嫁接。其优点是:接触面大,成活率高;若嫁接后不活,还可以用原砧补接。嫁接适宜在春季砧木芽膨胀时进行。在秋季砧木和接穗的当年生枝已充分木质化时也能嫁接。嫁接时,在砧木主枝的一年生部位,选比接穗略粗的一段,除段端留十几束叶子外,其余针叶和侧芽都摘掉(摘叶部位要比接穗长一些)。然后用刀从上往下通过韧皮部和木质部之间切下一条树皮,露出形成层。切砧木时要深浅适宜(切面呈水白色),砧木切面长度、宽度要同接穗切面一致。与此同时,再从接穗枝条上剪取8～9cm长的小枝,除留顶芽以下的10多束针叶或侧芽外,其余针叶全部摘掉。然后用利刀自下端通过髓心把接穗切开,直至离顶芽1.5～2cm处,并逐渐向外斜切一半,用带顶芽的一半作接穗。接穗的切面大小,要同砧木切面一致。把接穗的切面贴在砧木的切面上,使上下、左右对准。左手托住砧木,用大拇指按住接穗下端和塑料布条的一头,

用右手拿塑料布条从下往上一环扣一环地缠紧,直到切口下部,最后打结固定塑料布(图5-8)。

⑦根接 将不易生根的优良品种枝条作接穗,接在亲缘相近的砧木根段上,使其愈合形成新的植株(图5-9)。其做法参考切接、舌接。

图5-8 髓心形成层贴接
1.削好的接穗正面 2.削好的砧木 3.接穗与砧木贴合

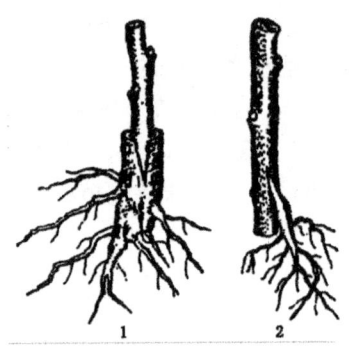

图5-9 根接
1.削接穗 2.砧木开口 3.插入接穗

⑧皮下接 又叫插皮接。多用于露地花木,在春季及生长期进行。由于砧木较粗,宜在树液流动、木质部与皮层容易分开时采用。它可以高接或低接,一般在距地面5~6cm处将砧木锯断,削平断面,用刀在断面边缘将皮层及部分木质部向上斜削一刀,宽度约0.5cm。在此切口下再纵切一刀,长约5cm,深达木质部。然后把接穗下端削一斜长面(3~5cm),在此削口的背面两侧各微削去一刀。嫁接时将接穗插于砧木皮层及木质部之间,但接穗的大削面应向着木质方面,以利于愈合。最后绑扎并抹泥或培土,以防干燥。高接时,断面上可同时接上3~4个接穗(分布要均匀),成活后作为这一植株的骨架枝。如龙爪槐常用此法嫁接。皮下接时也可不将砧木锯断,而只在砧木嫁接部位削一"T"形切口,深达木质部,挑开皮层,把接穗插入。待成活后再将砧木接口上部锯断。这样更为简便(图5-10)。

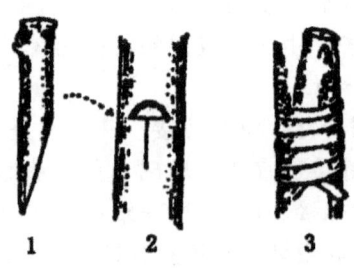

图5-10 皮下接
1.削接穗 2.砧木开口 3.插入

⑨桥接 桥接是医治和保护大型木本花卉根颈残伤的嫁接法。花木近根部分皮层遭受害虫或牲畜等破坏,导致树枝与根失去连接,光合作用的产物不能通达根部,致使树木生长日衰,逐渐枯死。桥接可把上下两部连接起来,上下运输沟通,起着桥梁的作用。具体做法是:剪取花木本身枝条,两端各削成斜面,一端接于伤口上部,另一端接于伤口下

部,对准形成层。接后绑扎,外涂接蜡。此法用于直径 2.5cm 的树干,只接一枝即可;直径大,伤口也大时,可多接几枝(图 5—11)。

(2)芽接 芽接是在接穗上削取一个饱满的芽,嫁接在砧木上,由芽发育成一个独立的植株。芽接的优点是:可以节约大量的接穗,一个芽可繁殖一株新苗,适宜大量繁殖。芽接对砧木本身要求不严,一般一年生的砧木苗就能嫁接,可缩短砧木培育时间。嫁接的时期长,6～9月均可进行。此法技术简单,容易掌握,成活率高,即使嫁接不活对砧木影响也不大,当年还可以补接。芽接因嫁接形式不同,可分为以下几种:

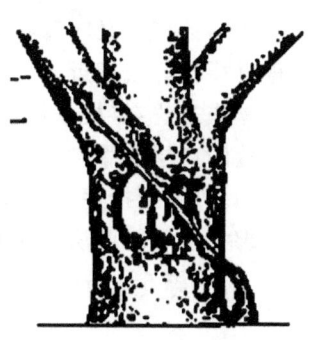

图5—11 桥接法的一头接

①"丁"字形芽接。这是目前在花木上应用最广的芽接方法之一。芽接砧木部位,以离地面5～6cm处的直径0.5cm以上为好。砧木过细不易操作,成活率也低。芽接前,先将砧木嫁接部位以下的分枝剪除,以利操作;并提前灌水,使砧木苗水分充足,容易离皮。操作方法:剪取当年生充分成熟的枝条,选中间饱满腋芽作接芽,剪去叶片,留1cm左右长叶柄,以保护芽,也便于操作。削芽时,左手拿接枝,右手持芽接刀,先在芽上0.3～0.4cm处横切一刀,刀口长约0.8cm,深达木质部;再由芽下1cm处向上削,由浅入深,直达横切口,削成上宽下窄的盾形片。芽片可稍带木质部或不带木质部。也可用三刀取芽法(在芽的上方及左右两侧各向内削一刀,呈三角形)。芽片随即含在口中,以防止干燥。然后,在砧木距地面3～5cm米光滑皮面上,切"丁"字形切口,大小和接芽一致,随即把盾形芽片自"丁"字形切口的上方插入砧木皮层内,使芽片上端与砧木"丁"字形横切口吻合。最后用塑料布条扎紧即可(图5—12)。

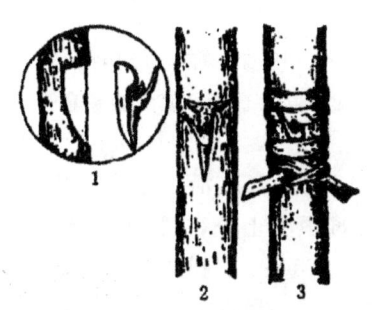

图5—12 "丁"字形芽接
1.削取芽片 2.插接 3.绑缚

②嵌芽接 此法和"丁"字形芽接的不同之处在于:不在砧木的皮层上切"丁"字形切口,而是按照接芽片的大小和形状,把砧木上的皮层削掉,把芽片嵌入切口之中,然后绑扎。常用的取芽和削皮形式有片状、环状和盾状。此法适于砧木过粗或过细以及皮层不易自然剥离的树种,如柿、核桃、白玉兰等(图5—13)。

③贴芽接 此法是在"丁"字形芽接的基础上发展形成的。其特点是操作简便,工效高,一旦技术熟练,可提高成活率。在生产上应用较广泛。操作方法:先削取芽片,即在芽的下方1～1.5cm处,用芽接刀向上稍向内斜

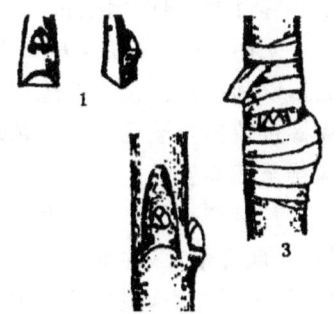

图5—13 嵌芽接
1.削接芽 2.接入接芽 3.绑缚

削进去,稍带木质部;在削面过芽的位置后再稍向外斜削出来,将芽片削掉。要求动作快,削面光滑,芽片呈弧形,芽居正中。用同样方法在砧木上削一弧形削口,大小形状和芽片相似。尽快将芽片贴上去,使二者紧密吻合,形成层对准,然后绑扎即可(图5—14)。

④套芽接　又叫管状芽接、套裤芽接。此法适于皮层容易剥离的花木,并要求砧木与接穗直径相等或相近。

操作方法:将枝条从接芽的上方剪断,在接芽下方用刀环切一圈,把皮层切断,轻拧下圆筒状的皮层套管,上带一个接芽。再将砧木的嫁接部位上方枝条剪去。用同样方法除去一圈皮层,把接芽套管套上,绑扎即可。或者在砧木嫁接部位将皮层撕开,再套上接芽套管绑扎也可。此法多在夏末及秋季进行,因这时春梢较充实,营养物质多,有利于愈合与成活。(图5-15)。

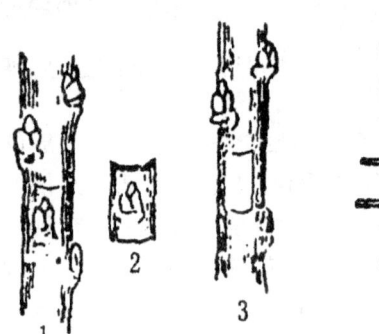

图5-14　贴芽接
1.削取芽片 2.取下的芽片 3.放入芽片 4.绑缚

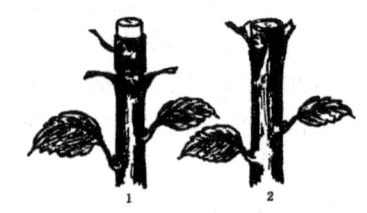

图5-15　套芽接
1.取接芽套管 2.套上接芽套管

6.嫁接苗的管理　枝接苗木,一般在嫁接后一个月左右即能愈合成活。培土较少时,接穗顶芽能自行长出土外,正常生长;培土厚时,接穗顶芽很难顶出土外,接穗上发出的新芽,因得不到光照而呈黄色,甚至闷死。所以,若培土过厚,可分1~2次扒去土堆,以免嫩芽突然暴露而被日光灼伤。枝接不活的苗木,应将土堆一次扒开,促使砧木萌发,以利以后补接。如接穗新芽长到2~3cm,说明嫁接苗已经愈合牢固成活,应及时解除绑扎物。如解绑过早,接口愈合不牢固,会因风吹日晒,接口开裂,新芽渐渐萎蔫干枯而死(回芽)。若解绑过晚,则影响生长。

采用腹接、靠接等方法的,应在接穗成活后,将砧木部分自接口以上枝茎剪去(叫作剪砧),以利接穗生长。嫁接苗长到15~20cm时,应立支柱扶持幼苗,以免被风吹折,还可使嫁接苗生长端正。枝接苗还易从砧木上萌芽、抽枝,分散养分,对此应及时除去,以促进嫁接苗旺盛生长。

芽接苗一般在芽接后10天左右,即可检查成活情况。若用手指轻轻触动接芽的叶柄,一触即落,芽片颜色不变,新鲜而有生气,说明已经成活。正常情况下,一般花木在嫁接后20天左右,接口就可愈合。一个月后即可去除绑扎物,以免影响接芽生长。当接芽萌发抽发新枝,长到10cm以上时,应及时剪去接芽上方的砧木枝梢,同时剪除接芽以下砧木上萌发的侧枝及根蘖,使养分集中到接芽上。

在嫁接苗生长期间,应加强追肥、浇水、中耕除草等。后期应少浇水,并对嫁接苗轻摘心,以促使枝芽充实,安全越冬。秋末落叶后,有些花木可以出圃定植,或挖出假植。

三、压条繁殖

压条繁殖是将生长在母树上的枝条埋入土中,或用容器装入湿润的基质(青苔、蛭石、培养土等),将枝条包裹,并将包裹部位刻伤,促使枝条被压处生根,然后隔离母体,形成独立的新植株。

在压条过程中,枝条不与母体分离,并借助母体供给水分、养分,促其生根。同时对压条部位的处理,使上部光合作用产物运行受阻,而积累于处理点上,故容易生根,成活率较高,另外压条部位经埋土及包扎遮光处理,产生黄化及软化作用,都有利于生根成活。此法可培育较大花木,开花早,简单易行,不需特殊养护条件,多用于茎节和节间容易生根的灌木类花卉,以及扦插、嫁接不易成活的珍贵花木。但生根时间较长,繁殖量小。对一些乔木类花卉,需用空中压条法繁殖。

压条繁殖可在秋季落叶后或早春发芽前,利用一二年生的成熟枝条,也可在生长季节用当年生枝条。

(一)压条繁殖方法

1.普通压条 主要有以下3种方法:

(1)单枝压条 此法多用于乔木类花卉,一根枝条只能繁殖一株幼苗。把母株下部枝条下弯,然后埋入土内,枝梢外露,并用竹竿固定,使其直立生长。埋入土内的被压部位,要扭伤、刻伤或环状剥皮,以促使发根。同时用木钩或树枝把被压部位固定住,这样效果更好。待其生根后可从母株上割离(图5—16)。

(2)连续压条 此法多用于灌木类花卉。先把母株上靠近地面的枝条的节部稍稍刻伤,然后把枝条深埋入挖好的沟内,枝梢露出地面。经过一段时间,节部萌发新根,节上腋芽也萌发出土。待幼苗木质化后,从埋土处把各段的节间切断(如图5—17)。

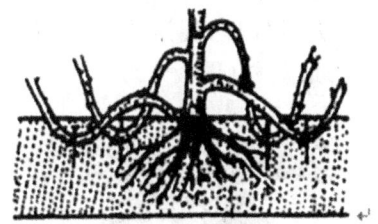
图5—16 单枝压条

图5—17 连续压条

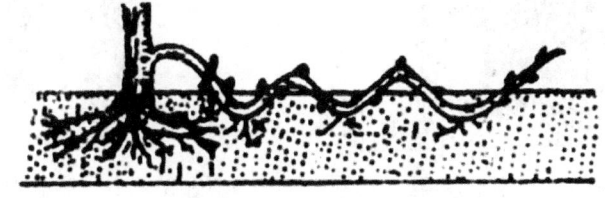
图5—18 波状压条

(3)波状压条(重复压条)。此法适于藤本、蔓生性木本花卉。这类花木枝条很长,节部入土后多数能自然生长新根。可将枝条呈波浪状逐节埋入土内(刻伤或不刻伤),半个月左右即能发根,然后把露在外面的节间部分逐段剪断。节部新根吸收的水分、养分可供腋芽萌发生长,以便形成许多新的植株。葡萄、紫藤等常用此法繁殖(图5—18)。

2.堆土压条(萌蘖压条)　此法多用于枝条短硬、不易弯曲、丛生性很强的大型落叶或常绿灌木。它们分枝力弱,枝条上没有明显的节,腋芽不明显,培土后可使枝条软化,促进根的形成,从而获得新的植株。此法可在生长旺季进行,将枝条基部距地面20～30cm处进行环割,然后培土,把整个株丛的下半部分埋住,经常保持土堆湿润。经过一段时间,伤口部分隐芽再生而长出新根,到来年春天扒开土堆,从新根下面逐个剪断,即可移植。黄刺玫、珍珠梅、贴梗海棠、金银木等常用此法繁殖(图5—19)。

3.高枝压条　又叫空中压条。此法常用于一些扦插不易成活、基部不生萌蘖、枝条位置过高又不易弯曲到地面的花木,如白玉兰、米兰、桂花、含笑、山茶及柑橘等。采用高枝压条所得新苗,具有成株快、开花结果早的特点。方法是:在春季、夏末或温室内,选一二年生枝条的适当部位,进行刻伤或环割。然后用对半竹筒或劈开的花盆、聚乙烯薄膜等包裹刻伤部位,内填青苔、腐殖土或蛭石等,并经常灌水保持湿润(图5—20)。生根后,从包裹物下边剪离母体,移植在盆里或地里培养。常用的刻伤方法有以下几种。

(1)刻痕法　即在被压部位,纵向刻几道伤痕或横向刻伤一二圈,深达木质部。此法多用于容易发根的花卉。

(2)去皮法　将枝条被压部位的树皮环状剥去2/3,宽约1cm左右,促使环剥上方形成层发出新根。此法多用于生根困难的花卉。

(3)扭枝法　适用于枝条柔软、容易离皮的花卉,用手将被压部位扭曲,使韧皮部和木质部分离。此法省工省时,便于操作。

(4)缢扎法　用细铁丝紧绑在被压部位,深达木质部,使其不能加粗生长,并使韧皮部中的筛管不通,从而使同化产物集中在绑扎处,而刺激生根。

以上各种方法所形成的伤口,还可使用生长素进行处理,促进生根。高枝压条后,需要几个月的养护才可剪离母体,然后带原土移植,另成新株(图5—20)。

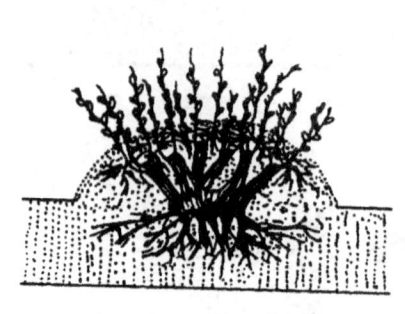

图5—19　堆土压条

图5—20　高枝压条

(二)压条后的管理

压条管理比较简单,主要是保持土壤的湿润,经常松土,使其透气良好,利于生根。冬季适当防寒。较大枝条生根后可分次切割,这样比较安全可靠。移栽后,最好放于背风处或遮阴,缓苗几天,然后转入正常管理。

四、分株繁殖

分株繁殖又叫分根繁殖。它是将母株根部发出的根蘖苗,分割下来成为一个独立的新植株(图5-21)。分株苗带有母株的老根和须根,所以容易成活,并能当年开花。多适用于丛生性的灌木,如南天竹、牡丹、桂花等。

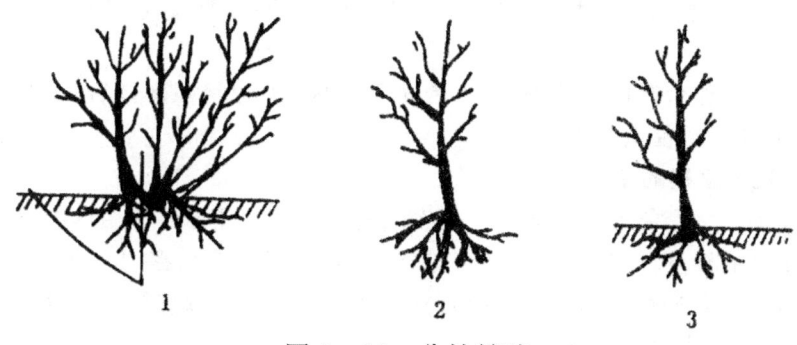

图5-21 分株繁殖
1.切割 2.分离 3.栽植

分株常在春秋两季进行。秋季开花者宜在春季萌发前进行。春季开花者适于在秋季落叶后进行。分株时先将母株挖起,用刀、剪、斧将母株分割成树丛。每一丛上有2～3个枝干,下面带部分根系,即可栽植。对一些萌蘖力较强的灌木和藤本植物如金银花、凌霄等,分株时可不挖出全株,只挖取分蘖苗进行移植培养。

第三节 园林植物组织培养

一、植物组织培养的概念

组织培养就是把植物的细胞、组织或器官的部分,在无菌的条件下,接种到一定培养基上,在玻璃容器内进行培养,使之长出不定芽和不定根,从而形成新植株的方法。组培苗又叫试管苗。组织培养是大量生产无病毒商品花卉,尤其是观叶植物和鲜切花幼苗的先进方法,可在短期内繁殖出大量无病毒苗,是现代工厂化育苗的必由之路。

(一)植物组织培养脱毒的原理

在植物体中,感病植株体内的病毒分布不均匀,越靠近茎尖顶端的区域,病毒浓度越低。因为分生区域无维管束,病毒只能通过胞间连丝传递,赶不上细胞不断分裂和活跃的生长速度,因此生长点含有病毒的数量极少,几乎检测不出病毒。因此,植物组织培养脱毒的原理主要是利用了茎尖分生组织不带毒或少带毒这一现象。茎尖培养时,切取茎尖的大小对脱毒效果有很大影响,茎尖越小效果越佳,但太小时不易活,过大则不能保证完全除去病毒。不同种类的植物和不同种类的病毒在茎尖培养时切取的茎尖大小也不相同。一般来说,切取0.2～0.5mm带1～2个叶原基的茎类进行培养即可。

（二）植物组织培养的设备与使用方法

1.超净工作台的使用方法

超净工作台不要安放在尘埃多的地方,需定期检查超净工作台台面上的风速。

在每次开动超净工作台时,应让气流吹10分钟后再开始操作。

在每次操作之前,要把实验材料和需使用的各种器械、药品等先放入台内,不要中途拿进。同时台面上放置的东西也不宜太多,特别注意不要把物品堆放太高,以免挡住气流。

在使用超净工作台时应注意安全,当台面上的酒精灯已经点燃以后,千万不要再喷洒酒精消毒台面,否则很易引起火灾。

2.高压蒸汽灭菌锅的使用方法

高压灭菌锅是一个能够耐压同时可以密闭的金属锅。热源可以用蒸汽、煤气炉、电炉等。灭菌器上装有温度计和压力表,还有排气口,它的作用是在密闭之前,利用蒸汽将锅内的冷空气排尽。此外在灭菌锅上还装有安全活塞,如果压力超过一定限度,活塞的阀门即能自动打开,放出多余的蒸汽。

打开灭菌锅盖,向锅内或从加水口处加水。

将待灭菌的物品放入锅内,不要放得太紧,以免影响蒸汽的流通和灭菌效果。物品也不要紧靠锅壁,以免冷凝水顺壁流入物品中。

加盖旋紧螺旋使锅密闭。

打开放气阀,加热,自开始产生蒸汽后约3分钟再关紧放气阀,此时蒸汽已将锅内的冷空气由排气孔排出,让温度随蒸汽压力增高而上升。待压力逐渐上升至所需压力时,控制热源,维持所需时间,一般维持在10.34万Pa,灭菌20分钟。

停止加热,压力随之逐渐下降。灭菌后,待压力降为0时,开盖,取出灭菌物品。在压力未完全下降时,切勿打开锅盖。

灭菌后可抽少数培养基置37℃恒温培养箱内24小时,若无菌生长,可保存使用。斜面培养基从锅内取出趁热摆成斜面。

3.pH计操作程序

接上电源,打开机器开关。

按pH/Mv键,直至显示屏上出现pH。

去掉电极防护帽,用蒸馏水冲洗电极。

将电极浸入到待测溶液中,慢慢搅拌,直至达到稳定的测定值。此时屏幕上出现"S",记下读数。

测定完毕后,用蒸馏水冲洗电极,放入电极防护帽中,关闭电源开关,使之进入待机状态。

注意:只有在长时间(24小时以上)停用时,才可拔下电源插头。

4.蒸馏水器操作程序

打开放水阀,排空过夜水。

打开进水阀,当锅内的水位上升至水位孔时关闭进水阀。

将蒸馏水出水管接至蒸馏水容器。

接通电源,锅内水被加热。

待锅内水沸腾时开启进水阀。

注意水源开关不能开至过大或过小,保持加水杯的水位在一定水平。若水从加水溢出,则水压太大。

蒸馏水容器装满后,先关闭电源再关闭进水阀。

二、组织培养的基本操作程序

(一)外植体的选择

通常最广泛而有效的外植体是茎尖,此外还有嫩叶、花瓣、茎段、子房、子叶、胚珠等。

(二)外植体的消毒

1.先将材料用蒸馏水冲洗,再用无菌纱布或吸水纸将材料上的水分吸干,用消毒刀片切成小块。

2.在无菌环境中将材料放入70%酒精中浸泡30～60秒。

3.再将材料移入漂白粉的饱和液或0.01%升汞水中消毒10分钟。

4.取出后用无菌水冲洗3～4次。

(三)制备外植体

已消毒的材料,用无菌刀、剪、镊等,在无菌的环境下,切成0.2～0.5mm厚的小片,这就是外植体。在操作中严禁用手触动材料。

(四)接种

在无菌环境下,将切好的外植体立即接在培养基上。接种后,瓶、管用无菌药棉或盖封口,培养皿用无菌胶带封口,即可送入培养室。

(五)培养

接种完毕的材料,置于培养室内培养。培养室的温、湿度及光照是可调控的,根据花卉的种类不同,可将培养室的温、湿度及光照调至最适宜的范围。对于大多数花卉,保持(25±1)℃,光照2000勒克斯,每天光照时间12小时,空气相对湿度60%～70%即可。

(六)生根成苗

对于多数花卉,将无根试管苗移至生根培养基,经1～2周便会分化出根,从而形成完整的小植株。

(七)组培苗的炼苗移栽

试管苗从无菌到光、温、湿稳定的环境最后进入自然环境,必须进行炼苗。一般移植前,先将培养容器打开,于室内自然光照下放 3 天,然后取出小苗,用自来水把根系上的培养基冲洗干净,再栽入已准备好的基质中,基质使用前要消毒。移栽前要适当遮阳,保持较高的空气湿度,一般经 4 周驯化栽培后便可转向常规栽培。

园林绿化工程施工技术与养护管理

第一章　植物工程施工

第一节　概述

"栽植"的狭义概念,常仅被理解为植物的"种植",广义而言,应包括掘起、搬运和种植这三个基本环节。将要移的植物,从某地连根(裸根或带土团)起出的操作,叫掘起(俗称起苗)。将起出的植株,进行合理的包装,并运到栽植地点,叫搬运。然后按要求将移来的植物栽入适合的土内的操作,叫种植。如果这次种植,以后不再移动,而长久定居者,叫"定植";种于一地,以后还需移植者,称为"移植"。在掘起或搬动后,不能及时种植,为保护根系,临时埋根于土的措施,叫作"假植"。

所谓"植树工程",是指按照正式的园林设计或一定的计划完成某一地区的全部或局部的植树任务。

一、植树施工原则

为确保植树工程任务的完成,必须遵循以下施工原则:

(一)必须符合规划设计要求

一切绿化设计,都要通过植树工程的施工来实现。植树工程施工是把人们的理想(规划设计、计划)变为现实的具体工作。为了充分实现设计者所预想的美好意图,施工者必须熟悉图纸,理解设计意图与要求,并严格遵照设计图纸进行施工。如果施工人员发现设计图纸与现场实际不符,则应及时向设计人员提出,如需变更设计时,则必须征得设计部门的同意,绝不可自行其是。

(二)植树技术必须符合树木的生活习性

树木除有共同的生理习性外,各种树木都有它本身的生物学特性。施工人员必须了解其共性与特性,并采取相应的技术措施,才能保证植树成活和工程的真正完成。

(三)选择和掌握适宜的植树季节

就多数地区和大部分绿化树种来说,以晚秋和早春最好。晚秋是指落叶后到土壤结冻前的时期;早春是指土壤刚开始解冻、而枝条还没开始萌发之前。一般来说,冬季寒冷地区和在当地不耐寒的树种植宜春栽;冬季比较温暖地区和当地耐寒的树种适宜秋栽。

二、树木栽植成活的原理

许多人把植树看得很简单,认为无非是"刨(挖)坑(穴)栽树"。其实不然,如果不了解树木栽植成活的原理,即使是用插、栽都易生根的树,如某些杨、柳树,也还是会栽死的。

一株正常生长的树木，其根系与土壤密切结合，地下部与地上部生理代谢（如水分吸收与蒸腾）是平衡的。由于挖掘，根系与原有土壤的密切关系被破坏，吸收根大部分断留在土中，根部与地上部代谢的平衡也就被破坏。而根系的再生，在一定的条件下需要相当一段时间。由此可见，如何使移来的树木与新环境迅速建立正常关系，及时恢复树体以水分代谢为主的平衡，是栽植成活的关键，否则，就有死亡的危险。而这种新平衡建立的快慢，与树种的习性、树龄时期、栽植技术、物候状况以及影响生根和蒸腾为主的外界因子，都有密切关系。

三、移栽定植的时期

根据栽植成活的原理，植树的时期应选择在蒸腾量小和有利根系及时恢复，保证水平代谢平衡的时期，一般在秋季落叶后至春季萌芽前。但春季干旱很严重的地区，以当地雨季栽植为好。我国南方土壤不冻结，空气不干燥的地区，也可冬季植树。

多数地区的植树节，集中在春季和秋季。关于春栽好，还是秋栽好，历来有不少争论。国内外研究认为，以秋栽为优者，超过半数。但从生产实践来看，影响栽植成活的主要因素，因树种、地区环境等条件而异，也不可拘泥于一说。

（一）春栽

从树干生理活动来讲，春季是树木开始生长的大好时期，且多数地区土壤水分较充足，是我国大部分地区的主要栽植季节。树木根系在相对较低的温度下，即可开始活动。因此，春栽符合树木先长根，后发枝叶的物候顺序，有利水分代谢的平衡。但在春旱地区，如西北、华北等地，春风大，气温回升快，适栽时间很短促，栽后不久，地上部萌芽生长，根系不能完全恢复，成活率比较低。在冬季严寒或对在当地不甚耐寒的边缘树种，以春栽为妥，可免防寒越冬之劳。具肉质根的树木，如山茱萸、木兰属、鹅掌楸等，也以春栽为好。

春季农事繁忙，劳力紧张，要利用冬闲，提前做好各项准备工作。应预先根据树种春季萌芽早晚和不同栽植地的化冻顺序是先市区，后郊区；山地是先低山，后高山，先阳坡，后阴坡；在平地，先轻质土，后重质土；有建筑处，先向阳处，后背阴处。树种萌芽，如落叶松、银芽柳等较早，杨柳类、山桃次之，榆、槐、栎类、枣最迟。落叶树春栽宜早，即土壤刚化冻即开始。秋旱风大地区，常绿树也宜春栽，时间可晚些。我国西南某些地区（如昆明）受印度洋干湿季风影响，秋冬和春至初夏均为旱季，蒸发量又大，春栽如果管理不善，成活率很低。

（二）雨季栽植

春旱，特别是秋冬也干旱的地区，土壤水分不足，蒸发量大的西南地区，栽植成活的主要矛盾是外界水分（包括空气湿度）条件差，故以雨季栽为好。雨季如果处在高温月份，由于阴晴相间，短期光强温高，也易使新植树木水分代谢失调。则要掌握当地历年雨季降雨规律和当年降雨情况，抓住连阴雨的有利时机栽植。华北、西北山地，多用小苗雨季造林，成活率较高。城市雨季植树，多用大苗和大树，视情况还应配合遮阴、喷雾等其他措施。

(三)秋栽

秋季气温逐渐下降,蒸腾量较低,土壤水分状况较稳定。从苗木生理来说,此时树体贮藏营养较丰富;多数树木根系生长有一次小高峰。在当地属耐寒的落叶树,秋栽后,根系在土温尚高的条件下,还能恢复生长。因为根系无自然休眠期,只要冬季冻土层不厚,下层根系仍有一定生长活动,且翌春活动也早。秋栽时间较长,自落叶至土壤结冰前均可进行。秋栽也应尽早,一落叶即栽为好。夏秋为雨季的华北等地,常绿针叶树,此时再次发根,故其秋栽应比落叶树早些为好。

(四)冬季栽植

在冬季土壤基本不结冻的华南和华中、华东等长江流域地区,可以冬栽。以广州为例,气温最低的1月份,平均温度仍在10℃以上,故无气候上的冬季。从1月份就可种植樟树、山松等常绿深根性树种,2月即全面开展植树工作。

在冬季严寒的华北北部,东北大部,由于土壤冻结较深,对当地乡土种树,可用冻土球移植法;国外如加拿大、日本北部亦常用。优点是可利用冬闲,省包装和运输机械。于气温达零下12℃左右时,挖掘土团;若挖深沟时,发现下部冻得不牢,可于坑内停放2~3天。因土壤干燥冻不实者,可于土团外泼水(最好于冻结前预先灌水)。运输可利用冻结河道,或预先修平泥土地,泼水冻结成冰道,用人畜即可拖拉。我国古代,北方帝王宫苑植树,常用此法。

四、树龄与成活的关系

树木的年龄对植树成活率的高低有很大影响,一般幼苗树植株小,起掘方便,根部损伤率低,并且营养生长旺盛,再生力强,因此移植损伤的根系及修剪后枝条容易恢复生长。但是,由于幼树植株矮小,容易遭受外界的损伤,一时也难以发挥效果。壮龄树,树体高大,移植后很快就能发挥绿化效果。但是,壮龄树营养生长已逐渐衰退,由于规格较大,移植操作困难,施工技术复杂。这样就大大增加了工程造价。故此,除一些有特殊要求的绿化工程外,一般不宜选用过多的壮龄树木。实践证明,城市环境条件复杂,绿化设计中宜多选用幼、青年期的大规格苗木。一般落叶乔木,最小应选用胸径3cm以上的苗木,行道树及游人活动频繁之地还可以更大些。

常绿乔木最小规格宜选用树高1.5m以上的苗木(绿篱除外)。

五、苗木选择与相应的施工措施

在长期的自然选择和人工选择培育过程中,不同的植物形成不同的遗传特性。各种树木对环境条件的要求和适应能力表现出很大的差异,对于移植的适应能力也是如此。因此,尽管选用树种苗木是规划设计人员的事,但是,我们在植树施工过程中,也必须根据各树种不同特性而采取不同的技术措施,才能保证移植成功。例如杨、柳、榆、银杏、椴树、蔷薇、紫穗槐、泡桐、枫杨、臭椿、黄栌等,都具有很强的再生能力和发根能力,甚至有的用一根带有芽的枝栽也能成活而成新植株。因此比较容易移植成活。包装运输也较简便,此类树木的栽植措施可以适当简单一些,一般都用裸根移植,而各种常绿树木和木兰类、山毛榉、白桦、长山核桃及某些桉类等,则必须带土球移植,而且必须保证土球完整,才能移植成活。

树木移植时,最忌根部失水,最好能够随掘、随运、随栽。如掘苗后一时无施工条件者,则应妥善假植保护,保证树根潮润才能移植成活,但也有个别树种,如牡丹为肉质根,含水量高,故移苗后,最好晾晒一定时间,使根部含水量减少一些后再栽,有利于根部伤口愈合和再生新根。以免因水分过多,根系易脆断造成大量损伤。

对于同品种,同龄的苗木,由于苗木质量不同,栽植成活率和以后的适应能力也有不同。一般生长健壮,没有病虫害和无机械损伤的苗木,移植成活率较高;生长过旺,致使徒长的苗木抗逆性差,反而不如生长一般的苗木容易成活。

苗木出圃以前,如果苗木几经移植断根,所形成的根系就紧凑而丰满,移植后容易成活。反之,一直没有移过的实生苗因根系生长过长,掘苗时容易损伤而影响成活。

上述种种因素,在选择树苗时都应该加以注意,并针对情况,采取相应措施,才能保证移植成活率。

第二节 植树工程的施工工序

一、定点、放线

定点放线是在现场准确测出苗木栽植位置和株行距。

(一)行道树的定点放线

道路两侧成行列式栽植的树木,称行道树。要求栽植位置准确,株行距相等(在国外有用不等距的)。一般是按设计断面定点。在已有道路旁定点以路牙和道路的中心为依据,然后用皮尺、钢尺或测绳定出行位,再按设计定株距,每隔10株于株距中间钉一木桩(即不是钉在所挖坑穴的位置上),作为行位控制标记,以确定每株树木坑(穴)位置的依据。然后用白灰点标出单株位置。定点时如遇电杆、管道、涵洞、变压器等障碍物避开,不应拘泥于设计的尺寸,而应遵照与障碍物相距的有关规定来定位。在定点时遇下列情况也要留出适当距离(数据仅供参考)。

1.遇道路急转弯时,在弯的内侧一般应留出 50m 的空档不栽树,以免妨碍视线。

2.交叉路口各边 30m 内不栽树。

3.公路与铁路交叉口 50m 内不栽树。

4.道路与高压电线交叉 15m 内不栽树。

5.桥梁两侧 8m 内不栽树。

6.另外如遇交通标志牌、出入口、涵洞、控井、电线杆、车站、消火栓、下水口等,定点都应留出适当距离,并尽量注意左、右对称。定点应留出的距离视需要而定,如交通标志牌以不影响视线为宜,出入口定点则根据人、车流量而定。

由于道路绿化与市政、交通、沿途单位、居民等关系密切,植树位置的确定,除和规划设计部门的配合协商外,在定点后还应请设计人员验点。

(二)公园绿地的定点

自然式树木种植方式,不外乎有两种:一为单株作孤赏树,多在设计图上标有单株的位置。另一种是群植,图上只标明范围,而未明确株位的树丛、片林。其定点、放线方法有以下三种:

1.**平板仪定点**:测量基点准确的公园绿地可用平板仪定点,测设范围较大,即依据基点将单株位置及连片的范围线按设计图依次定出,并钉木桩标明,木桩上写清树种、棵数。图板方位必须与实际相吻合。在测站位置上,首先要完成仪器的对中、整平、方向三项作业,然后将图纸固定在小平板上。一人测绘,两人量距。在确定方位后量出该标定点到测站点距离,即可钉桩。如此可标出若干有特征的点和线。必须注意的是,在实测30多个立尺点后应检查图板定向是否有变动,若有应及时发现并纠正。平板仪定点主要用于面积大,场区没有或少有明确标志物的工地。也可先用平板仪来确定若干控制标志物,定基线、基点,在使用简单的基准线法进行细部放线,以减少工作量。

2.**网格法**:适用范围大而地势平坦的绿地。按比例在设计图上和现场分别划出等距离的方格(一般以 20×20m 最好)。定点时,先在设计图上量好树木对其方格的纵横坐标距离,再按现场放大的比例,定出其相应方格的位置;钉上标以树种、坑(穴)规格的木桩或撒灰线标明。

3.**交会法**:适用于范围较小,现场内建筑物或其他标记与设计图相符的绿地。以建筑物的两个固定位置为依据,根据设计图上与该两点的距离相交会,定出植树位置。位置确定后必须做明标志。孤立树可钉木桩,写明树种。刨坑(挖穴)规格[坑(穴)号]树丛要用白灰线划清范围。线圈内钉上木桩,写明树种、数量,坑(穴)号,然后用目测的方法定出单株小点,并用灰点标明。用目测定单株点时,必须注意以下几点:

(1)树种、数量要符合设计图。

(2)树种位置注意层次,宜中心高边缘低或呈由高渐低的倾斜的林冠线。

(3)树丛内注意配置自然,切忌呆板,尤应避免平均分布、距离相等,邻近的几棵不要定成机械的几何图形或一条直线。

(三)等距弧线的放线

若树木栽植为一弧线如街道曲线转弯处的行道树,放线时可从弧的开始到末尾以道牙或中心线为准,每隔一定距离分别画出与道牙垂直的直线,在此直线上,按设计要求的树与道牙的距离定点,把这些点连接起来就成为近似道路弧度的弧线,在此弧线上按株行距定点。

(四)土方工程及微地形放线

堆山测设:用竹竿立于山形平面位置,勾出山体轮廓线,确定山形变化识别点。在此基础上用水准仪把已知水准点的高程标在竹竿上,作为堆山时掌握堆高的依据。山体复杂时可分层进行。堆完第一层后依同法测设第二层各点标高,依次进行至坡顶。其坡度可用坡度样板来控制。在复杂地形测放时应及时复查标高,避免出现差错而返工。

二、挖种植穴

刨坑挖穴的质量,对植株以后的生长有很大的影响。除按设计确定位置外,应根据根系或土球大小、土质情况来确定坑穴径大小(一般应比规定的根系或土球直径大20～30cm);根据树种根系类别,确定坑穴的深浅。坑穴或沟槽口径应上下一致,以免植树时根系不能舒展或填土不实。

操作方法有手工操作和机械操作两种:

1.手工操作 主要工具有锄或锹、十字镐等。具体操作方法,以定点标记为圆心,根据规定的坑穴直径先在地上划圆,沿圆的四周向下垂直挖掘到规定的深度。然后将坑底刨松、整平。栽植露根苗木的坑或穴底,挖松后最好在中央堆个小土丘。以利树根伸展,挖完后,将定点用的木桩放在坑、穴内。以备散苗时核对。

2.刨坑挖穴机械操作 刨坑挖穴机的种类很多,必须选择规格合适的。操作时轴心一定要对准定点的位置,挖至规定深度,整平坑底,必要时可加入人工辅助修整。

3.注意事项 主要有以下几点:

(1)位置要准确,规格要适当;

(2)挖刨出的表土与底土应分开堆放于坑穴边。因表层土壤有机质含量较高,植树填土时,应先填入坑(穴)下部,底土填上部和作开堰用。如部分土质不好,应把坏土分开堆放。行道树挖穴(刨坑)时,土应堆于与道路平行的树行两侧,不要堆在行内,以免影响栽树时瞄直的视线。坑穴的上、下口大小应一致;

(3)在斜坡上刨坑挖穴应将斜坡整成一个小平台,然后在平台上刨坑挖穴。坑穴的深度以坡的下沿口开始计算;

(4)在新填土方处刨坑挖穴,应将坑穴底适当踩实;

(5)土质不好的,应加大坑穴的规格,并将杂物筛出清走。遇石灰渣、炉渣、沥青、混凝土等对树木生长不利的物质,则应将坑穴径加大1～2倍,将有害物清运干净,换上好土;

(6)刨坑挖穴时发现电缆、管道等,应停止操作,及时找有关部门配合解决;

(7)绿地内挖自然式树木栽植穴时,如果发现有严重影响操作的地下障碍物时,应与设计人员协商,适当改动位置,而行列式树木一般不再移位;

(8)绿篱等株距很近的可以刨挖成沟槽。

三、选苗起苗

(一)选苗

在坚持适地适树原则下,严格按照设计提出的规格和树形选用良种壮苗。各类树种一定要按国家苗木标准选用根系发达完整、苗干粗壮通直、主侧枝分布均匀、无病害和机械损伤优良品种,做行道树种植的苗木分枝点应不低于2.5 m。最好就近选购苗木。从外地选购且又长途运输的裸根苗木,起苗时应及时用保温剂或泥浆沾根,装车后用篷布盖严,以防运输期间苗木失水。常绿树种苗木应按要求带一定大小的土球,并用草绳、草袋包装严紧,苗木运回应尽快定植。

(二)起苗前的准备工作

1.起苗时间最好在秋天落叶后或土冻前、解冻后进行,此时正值苗木休眠期,生理活动微弱。起苗对树木影响不大。

2.如果苗木生长地的土壤过于干燥,应提前1～3天灌水;反之如果土质过湿,就提前设法排水,以利于起苗操作。

3.拢冠,对于侧枝低矮的常绿树(如雪松、油松等)、冠丛庞大的灌木,特别是带刺的灌木(如花椒、玫瑰、黄刺玫等),为方便操作,先用草绳将其冠捆拢,但应注意松紧适度,不要损伤枝条。拢冠作业也可与选苗结合进行。

4.准备好锋利的起掘苗木的工具,带土球掘苗,要准备好合适的蒲包、草绳、塑料布等包装材料。

5.试掘,为保证苗木根系规格符合要求,特别是对一些情况不明之地所在生长的苗木,在正式掘苗之前,应选数株进行试掘,以便发现问题,采取相应措施。掘苗的根系规格,裸根移植的落叶灌木,根幅直径可按苗高的1/3左右,带土球移植的常绿树,土球直径可按苗木胸(干)径的7～10倍进行挖掘。

(三)起苗方法及适用树种

起掘苗木的质量,直接影响树木栽植的成活和以后的绿化效果,起苗质量虽与原有苗木的质量有关,但与起掘操作有直接的关系。通常有两种掘苗法:

1.**露根法**(裸根掘苗):露根法适用处于休眠状态的落叶乔灌、藤木。此法操作简便,节省人力、运输及包装材料。但由于易损伤多量的须根,掘起后至栽前,根部裸露,容易失水干燥,根系恢复需时较长。

2.**带土球掘苗**:将苗木的一定根系范围,连土掘削成球状。用蒲包,草绳或其他软材料包装起出,称为"带土球掘苗"。由于在土球范围内须根未受损伤,并带有部分原有适合生长的土壤;移植过程中水分不易损失,对恢复生长有利。但操作较困难,费工,要耗用包装材料;土球笨重,增加运输负担,一般不采用带土球移植,但目前移植常绿树、竹类和生长季节移植落叶树多采用此法。

(四)露根移植的手工掘苗法及质量要求

根据树种苗木大小,在规定的根系规格范围之外挖掘。用锋利的掘苗工具,于规格范围之外,绕苗四周垂直挖掘到一定深度并将侧根全部切断,然后从一侧向内深挖和试摇苗木、试找深层粗根,并将底根切断,遇粗根时最好用手锯锯断。然后轻轻放倒苗木并打碎外围土块。总之掘苗时一定要保护大根不劈裂,并尽量多保留须根。

苗木挖完后应立即装车运走。如一时不能运走可在原坑埋土假植,用湿土将根埋严。如假植时间长,还要根据土壤干燥程度,设法适量灌水,以保护土壤的湿度。

掘出的土不要乱扔,以便掘苗后用原土将掘苗坑(穴)填平。

（五）带土球苗的手工掘苗法及质量要求

挖掘带土球苗木，其总要求是土球规格要符合规定大小，保证土球完好，外表平整平滑；上部大而下部略小，形似红星苹果之形状；包装严密，草绳紧实不松脱，土球底部要封严不漏土。

开始挖掘时，以树干为中心，按土球规格大小，划一个正圆圈。为保证起出的土球符合规定大小，一般应稍放大范围进行挖掘。划定圆圈依据后，先将圆内的表土挖去一层，深度以不伤表层的苗根为度。挖去表土后，沿所划圆圈外向下垂直挖掘。沟宽以便于操作为度，约宽50～80cm，所挖之沟上下宽度要基本一致，随挖随修整土球表面，操作中千万不可踩、撞土球边沿，以免伤损土球。一直挖掘到规定的土球直径深度。土球四周修整完以后，再慢慢由底圈向内掏挖，称"掏底"，直径小于50cm的土球，则应将底土中心保留一部分支柱土球，以便在坑内进行包装。

注意事项：

1.打包之前应将捆包、绕绳用水浸泡潮润，以增强包装材料的韧性，减少捆扎时引起脆裂和拉断。

2.土壤过干易松散，难以保证土球成形时，可以边掘土球边横向捆紧草绳，称为"打内腰绳"，然后再在内腰绳之外打包。土球封底后，应该立即出坑待运，并随时将掘苗坑填平。如土质较硬不易散坨者，也可不用蒲包。

四、运苗与假植

苗木的运输与假植质量，也是影响植树成活的重要环节，实验证明"随掘、随运、随栽"对植树成活率最有保障。也就是说，苗木从挖掘到栽好，应争取在最短时间内完成。这样可以减少树根在空气中暴露时间，对树木的成活是大有好处的。

（一）装车前的检验

运苗装车前须仔细核对苗木的种类与品种、规格、质量等；凡不合规格要求的，应向苗圃方面提出予以更换。对掘起待运苗木质量要求的最低标准，见下表：

表1-1 不同类别苗木出苗质量要求

苗木种类	质量要求
落叶乔木	树干：主干不得过于弯曲，无蛀干害虫。有明显主轴的树种应有中央领导枝。 树冠：树冠茂密，各方向枝条分布均匀，无严重损伤和病虫害。 根系：有良好的须根，大根不得有严重损伤，根际无瘤肿及其他病害，带土球的苗木，土球必须结实，捆绑的草绳不松脱。
落叶灌木或丛林	灌木有短主干或丛木有主茎3～6个，分布均匀。根际有分枝，无病虫害；须根良好，土球结实；草绳不松脱。
常绿树	主干不得弯曲，主干上无蛀干害虫。主轴明显的树种必须有领导干。树冠土球结实，草绳不松脱。

(二)装运露根苗

1. 装运乔木时,应树根朝前,树梢向后,按顺序安(码)放。
2. 车后厢板,应铺垫草袋、蒲包等物,以防碰伤树根、树干。
3. 树梢不得拖地,必要时要用绳子围拢吊起,捆绳子的地方也要用蒲包垫上,不使勒伤树皮。
4. 装车不得超高,压得不要太紧。
5. 装完后用苫布将树根盖严、捆好,以防树根失水。

(三)装运带土球苗

1. 2m以下的苗木可以立装;2m以上的苗木必须斜放或平放。土球朝前,树梢向后,并用木架将树冠架稳。
2. 土球直径大于20cm的苗木只装一层,小土球可以码放2~3层。土球之间必须安(码)放紧密,以防摇晃。
3. 土球上不准站人或放置重物。

(四)运输

途中押运人员要和司机配合好,经常检查苫布是否掀起。短途运苗,中途不要休息。长途行车,必要时应洒水淋湿树根,休息时应选择阴凉处停车,防止风吹日晒。

(五)卸车

卸车时要爱护苗木,轻拿轻放。裸根苗要按顺序拿放,不准乱抽,更不能整车推下。带土球苗卸车时,不得提拉树干,而应双手抱土球轻轻放下。

较大的土球卸车时,可用一块结实的长木板,从车厢上斜放至地上,将土球推倒在木板上,顺势慢慢滑下,绝不可滚动土球。

(六)假植

苗木运到施工现场后未能及时栽完,裸根苗应选用湿土将苗根埋严,进行"假植"。

1. 裸根苗木短期假植法。临时可用苫布或草袋盖严,或在栽植处附近,选择合适地点,先挖一浅横沟,约2~3m长。然后稍斜立一排苗木,紧靠苗根再挖一同样的横沟,并用挖出来的土将第一排树根埋严,挖完后再码一排苗,依次埋根,直到全部苗木假植完。
2. 植树施工期较长,则对裸根苗应妥善假植。事先在不影响施工的地方,挖好30~40cm深,1.5~2m宽,长度视需要而定的假植沟,将苗木分类排码,树头最好向顺风方向斜放沟中,依次错后安(码)放一层苗木,根部埋一层土,全部假植完毕以后,还要仔细检查,一定要将根部埋严实,不得裸露,若土质干燥还应适量灌水,即要保证树根潮湿,而土质又不可过于泥泞,以免影响以后操作。
3. 带土球的苗木,运到工地以后,能很快栽完的,可不必假植。如1~2天内不能栽完,应选择不影响施工的地方,将苗木排码(放)整齐,四周培土,树冠之间用草绳围拢,假植时间较长者,土球间隙也应填土。

假植期间根据需要,应经常给常绿苗木的叶面喷水。此外,在假植期间还应注意防治病虫害。

五、移栽树木的修剪

(一)修剪的目的

1.保持水分代谢的平衡 移植树木,不可避免地要损伤一些树根,为使新植苗能迅速成活和恢复生长,必须对地上部分适当剪去一些枝叶,以减少水分蒸腾,保持上、下部水分代谢的平衡。

2.培养树形 根据设计要求对树形进行修剪,使树木长成预想的形态。

3.减少伤害 剪除带病虫枝条,可以减少病虫危害。另外,疏去一些枝条,可减轻树冠重量,对防止树木倒伏也有一定作用。这对春季多风沙地区的新植树木尤为重要。

(二)修剪的原则

树木的修剪,一般应遵循原树的基本特点,不可违反其自然生长的规律。

1.乔木

(1)凡具有明显中央领导干的树种(如法桐、白蜡、杨类等),应尽量保护或保持中央领导干的优势。

(2)中干不明显的树种(如槐、柳类等)应选择比较直立的枝条代替领导干直立生长,但必须通过修剪控制与直立枝竞争的侧生枝。并应合理确定分枝高度应大体相同。

(3)行道树的分枝高度,应基本一致;相邻近植株的分枝高度应大体相同。

2.灌木一般采用两种方法

(1)疏枝,即将枝条于着生基部剪除;对灌木进行疏枝修剪,应外密内稀,以利通风透光。根蘖发达的丛木树种如黄刺梅、玫瑰、珍珠梅等,应多疏剪老枝,使其不断更新,旺盛生长。

(2)短截,剪去枝条先端的一部分。对灌木进行短截修剪,树冠一般应保持内高外低,成半圆形。

(三)修剪的方法和要求

1.高大乔木应于栽前修剪;小苗、灌木可于栽后修剪。

2.落叶乔木疏枝时应与树干平齐,不留残桩,灌木疏剪应与地面平。

3.短截枝条,应选择在叶芽上方 0.3～0.5cm 的适宜之处。剪口应稍斜向背芽的一面。

4.修剪时应先将枯枝、病虫枝、树皮劈裂枝剪去。对过长的徒长枝应加以控制。较大的剪、锯伤口,应涂抹防腐剂。

5.使用枝剪时,必须注意上、下剪口垂直用力,切忌左右扭动剪刀,以免损伤剪口。粗大枝条最好用手锯锯断,然后再修平锯口。

六、栽植

(一)散苗

将树苗按规定(设计图或定点木桩)散放于定植穴(坑)边,称为"散苗"。

1. 要爱护苗木,轻拿轻放,不得损伤树根、树皮、枝干或土球。
2. 散苗速度应与栽苗速度相适应:边散边栽、散毕栽完,尽量减少树根暴露时间。
3. 假植沟内剩余苗木露出的根系,应随时用土埋严。
4. 用作行道树、绿篱的苗木应事先量好高度将苗木进一步分级,然后散苗,以保证邻近苗木,规格大体一致。
5. 对常绿树,树形最好的一面,应朝向主要的观赏面。
6. 对有特殊要求的苗木,应按规定对号入座,不要搞错。
7. 散苗后,要及时用设计图纸详细核对,发现错误立即纠正,以保证植树位置的正确。

(二)栽苗

散苗后将苗木放入坑内扶直,分层填土,提苗至适合程度,踩实(粘土可不踩,以灌水)固定的过程,称为"栽苗"。

1. 栽苗的操作方法

露根乔木大苗的栽植法:一人将树苗放入坑中扶直,另一人用坑边好的表土填入,至一半时,将苗木轻轻提起,使根颈部位与地表相平,使根自然的向下呈舒展状态,然后用脚踏实土壤,或用木棒夯实,继续填土,直到与穴(坑)边稍高一些,再有力踏实或夯实一次。最后用土在坑的外缘做好灌水堰。

带土球苗栽的栽植法:栽植土球苗,须先量好坑的深度与土球高度是否一致,如有差别应及时挖深或填土,绝不可盲目入坑,造成来回搬动土球。土球入坑后先在土球底部四周垫少量土,将土球固定,注意使树干直立。然后将包装材料剪开,并尽量取出(易腐烂之包装物可以不取)。随即填入好的表土至坑的一半。用木棍于土地四周夯实,再继续用土填满穴(坑)并夯实,注意夯实时不要砸碎土球。最后开堰。

2. 栽苗的注意事项和要求

平面位置和高程必须符合设计规定。树身上、下应垂直。如果树干有弯曲,其弯向应朝当地风方向。行列式栽植应事先栽好"标杆树",必须保持横平竖直,左右相差最多不超过树干一半。栽植深度,裸根乔木苗,应较原根颈土痕深5~10cm;灌木应与原土痕齐;带土球苗木比土球顶部深2~3cm。灌水堰筑完后,半捆拢树冠的草绳解开取下,使枝条舒展。

七、栽植后的养护管理

(一)立支柱

较大苗木为了防止被风吹倒,应立支柱支撑;多风地区尤应注意,沿海多台风地区,往往需埋水泥制柱以固定高大乔木。

单支柱:用固定的木棍或竹竿,斜立于下风方向,深埋入土30cm。支柱与树干之间用草绳隔开,并将两者捆紧。

双支柱：用两根木棍在树干两侧，垂直钉入土中。支柱顶部捆一横挡，先用草绳将树干与横档捆紧。

行道树立支柱，应注意不影响交通，双柱一般不用斜支法。

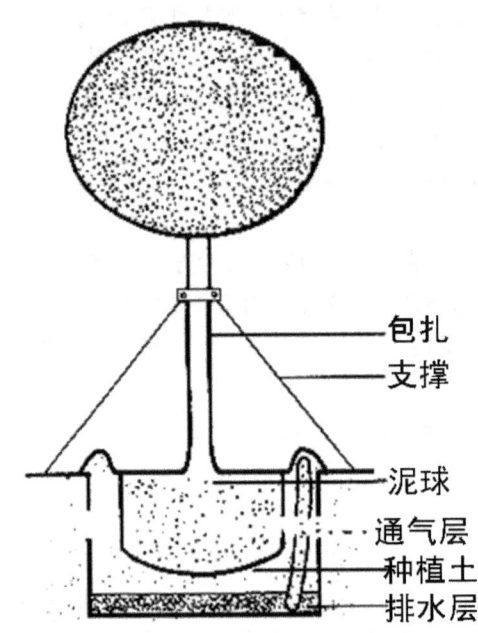

图1-1　苗木栽植过程示意图

(二)灌水

水是保证树木成活的关键，应立即灌水，栽后干旱季节必须经一定间隔连灌三次水。

1.**开堰**　苗木栽好后，先用土在原树坑的外缘培起高约1.5cm左右圆形灌水堰，并用铁锹等将土拍打牢固，以防漏水。栽植密度较大的树丛，可做成片灌水堰。

2.**灌水**　苗木栽好后，在24小时之内(无雨天气)，必须灌上第一遍水。水要浇透，使土壤充分吸收水分，有利土壤与根系紧密结合，这样才有利成活。北方干旱地区雨季节，苗木栽植后10天内，必须连灌三遍水。

苗木栽植后，每株每次灌水水量因地区、季节、天气状况而不同。

(三)扶直封堰

1.**扶直**　浇第一遍水渗水后的次日，应检查树苗是否有倒、歪现象，发现后应及时扶直，并用细土将堰内缝隙填严，将苗木固定好。

2.**中耕**　水分渗透后，用小锄或多功能铁耙等工具，将土堰内的土表锄松，称"中耕"。中耕可以切断土壤的毛细管，减少水分蒸发，有利保墒。植树后浇三水之间，都应中耕一次。

3.**封堰**　浇第三遍水并待水分渗入后，用细土将灌水堰内填平，使封堰土堆稍高地面。土中如果含有砖石应挑拣出来，以免影响下次开堰。华北、西北等地秋季植树，应在树干基部堆城30cm高的土堆，以保持土壤水分，并能保护树根，防止风吹摇动，影响成活。

(四)其他养护管理

1.对受伤枝条和栽前修剪不理想的枝条,应进行复剪。
2.对绿篱进行造型修剪。
3.防治病虫害。
4.进行巡查、围护、看管,防止人为破坏。
5.清理场地,做到工完地净,文明施工。

八、非适宜季节的移植法

在当地适宜季节植树,成活率最有保证。但有时由于有特殊任务或其他工程的影响等客观原因,不能于适宜季节植树,只能在非适宜季节植树,为此必须探讨如何突破季节限制,并保证有较高的成活率,按期完成植树工程任务的移植技术。

(一)常绿针叶树(松、柏等)的移植法

1.先于适宜移植的季节(一般在春季)内,将树苗带土球掘好,提前运到工地的假植地区,装入大于土球的筐内。直径超过一米,规格过大的土球,应装入木桶或木箱。其四周培土固定,待有条件施工时立即定植。

2.如事先没有掘苗装筐准备时,可配合其他减少蒸腾的措施,直接掘苗运栽,但如果移植时树木正萌发2次梢或为旺盛生长期,则不宜移植。

直接移植时应加快速度,事先做好一切必要的准备工作,有利随掘、随运、随栽,环环扣紧,以缩短施工期限。栽后应及时多次灌水,并经常进行叶面喷水,有条件的,最好还应配合遮阴防晒。入冬,还要采取一些防寒措施,方可保证成活。

(二)落叶树的移植

1.**预掘** 于早春树木休眠期间,预先将苗木带土球掘好,规格可以参照同等干径粗度的常绿树,或稍大一些。草绳、蒲包等包装物应适当加密加厚。

2.**做假土球** 如只能选用苗圃已在秋季裸根掘起的苗木时,应人工另造土球,称"做假土球"或"做假坨"。方法是:在地上挖一圆形穴(坑),将事先准备好的蒲包平铺于穴(坑)内,然后将树根放置蒲包上,保持树根舒展,填入细土,分层夯实注意不可砸伤树根,直到与地面齐平,即可做成圆形土球。用草绳在树干基部封口,然后将假坨挖出,捆草绳打包。

3.**装筐** 筐可用紫穗槐条、荆条或竹篾编成,其径股要密实紧靠。装筐前先在筐底垫土,然后将土球放于筐的正中,填土夯实,直至距筐沿10cm高时为止,并沿边培土拍实,作为灌水之堰。大规格苗木,最好装木箱或木桶。

4.**假植** 假植地点应选择在地势高燥、排水良好、水源充足、交通便利,距施工现场较近又不影响施工的地方。

选好地址后,先按树种、品种、规格做出假植分区。每区内株距,以当年生新枝互不接触为最低限底,每双行间应留出通行卡车的宽度 6~8m,先挖好假植穴(坑),深度为筐高的 1/3,直径以能放入筐为准。放好筐后填土至筐的 1/2 左右处拍实,最后在筐沿培好灌水堰。

5.假植期间的养护管理工作

(1)灌水:培土后应连灌三次透水。以后根据情况经常灌水,其原则是既能保证苗木生长正常,又需控制水量,避免生长过旺。

(2)修剪:为保证树势均衡,除装筐时应进行稍重地适合栽植期的修剪外,假植期间还应经常修剪,以疏枝为主,严格控制徒长枝,及时去蘖,入秋以后则应经常摘心,使枝条充实。

(3)排水防涝:雨季期间应事先挖好排水沟,随时注意排除积水。

(4)病虫防治:由于假植期间,苗木长势较弱,抵抗病虫的能力较差,加之株行距小,通风透光条件差,容易发生病虫害,应及时防治。

(5)施肥:为使假植期间的移植苗能正常生长,可以施用少量的氮素速效肥料(硫铵、尿素、碳铵等),既可以根施,也可叶面喷肥。

(6)装运栽植:一旦施工现场具备了植树施工条件,则应及时定植,其方法与正常植树相同,应注意抓紧时间,环环紧扣,以利成活。

具体应于栽前一段时间内,将培土扒开,停止灌水,风干土球表面,使之坚固,以利吊装操作,如筐面筐底已朽腐烂,可用草绳加固。吊装时在捆吊粗绳的地方加垫木板,以防粗绳勒入土球过深造成散坨。栽时连筐入坑底,凡能取出的包装物,尽量取出,及时填土夯实。并及时多次灌水,酌情施肥,加强养护管理措施。有条件的还应适当遮阴,以利其迅速恢复生长,及早发挥绿化效果。

第二章　大树移植

住建部要求从源头上控制追求高档用材和过大规格苗木、从山区移植古树到城市、引种不适合本地生长的外来植物的做法,严格控制城市绿地设计方案中使用的苗木规格,胸径大于 15cm 的速生树种乔木数量和胸径大于 12cm 的慢生树种乔木数量在乔木总数中所占比例不得大于 10%。

但在实际工作中,还会遇到建桥盖房等要进行大树移植。保证大树移植成活的技术要点是什么?在树木生命周期中已讲过,根系也是随年龄增长进行离心生长,同时吸收根呈离心死亡,而后向心更新的规律。因此大树在可能运输的最大土团范围内,吸收根是不多的,对树冠,为迅速见效和保持优美姿态,一般不采取过重修剪。为保持地下部与地上部水分代谢的平衡。

第一节　大树移植前的准备工作

一、大树预掘的方法

为保证树木移植后能很好成活,可在移植前采取一些措施,促进树木的须根生长,这样可以为施工提供方便条件,常用下列方法:

1.多次移植:此法适用于专门培养大树的苗圃中,速生树种的苗木可以在头几年每隔 1~2 年移植一次,待胸径达 6cm 以上时,可每隔 3~4 年再移植一次。而慢生树待其胸径达 3cm 以上时,每隔 3~4 年移植一次,长到 6cm 以上时,则隔 5~8 年移植一次,这样树苗经过多次移植,大部分的须根都聚生在一定的范围,因而再移栽时缩小土球的尺寸和减少对根部的损伤。

2.断根缩坨(也称回根法,古称盘根法):一般适用于一些野生大树或一些具有较高观赏价值的树木,应根据树种习性和生长状况判断成活难易,一般在移植前 1~3 年的春季或秋季,于东、西、南、北四面一定范围开沟断根,每年只断全周 1/3~1/2,断根范围一般以干周或干径的 3~4 倍作半径,成方或圆,向外开一宽 20~40cm 的沟,深度约 50~70cm(视根的深浅而定),最好只切断较细的根,留 1cm 以上的粗根(于土球壁处),行环状剥皮,宽约 10~15cm,涂抹约 0.001% 生长素(2,4-D 或萘乙酸),埋入肥沃表土,并灌水,促以新根。为防风吹倒,应立支柱。

3.扩坨起树:经 1~3 年,连续每年一次断根缩坨后,最后起大树。起时土坨(团)大小应比断根坨向外放宽 10~20cm;因新根在这一范围内发生较多。对珍贵或衰弱的树,在修好土团后马上涂抹掺有上述浓度生长素的泥浆。

二、大树的修剪

修剪是大树移植过程中,对地上部分进行处理的主要措施,修剪的方法大致有修剪枝叶、摘叶、摘心、剥芽、摘花摘果、刻伤和环状剥皮。

三、编号定向

编号是移栽成批的大树时,为使施工有计划顺利进行,可把栽植坑及要移栽的大树均编上一一对应的号码,使其移植时可对号入座,以减少混乱及事故。

定向是在树干上标出南北方向,使其在移植时仍能保持按原方位栽下,以满足它对蔽阴和阳光的要求。

第二节 软材包装移植法

树木胸径一般在10~15cm之间的带土球树木,可用蒲包、草绳、塑料布等软质材料包装。此法比方木箱包装操作方法要简单一些。但假植时间不宜过长,最好随掘随栽。

一、土球大小的确定

树木选好后,可根据树木胸径的大小来确定土球的直径和高度,一般来说,土球直径是树木胸径7~10倍。

表2-1 常见土球规格要求

土球直径(cm)	土球规格		
	土球直径(cm)	土球高度(cm)	留底直径(cm)
10~12	胸径8~10倍	60~70	土球直径的1/3
13~15	胸径7~10倍	70~80	
16~18	胸径7~10倍	80~90	
19~20	胸径6~10倍	85~95	
21以上	胸径6~10倍	95以上	

二、土球的挖掘

(一)土球规格

挖掘土球直径的大小,一般应是树木胸径(距地面1.3m处)的7~10倍。

(二)支撑

掘苗前,用竹竿于树木分枝点以上,将苗木支撑牢固,以确保树木和操作人员的安全。

(三)划圈线

掘苗前以树干为中心,按规定之直径尺寸在地上划出圆圈,以圈线为掘苗之依据,沿线的外缘挖掘土球。

(四)掘苗

沟宽应能容纳一个人操作方便,一般沟宽 60～80cm,垂直挖掘一直挖到规定土球高度为止。

(五)修坨

掘到规定深度后。用铁锹将土球表面修平,使上大下小,肩部圆滑,呈红星苹果型。修坨时如遇粗根,要用手锯或枝剪截断,切不可用铁锹硬铲而造成散坨。

(六)收底

自土球肩部向下修坨到一半的时候,就要逐步向内缩小,直到规定的土球高度,土球底的直径,一般应是土球上部直径的 1/3 左右。

(七)缠腰绳

捆包土球所用之草绳,应予先浸湿润,以免多次拉断,干后还能增强收紧强度。土球修好后应及时用草绳将土球腰部系紧,叫"缠腰绳"。操作方法是:一个人将草绳绕土球腰部拉紧,同时由另一个随时用木槌或砖头敲打草绳,使草绳收得更紧,略嵌入土球。缠绕腰绳每圈应紧靠,宽度达 20cm 左右即可。

(八)开底沟

围好腰绳以后,应在土球底部向内刨挖一圈底沟。以便打包时,草绳兜绕底沿,不易松脱。

(九)修宝盖

围好腰绳以后。还须将土球顶部修好,称"修宝盖"。操作方法是用铁锹将上表面修整圆滑,注意土球靠近树干中间部分应稍高于四周,逐渐向外倾斜,肩部要修得圆滑,不可有棱角。这样在捆绳时才能捆得结实,不致松散。

(十)打包

用蒲包、草绳等材料,将土球包装起来,称"打包"。这是掘苗后质量保障的最重要工序,操作方法如下:

1.用蒲包或塑料布等,将土球表面盖严不留缝隙,并用草绳和细麻绳稍加围绕,使蒲包固定。

图 2-1 橘包式包扎

2.以树干为起点,先用双股湿草绳拴在树干上,然后呈稍倾斜绕过土球底沿,缠至土球上面近半圆处,向经主干折回按顺时针方向呈一定间隔一边绕拉草绳,一边用木槌或砖头顺序敲打草绳,使嵌拉得更紧些。每圈都应绕经树干基部,注意每道绳间相隔保持 8cm 左右,土质松散的还可以再密一些。捆绑时注意应将草绳理顺。不可使两根草绳互拧,经土球底沿时也应排均理顺,稍向内绕,以防草绳脱落。

3.纵向草绳捆好后,再在内腰绳稍下部,横捆十几道草绳。捆完后,还要用草绳将内外二股腰绳与纵向草绳穿连起来绑紧。

(十一)封底

打完包以后,应在计划推倒树的方向,沿土球外沿挖一道弧形沟,然后轻轻将树推倒。这样可使树斜倒而不会碰穴沿损伤树干。用蒲包将土球底部挡严,并另用草绳与土球上纵向草绳串联,系牢。至此全部掘苗工序告终。

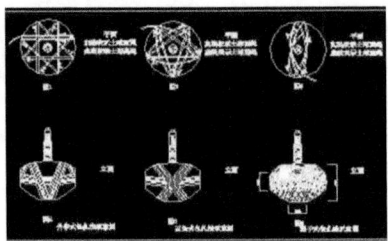

图2-2 土球包装的几种方法

三、吊装运输

1.吊装运输前要做好准备工作,主要有:
(1)备好符合要求的吊车、卡车。
(2)备有捆吊土球的长粗绳,并检查其牢固性,不牢固的绳索决不可用。
(3)备好防起吊绳索勒坏土球的隔垫木板,蒲包等。
(4)起吊土球的粗绳,应先对折起来,对折处留1m左右打牢结,备用。
(5)备些围拢树冠的蒲包、草绳、草袋等。

2.一般带大土球的树木,要用吊车装车,并用载重3吨以上的卡车运输。吊装前,用事先打好结的粗绳(最好不用钢丝绳,因钢丝绳既硬又细,容易勒伤土球),将两股分开,捆在土球腰下部(约由上向下3/5处)。与土球接触的地方垫以木板,然后将粗绳两端扣在吊钩上,轻轻起吊一下。此时树身倾斜,马上用粗绳在树干基部栓条一绳套(称"脖绳"),也扣在吊钩上,即可起吊装车。

3.装车时必须土球向前,树梢向后,轻轻放在车厢内。用砖头或木块将土球支稳,并用粗绳将土球与车身牢牢捆紧,防止土球摇晃。

4.对于树冠较大的苗木,应用细小的绳将树冠轻轻围拢,绳下垫上蒲包等物,以防止磨伤树的枝叶。

5.运输途中要有专人负责押运,并与司机配合保证行车安全。

6.运到终点后,要向负责栽植施工人员交代清楚,有编号的苗木要保证对号入座,避免重复搬运损伤树木。

四、卸车

1.苗木运到施工现场后,要立即卸车。其方法大体与装车时起吊相同。

2.卸车后,如不能立即栽植,应将苗木立直,支稳,决不可将苗木斜放或平倒在地。

五、栽植

1.栽植前应根据设计要求定好位置,测定标高,编好树号,以便栽时对号入座,准确无误。

2.挖穴(刨坑),树穴(坑)的规格应比土球的规格大些;一般以土球直径加大40cm左右,深度20cm左右;土质不好的则更应加大坑的规格,并更换适于树木生长的好土。

树穴土壤改良　种植土掺砂移植常绿针叶树种、肉质根苗木时,树穴必须掺砂或掺拌草炭土,掺拌比例1:8。在粘重土壤栽植时,也可采取树穴打孔灌砂措施,增加土壤的透水、透气性,有利于新根生长。苗木栽植前,应将腐熟的有机肥与1/3种植土充分掺拌,待回填种植土时,填入树穴中下部。

3.吊装入穴前,要按计划将树冠生长最丰满、完好的一面朝向主要观赏方向。吊装入穴(坑)时,粗绳的捆绑方法同前。但在吊起时应尽量保持树身直立。入穴(坑)时还要有人用木棍轻撬土球使树立直。防止栽植过深或过浅,对树木生长不利。

4.树木入坑放稳后,应先用支柱将树身支稳,再拆包填土。填土时,尽量将包装材料取出、实在不好取出者可将包装材料压入坑底。如发现土球松散,则千万不可松解腰绳和下部的包装材料,但土球上半部的蒲包、草绳必须解开取出坑外,否则会影响所浇水分的渗入。

5.树放稳后应分层填土,分层夯实,操作时注意保护土球,以免损伤。树穴封好后,在穴(坑)的外缘用细土培筑一道30cm左右高的灌水堰,并用铁锹拍实,以便栽后能及时灌水。

6.苗木支撑　浇定根水之前,大树应及时架设三角或四角支撑进行固定。苗木高度在6~7m以上、树冠较大的,应设两层支撑。一般三角支撑的支撑点宜在树干的2/3处。支撑杆设置方向:三角支撑的一根撑干必须设立在主风方向上位,其他两根均匀分布;行道树的四角支撑,其二根撑杆必须与道路平齐。三角、四角支撑的撑杆要粗细一致,整齐美观;做行道树或行列式栽植及丛植的同一乔木树种,其撑杆的设置方向、支撑高度、支撑杆倾斜角度应整齐一致,分布均匀。支撑要设置牢固,不偏斜、不掉桩。支撑扎缚处应垫软物或缠草绳。严禁使用未经处理,带有病虫的木质撑杆。用松木做支撑杆时,必须刮除树皮,以防病虫害发生。

六、栽后的养护管理措施

1.栽后应连灌三次水:第一次水量不要太大,起到压实土壤的作用即可;第二次水量要足;第三次灌水后可以培土封堰。以后视需要灌水并适时中耕,以保成活。每次灌水都要仔细检查,发现塌陷漏水现象,则应填土堵严漏洞,并将所漏水量补足。

2.修剪:发芽后注意选择有用的枝梢培养树形,以发挥更大的绿化效果。

3.看管维护:新植大树,必须注意防止人为破坏,一定要加强看管或采取维护措施。

4.其他养护措施:如病虫防治等,要求根据需要及时安排,以保证树木的成活和正常生长。

第三节 木箱包装移植法

树木胸径超过 15cm，土球直径超过 1.3m 以上的大树，由于土球体积、重量较大，如用软材包装移植时，较难保证安全吊运，宜采用木箱包装移植法。这种方法一般用来移植胸径达 15～25cm 的大树，少量的用于胸径 30cm 以上的，其土台规格可达 2.2m×2.2m×0.8m，土方量为 3.2m³。在北京曾成功地移植过个别的桧柏，其土台规格达到 3m×3m×1m，大树移植后，生长良好。

一、移植前的准备

移植前首先要准备好包装用的板材：箱板、底板和上板。掘苗前应将树干四周地表的浮土铲除，然后根据树木的大小决定挖掘土台的规格，一般可按树木胸径的 7～10 倍作为土台的规格。

表 2-2 常见几种土台规格

树木胸径(cm)	15～18	18～24	25～27	28～30
木箱规格(m)（上边长×高）	1.5×0.6	1.8×0.70	2.0×0.70	2.2×0.80

二、包装

树木移植前，以树干为中心，以比规定的土台尺寸大 10cm，划一正方形作土台的雏形，从土台往外开沟挖掘，沟宽 60～80cm，以便于人下沟操作。挖到土台深度后，将四壁修理平整，使土台每边较箱板长 5cm。修整时，注意使土台侧壁中间略突出，以使上完箱板后，箱板能紧贴土台。土台修好后，应立即安装箱板。

安装箱板时是先将箱板沿土台的四壁放好，使每块箱板中心对准树干，箱板上边略低于土台 1～2cm 作为吊运时的下沉系数。在安放箱板时，两块箱板的端部在土台的角上要相互错开，可露出土台一部分，再用蒲包片将土台包好，两头压在箱板下，然后在木箱的上下套好两道钢丝绳。每根钢丝绳子的两头装好紧线器，两个紧线器要装在两个相反方向的箱板中央带上，以便收紧时受力均匀。

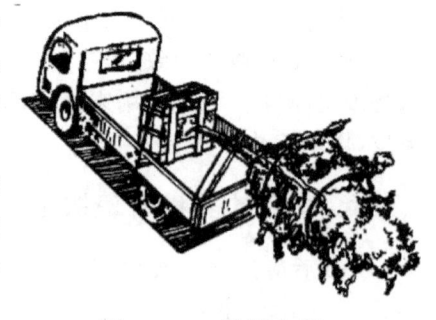

图 2-3 板箱包装

紧线器在收紧时，必须两边同时进行，箱板被收紧后可在四角上钉上铁底板全部钉好后，即可钉装上板，钉装上板前，上台应满铺一层蒲包片。上板一皮 8～10 道，钉好铁皮后，用 3 根杉槁将树支稳后，即可进行掏底。掏挖时，首先在沟内沿着箱板下挖 30cm，将沟清理干净，用特制的小板镐和小平铲在相对的两边同时掏挖土台的下部。当掏挖的宽度与底板的宽度相符时，在两边装上底板。在上底板前,应预先顶在箱板上,垫好木墩,另一头用油压千斤顶顶起,使底板与上台底部紧贴。钉好铁皮,撤下千斤顶,支好支墩。两边底板钉好后即可继续向内掏底。要注意每次掏挖的宽度应与底板的宽度一致,不可多掏。在上底板前如发现底土有脱落或松动,要用蒲包等物填塞好后再装底板。底板之间的距离一般为10~15cm,如土质疏松,可适当加密。

底板全部钉好后,即可钉装上板,钉装上板前,上台应铺满一层蒲包片。上板一般2块到4块,其方向应与底板成垂直交叉,如需多次吊运,上板应钉成井字形。

第四节　大树其他移植方法

大树除以上移植方法外,现在国内外尚有很多其他移植的好方法,可以根据条件,在施工中酌情采用。同时,还可以创造新的移植技术,以便进一步提高我国大树移植的技术。

一、大树移植机移植法

目前,在国内外已有使用带土球大树移植机。其挖(刨)坑(穴)掘树部件主要是由四个匙状铲所组成,附于卡车或拖拉机后部。可事先在栽植地点挖好植树坑,然后将坑土运到掘苗地点,以便掘苗后回填空穴(坑)。起树前,把有碍操作的干基枝条锯除;松散树冠用草绳捆拢。其掘树操作程序有以下几个步骤:

1. 先将移植机开停于要掘起的树旁,匙状铲对准树干中心部位置;
2. 启动开关,使四个匙状铲均匀的围住树干中心;
3. 使两对匙状铲分别插入地下最深部位;
4. 提起匙状铲,使树木收放在车身上。

1979年美国大约翰移植机曾在北京进行大树移植表演。据其资料介绍,这种移植机的主要工作参数为:

1. 移植树木的最大胸径:25.4cm。
2. 树的最高高度:视交通条件。
3. 移植机的装配重量:5221kg。
4. 收合运送时高度:407.7cm。
5. 收合运送时宽度:242cm。
6. 土球直径:198.1cm。
7. 土球深度:144.8cm。

二、冻土(冰)球移植法

我国北方地区,冬季气候严寒,土壤封冻较深,可以利用冻土期挖掘冻土球移植,并利用冻结河道和雪地滑动运输,此法可以免去包装材料和大型机械运输,大大节省开支。

第五节　大树全冠移植新技术

全冠移植,是指在保持原有树形的前提下,对树木进行适当疏枝、疏叶后,再行栽植的一种种植形式。大树是指落叶乔木胸径20cm以上、常绿树高度6m或胸径15cm以上、灌木冠幅3m或高4m以上、藤本地径5cm或树龄超过20年的苗木。在大树全冠移植过程中,由于要保留全部的枝和大部分的叶,如何使树体不要过多失水,提高苗木的成活率,是全冠移植的最大困难。

全冠移植的季节按苗木生物学特性要求,落叶乔木类,一般以土壤解冻后苗木发芽前或秋季落叶后至土壤封冻前为宜。常绿针叶树类,如雪松、油松、白皮松、华山松、黑松、云杉等,应在春季叶芽刚萌动时,或春梢停止生长后至土壤封冻前进行。

目前,已开发出针对冠部的全光喷雾技术和抗蒸腾剂技术,针对根部的防腐促根技术和土壤透气技术,以及针对干部的营养液滴注技术和保湿技术,可有效降低高温强日照影响,维持叶片水分平衡和光合作用,促进根部尽早愈合,提高树木移植成活率。

一、全光喷雾技术

全光喷雾的目的主要是降低树冠的蒸腾作用,减少水分消耗。全光喷雾技术本是应用在苗木快速扦插繁育中的成熟技术,将之应用于夏季全冠移栽树木的养护,不仅可以降低树体温度、增加湿度,降低树体蒸腾作用,维持树体以水分代谢为主的平衡,还可以维持叶片光合作用,持续提供树体代谢所需的碳水化合物等营养物质。全光喷雾为主的应急处理技术应用到夏季移植全冠树木的工作中,可使夏季全冠移植树木成活率达到95%以上,同时还有效保留了树木叶片、原有冠形和景观效果。

注意事项:1.微喷灌材料的布置应在树木栽植时完成,干管、支管布置要随现场树木位置分布而定,以保证各株树木喷水量均匀为宜,此外,还要在树下地面铺塑料薄膜或其他隔水材料,阻止喷灌时多余的水分进入树坑造成根部涝害。

2.选择市政自来水或其他清洁稳定的供水水源,为防止临时断水、断电情况影响喷雾,现场还应设储水池、配备内燃机水泵备用。

3.现场要配备专职人员进行喷雾管理,保证喷雾系统正常工作,保持树木叶片上始终有一层水膜而不脱落为宜。

4.根据树木恢复生长情况,喷雾量逐渐减少,在树木新芽发出或不易出现萎蔫现象时,即可暂时停止喷雾,仅在阳光照射强烈时临时喷雾,至秋季树木生长正常时,停止喷雾拆除管线和设备,转入一般养护管理即可。

二、使用抗蒸腾剂技术

抗蒸腾剂已在夏季树木移栽中经常使用,在大树起挖前后、运输途中以及栽植期间,全株叶面喷洒蒸腾抑制剂,可抑制移栽大树在运输途中和移栽初期叶面水分过度蒸发,有效降低树木蒸腾作用,减少树木失水,同时尽可能多地保留树木的叶片,这对大树的恢复和成活是十分重要的。因为叶片是光合作用的场所,光合作用产生的营养物质及生理活性物质对整个大树的生理状况都是十分重要和不可替代的。市场上蒸腾抑制剂的主要成分为：高分子成膜剂（喷布于叶表面后形成很薄的膜,覆盖在叶表面,阻止水分子向大气中扩散,以降低水分蒸腾）、气孔抑制剂（作用于气孔保卫细胞后可使得气孔开度减少或关闭气孔,增加气孔蒸腾阻力,从而降低水分蒸腾量,常见的有黄腐酸、植物生长调节剂、微量元素等）。

由于不同树种之间,甚至同树种的不同的无性繁殖系之间的蒸腾能力都不一样,因此使用蒸腾抑制剂前,必须对不同的树种,甚至是同一树种的不同的无性系、不同的栽培育苗条件都要做严格的试验观测。此外抗蒸腾剂要喷施均匀,并且以叶子背面为重点,因为叶子的气孔主要集中在叶背。最后还要注意遮阴降温,因为除了反射型的抗蒸腾剂,其他抗蒸腾剂在抑制叶片蒸腾作用的同时,也抑制了通过蒸腾对叶片温度的降低作用。

三、防腐促根技术和土壤透气技术

防腐促根技术和土壤透气技术是针对树木根部的两项重要措施。土球挖好以后,对切断的根系伤口施用杀菌防腐的药剂防止伤口感染腐烂非常必要,同时还需在栽植前施用促进根系再生的促根激素,促进不定根的发生和生长,尽快使根系恢复正常的生理功能。采用植物激素促根系生长,提高大树自身汲水能力,是水分代谢平衡之根本。促根可用一些促进根系生长的植物激素,如用萘乙酸（NAA）50ppm～100ppm、吲哚丁酸（IBA）100ppm～200ppm 或 ABT 生根粉等激素和消毒灭菌剂对土球的外围和整个土球进行喷洒处理,以促进不定根的发生和生长,使根系能以较快的速度恢复吸收水分和养分的功能,从而使整株大树恢复生机。目前,市场上具有添加了其他的植物生长调节剂、微量元素螯合物等的高效生根药剂,如采用德国技术生产的"活力素"100～120 倍灌注根系,就可有效促进根的恢复和生长。

土壤透气技术是为根系恢复生长创造良好根际环境的重要措施。上海市移植大树成活率高的一个诀窍就是普遍采用了透气袋技术,透气袋内填充珍珠岩,直径在 12cm 至 15cm,长度在 1m 左右,土球放进树穴定位后回填前,把透气袋垂直放在土球四周。一般每株大树均匀地放置 3 到 4 个,回填时让透气袋高出地面 5cm,这对缓解土壤黏重效果显著。北京市土地透气技术做法是用特制的透气渗灌管,在土球放入树穴之后盘在土球周围,管头露出地面,这样既可透气,还可接上供水管供给根系水分。

四、干部保湿滴注增营养技术

1. 为增强保水效果,对树干和主要枝条包裹草绳、无纺布以及植物绷带等保水透气材料,维持湿润状态。植物绷带是南京宿根花卉植物园研制的实用新型国家专利技术,植物绷带以纺织材料制成密度不同的内外两层：夏季使用时,以密度较小的一层与树干表面接触进行包裹；冬季使用时,以密度较大的一层与树干表面接触进行包裹。同时,该绷带内还加入了植物创伤愈合生长剂和抗虫抗菌蛋白,可有效提高树木移栽的成活率。以前使用草绳缠干需要两个人配合,费工费力,使用植物绷带则简单得多,一个人就可以轻松完成,而且费用只相当于草绳的 80%,可重复使用两次以上。用植物绷带对移栽树木进行包裹,成为江浙沪施工单位提高移栽树木成活率流行的技术手段。

2.滴注营养液。在大树移植初期,用类似给人打吊针的方式向树干的韧皮部缓慢地滴注营养液,这种在大树根系没有恢复正常功能的时候,利用非根系吸收的方式向大树补充一定的营养和刺激生长的其他物质,对大树的恢复和成活有一定的促进作用,促其成活。

具体方法为:在植株基部用木工钻成45度角由上向下钻输液孔3~5个,深至髓心。输液孔的数量多寡和孔径大小应与树干粗细及输液器插头相匹配,输液孔水平分布均匀,垂直分布交错。输用液体配制应以水为主,同时加入微量植物激素和矿质元素,每升水溶入 ABT6 号生根粉 0.1g 和磷酸二氢钾 0.5g,目前市场上已开发出许多高效的专用输液剂,输入的液体既可使植株恢复活力,又可激发树体内原生质的活力,从而促进生根萌芽,提高移栽成活率。将装有液体的瓶(袋)子悬挂在高处,并将树干注射器针头插入输液孔,拉直输液管,打开输液开关,液体即可输入树体。待液体输完后,拔出针头,用棉花团塞住输液孔(再次输液时拿出棉塞即可)。输液次数及间隔时间视天气情况(干旱程度、气温高低)和植株需水情况确定,一般 4 月份移栽后开始输液,9 月份植株完全脱离危险后结束输液,并用波尔多液涂封孔口。要注意的是,有冰冻的天气不宜输液,以免冻坏植株。

五、使用伤口涂抹剂封水

超过 2cm 直径的树枝修剪伤口及根系切口,应使用伤口涂抹剂,有效的封堵树枝剪口及根系切口产生的伤流,减少水分流失,而并可起到消毒、防腐及促进愈合的功效。以前常用涂抹石灰乳、黄泥、沥青或塑料包扎等的方法进行伤口处理,但存在伤口难以愈合、生长势恢复较慢、易形成干桩枯橛或疤痕等缺点。伤口涂抹剂封水是由高分子聚合物做成膜剂,辅以兼具保护和内吸作用的低毒杀菌剂,并添加了促进伤口愈合的植物生长调节剂,具有封闭伤口、减少水分流失,促进愈合、杀灭病菌的功效,可有效保护木本观赏植物的伤口。

第六节 控根快速育苗技术

"控根容器"由三个部件组成,即底、围边和插杆。底具有防止根腐病和控制主根盘绕的功能;围边是凸凹相间,外侧顶端有小孔,既可扩大围表面积,又为侧根"气剪"(空气修剪)提供了条件,插杆拆卸方便,而且对固定、拉紧有独特的奇效。

一、增根作用

控根育苗容器内壁有一层特殊薄膜,且容器侧壁凸凹相间、外部突出的顶端开有气孔,当种苗根系向外向下生长接触到空气(侧壁上的小孔)或内壁的任何部位时,根尖则停止生长,接着

图 2-4 控根容器

在根尖后部萌发出三个新根继续向外向下生长,当接触到空气(侧壁上的小孔)或内壁的任何部位时,又停止生长并又在根尖后部长出三个新根。这样,根的数量以三的级数递增,极大地增加了短而粗的侧根数量,根的总量较常规的大田育苗提高 20~30 倍。

二、控根作用

一般育苗技术，主根过长，侧根发育较弱。采用常规容器育苗方法，种苗根的缠绕现象非常普遍。控根技术可以使侧根形状短而粗，发育数量大，同时限制了主根的生长，不会形成缠绕的根。

三、促长过程

由于控根容器与所用基质的双重作用，苗木根系发育健壮，可以储存大量的养分，满足苗木的定植初期的生长需求，为苗木的成活和迅速生长创造了良好的条件。移栽时不伤根，不用砍头，不受季节限制，管理程序简便，成活率高，生长速度快。

由于传统的地栽苗有两个缺点，一是受季节限制，不能全年施工；二是全冠移植不易成活，要想克服这两个缺点就要进行容器种植。

控根快速育苗技术是一种以调控植物根系生长为核心的新型育苗方法，它由控根育苗容器独特的设计原理和专用育苗基质的科学配方，以及辅助控根培育管理技术组成。育苗周期均缩短50%左右，后期管理工作量减少50%～70%，植物侧根的总数量比常规育苗侧根增加20～30倍，并且彻底解决了大苗植物很难四季移栽的难题，被赞誉为"可移动的森林"。

1.解决了常规绿化大苗移栽，都须截枝去冠，否则很难成活

控根快速育苗技术采用特制育苗容器以控制主根系生长，促使毛细根快速生长，形成粗而短的发达须根系，且数量大，根系营养充足，树木生长旺盛，移栽时不起苗、不包根、不需要砍头、截枝、摘叶，完全可以全冠移栽大苗，被誉为可移动的森林。

2.解决了成活率的技术难题

设计独特的控根容器不但透气性能好，而且具有防止根腐病和主根缠绕的独特功效，加上控根专用基质的双重作用，使苗木所需水肥条件得到良好控制，控根容器拆卸方便，移栽时不伤根，所以移栽成活率可达100%，况且后期管理费用可减少50%～70%。

3.解决了四季均可移栽的技术难题

用该技术培育的苗木，不起苗，不伤根，不失水，可拆卸的控根容器，更易运输、运载，节省方便，创四季移栽，成活率高。

第三章 园林树木的养护管理

第一节 概述

住房城乡建设部关于促进城市园林绿化事业健康发展的指导意见建城〔2012〕166号规定采取有效措施,促进城市园林绿化事业健康发展中指出:强化专业化、精细化管护。各地要结合实际情况,制定完善园林绿化养护管理技术规范和养护定额标准,加快培养养护专业技术人员,加大养护资金投入。养护管理资金投入应占当地上一年度园林绿化建设总投入的7%~10%,同时不低于当地园林绿化养护管理定额标准。坚决纠正"重建轻管,只建不管",绿地建成后无管养资金、人员保障,造成绿地难以发挥应有景观、生态效益的问题。要结合数字城市建设,加快城市园林绿化管理信息系统建设,提高遥感信息技术在绿地要素调查、古树名木保护、绿地系统监测、绿地跟踪管护等方面的应用水平。推动科技创新,加强城市园林绿化的基础调研和应用研究,充实科研队伍,落实科研经费,加大新成果、新技术的推广力度,促进科研成果的转化和应用。要结合风景名胜区、植物专类园、综合公园、生产苗圃等,建立乡土、适生植物种质资源库,开展相应的引种驯化和快速繁殖试验研究。要积极推广应用乡土及适生植物,在试验基础上推广应用自衍草花及宿根花卉等,丰富地被植物品种。同时,促进野生种群恢复、生境重建,满足城市园林绿化建设和生物多样性保护需求。

一、养护管理的意义

园林的树木养护管理,在城市绿化建设中占据极其重要的地位。因为园林树木的种植施工和城市绿地的初步建成,用不了很多时间,而施工以后随之而来的则是经常而长期的养护管理工作。所以人们形容树木的种植施工与养护管理的关系是:"三分种植,七分养护"。

二、养护管理内容

养护管理严格说来,包括两方面的内容,一是"养护",根据不同园林树木的生长需要和某些特定的要求,及时对树木采取如施肥、灌水、中耕除草、修剪、防治病虫害等园艺技术措施。另一方面是"管理",如看管围护、绿地的清扫清洁等园务管理工作。对于城市绿化养护管理工作的要求,北京地区目前执行一个树木养护质量标准,可供其他地区参考:

一级

(一)生长势好

生长超过该树种该规格的平均年生长量(平均年生长量待调查确定)。

（二）叶片健壮

1.叶片正常。落叶树，叶大而肥厚；针叶树，针叶生长健壮，在正常的条件下不黄叶、不焦叶、不卷叶、不落叶，叶上无虫粪、虫网、灰尘。

2.被虫咬食叶片最严重的每株在5%以下（包括5%，以下同）。

（三）枝干健壮

1.无明显枯枝，死杈；枝条粗壮，越冬前新梢已木质化。

2.无蛀干害虫的活卵、活虫。

3.介壳虫最严重处，主干、主枝上平均每100cm 1头（活虫）以下（包括1头，以下同）；较细的枝条平均每尺长内在5头活虫以下（包括5头，以下同）；株数都在2%以下（包括2%，以下同）。

4.无明显的人为损坏，绿地、草坪内无堆物堆料、搭棚或侵占等；行道树下，距树干1m内无堆物堆料、搭棚、园栏等影响树木养护管理和生长的东西；1m以外如有，则应有保护措施。

5.树冠完整美观，分枝点合适，主、侧枝分布匀称和数量适宜、内膛不乱、通风透光。绿篱、黄杨球等，应枝条茂密，完满无缺。

二级

（一）生长势正常

生长达到该树种该规格的平均生长量。

（二）叶片正常

1.叶色、大小、厚薄正常

2.较严重黄叶、焦叶、卷叶、带虫粪、虫网、蒙灰尘叶的株数在2%以下。

3.被虫咬食的叶片最严重的每株在10%以下。

（三）枝、干正常

1.无明显枯枝、死杈。

2.有蛀干害虫的株数在2%以下。

3.介壳虫最严重处，主枝、主干平均每100cm 2头活虫以下，较细枝条平均每尺长内在10头活虫以下，株数都在4%以下。

4.无较严重的人为损坏，对轻微或偶尔发生难以控制的人为损坏、能及时发现和处理。绿地、草坪内无堆物堆料、搭棚、侵占等，行道树下距树1m以内，无影响树木养护管理的堆物堆料、搭棚、围栏等。

5.树干基本完整；主侧枝分布匀称，树冠通风透光。

三级：

（一）生长势基本正常

树干生长势头基本正常。

（二）叶片基本正常

1.叶色基本正常
2.严重黄叶、焦叶、卷叶、带虫粪、虫网，灰尘叶的株数在10％以下。
3.被虫咬食的叶片，最严重的每株在2％以下。

（三）枝、干基本正常

1.无明显枯枝、死叉。
2.有蛀干害虫的株数在10％以下。
3.介壳虫最严重处，主枝、主干上平均每100cm有3个活虫以下，较细的枝条平均每尺内在15头活虫以下。株数都在6％以下。
4.对人为损坏能及时进行处理，绿地内无堆料、搭棚、侵占等。行道树下无堆放石灰等对树木有烧伤、毒害的物质，无搭棚、围墙、圈占树等。
5.9％以上的树木树冠基本完善，有绿化效果。

四级：

凡符合下列条件，均为四级。
1.有一定的绿化效果。
2.被严重吃花的树叶（被虫咬食的叶片面积、数量都超过一半）的株数，在2％以下。
3.被严重吃光树叶的株数，在10％以下。
4.严重焦叶、卷叶、落叶的株数在2％以下。
5.严重焦梢的株数，在10％以下。
6.有蛀干害虫的株数，在30％以下。
7.介壳虫最严重处，主枝、主干上平均每100cm5头害虫以下。较细枝条平均每尺内20头活虫以下。株数都在10％以下。
8.缺株在10％以下。

树木养护质量标准分为四级，是根据当前生产管理水平的权宜之计。当然，城市绿化树木的养护管理水平都应达到一级标准，这个目标应是城市绿化养护管理的奋斗目标。

第二节　灌溉与排水

所有树木在整个生命过程中都不能离开水分。各种树木对水分的需要也不同。有的喜欢湿，如红树生长在海湾低湿地；有的喜湿润，耐水浸，怕干旱，如美杨（钻天杨）、柳类、枫扬等;有的稍耐干旱,如槐、臭椿、洋槐等;有的耐干旱,如侧柏等。但即使耐干旱的树种也都必须在一定的水分供应状态下生长。要使树木长的健壮,充分发挥绿化效果,首先就要满足它们对水分的需要。就是说,在树木的整个生命过程中,不能缺水,过旱会影响其生命活动,但水分也不能过多,否则会使树遭受水涝危害。

一、灌水对树木生活的影响

(一)水分对树木的作用

1.水是细胞原生质的主要成分之一,活的细胞原生质含水量高达40%以上,植物细胞,必须在水分供应适合的情况下才能生存;才能伸长分裂;才能进行新陈代谢作用而使树木生长发育。

2.水分能保持树木叶片的一定姿态。树叶的正常姿态是由细胞膨压所维持的,这在很大程度上是由细胞内所含水分决定的。正在抽枝展叶的树木,当砍倒以后,嫩梢叶片就很快发生萎蔫。这是因为断离了树根,失去了水分供应所造成的。保持树木水分代谢平衡,是保证生理活动正常进行的先决条件。也就是说,只有在正常条件下才能进行光合作用和蒸腾作用。从绿化功能上讲,树木、草只有保持正常状态下才能发挥其应有的功能效果。

3.水具有调节树体体温作用。树木借助于蒸腾作用,使水分在植物体内不断流动,在运送溶于水中养料的同时,能够散发带走树体的部分热量,调节了树体体温。在强光照射下,一般也不会引起"日灼"(或日烧)。同时,由于植物的蒸腾作用,蒸发水分,对于改善城市的小气候条件(降温增湿)也有很好的作用。

4.水是植物体内的主要溶剂:植物体内的生化变化都要在水分的参与下才能进行。如矿物质的吸收,代谢产物在植物体内的合成与运行等。光合作用的原料,除CO_2外就是水;又如淀粉、蛋白质、脂肪的水解过程,都必须有水分的参与。

5.水分的代谢作用:水分对植物的生理活动是极为重要的。但是植物吸收水分并不是只为了供给自身的需要。植物不断地从生长环境中吸收水分,同时又不断地把水分散放到环境里去。植物进行蒸腾作用时,叶表面的气孔是开放的。这样叶细胞里的水分就不断地蒸发到空气中去,同时又必须不断地从根部吸收水分以补充失去的水分,如此循环往复,保持水分平衡,就叫作水分代谢作用。据调查,在通常情况下,植物吸收1000份水,只有2份用于其自身需要而被固定合成为有机物,而绝大部分水分在植物体内停留一定时间后就蒸发出去了。

由此可见,植物体内的物质的一切复杂变化中(包括同化和异化作用)水分不仅是媒介,而且是调节化学变化的重要物质。在生理上,水将植物体的各种器官联系成统一的整体,以保证正常生命活动的进行。同时通过水分也与居住环境条件建立了联系。保证了植物与环境的统一。

(二)植物体内的水分状态

水分在植物体内有极大的作用,除干燥的种子含水量较少(约10%~12%)外,大多数植物器官的含水量都非常高。同时还由于外界环境条件的影响和植物各部分、各器官的生理机能不同,造成不同种类的植物及其各器官的含水量有很大差异。

1. 不同环境的影响 水生植物的含水量达鲜重的 90% 以上,沙漠中生长的耐旱植物含水量约 60%~70%,生长于潮湿环境的树木含水量高,阴性树比阳性树含水量高。

2. 不同种类和年龄的影响 草本植物比木本植物含水量高。同种类,幼年期较成年期含水量高。

3. 不同器官的影响 树叶的含水量约 80% 上下,根毛嫩梢约 60%~80%;树干 40%~50%,休眠芽 40% 上下,干的种子约含 10%~12%。由此可见,凡生理活动较为活跃的器官,其含水量就较高。综上所述,可以看出水分对植物生命活动的影响是何等重要。

二、灌溉

(一)"灌溉"的含义

生活在土壤上的树木,当土壤含水量适合树木吸收需要时,生长得最好;相反,土壤含水量很少,不足于树木吸收之需要,则树木生长就差。短期水分亏缺,会造成"临时性萎蔫",树叶表现出发蔫,一旦补充了水分,树叶又会恢复过来;而长期缺水,超过树木所能忍耐的限度后,就会造成"永久性萎蔫",即缺水死亡。树木(其他植物也是如此)生长所需要的水分,主要是由根部从土壤中吸收的。当土壤含水量不能满足树根的一定吸收量时,或在地上部分的水量消耗过大的情况下,都应设法人工供水,这种人工补充水分供应的措施,叫"灌溉"。

(二)灌水的顺序、季节和时间

抗旱灌水往往受设备及人力的限制。因此,必须分轻重缓急来进行。对新栽的树木、小苗、灌木、阔叶树需要优先灌水。因为新植树木、小苗、灌木的树根较浅,抗旱能力较差;阔叶树蒸发量大,其需水量也大,所以要优先。对去年以前定植的树木、大树、针叶树可后灌。

在我国南方,夏季高温季节,久旱无雨时,易引起树叶发黄或早落,应注意灌水。对叶质纤细的羽毛枫等树木,缺水时可于日落后或日出前进行叶面喷水;华北、西北地区,冬季少雪,春旱多风,雨季前应多灌水。

夏季是树木生长的旺季,需水量很大。但中午阳光直射,天气炎热时,最好不要浇灌温度太低的冷水。因中午土温正高,一灌冷水,土温聚降,造成根部吸水困难,引起生理干旱,甚至会出现临时萎蔫。夏季中午,叶面喷水也不好。至于其他季节问题不大,南方冬季则应中午灌水。

(三)灌水量

对于灌水量应适当掌握。水量太少,多次过浅,使根趋于地表分布,且表土易干燥,起不到抗旱作用。相反,灌水量太大,多次大水漫灌,会使土壤板结,通气不良,影响树根生长;同时土壤中的肥料就会随水流失,甚至在有些地方会由于水分过多的渗入,会把深层的可溶性盐碱因蒸发带到地面上来,造成土壤返碱,这样会长期影响树木生长,特别是在北方地势低洼之处,更应注意这个问题。所以最好采取小水灌透的原则,使水分慢慢地渗入土中,有条件的应推广喷灌和滴灌技术。

总之,树木因树种习性、不同年龄时期、不同物候期,需水也不同。不同地区的气候、土壤条件下,需水也不同。因此必须根据树木生长需要,因树、因时、因地制宜地进行合理灌溉。

(四)灌水方法和质量要求

1.**灌水年限**　树木定植成活以后,一般乔木需要连续灌水数年;华北等旱地约需 3～5 年,灌木至少 5 年;江南沿海多雨地区可酌减。土质不好之处或树木因缺水而生长不良,以及干旱年份,则应延长灌水年限,直到树木根系扎深,不灌水也能正常生长时为止。

2.**一年中灌水次数**　因树木类别、当地气候和土壤特点而异。名贵树、果木,每年应多次灌水;一般树木应争取每年最必要时灌水一次。我国长江以南地区,雨水较多,仅夏季干旱,每年灌水次数较少;华北冬春与初夏均干旱,每年灌水次数较多。如北京一般年份,全年灌水 6 次。时间应安排在 3、4、5、6、9、11 各一次。气候较旱的年份和土质不好或因缺水生长不良者,应增加灌水次数。西北旱地,每年灌水次数,则应更多些。

3.**灌水量**　因树种、植株大小、生长状况、水源、气候、土壤等而异,应依据树木的需水量和环境条件,决定灌水量,既要满足树木生长需要,也要考虑节约用水。

4.**可用的水源**

(1)自来水;

(2)井水;

(3)河湖池塘水,一般可用;

(4)工业及生活用水:为了节约用水,有人建议用工业生产和人民生活中排放的污水做灌溉用。但是,目前尚无条件作净化处理,必须经过化验,确实不含有害、有毒物质的水才能用。否则不可作灌溉用。

5.**常用的引水方式**

(1)人工担水或水车运水(人力水车、机动水车)。

(2)胶管引水。

(3)渠道引水:明渠、暗渠。

(4)自动化管道引水:指喷灌、滴灌的管道引水。

6.**灌水方式**

(1)单堰(或叫树盘、水圈)灌溉:每株树开一单堰,适用于株行距较远、地势不平的绿地和人流较多的行道树。此方法灌溉可以保证每株树都能均匀的灌足水。

(2)畦灌(连片堰):几株树连片开成大而长的堰,进行灌水的方法,叫"畦灌"。适用于株行距较密、地势平坦、水源充足,人流较少的地方。畦灌水量足,但必须保证堰内地势平坦,否则水量不均匀。

(3)喷灌:即用水管引水进行人工降雨。

(4)滴灌:用细水管引水到树根部,用自动定时装置控制水量和时间,保证水分定时一滴滴地滴入树根,这是一种正在推广中较合理的灌水方式。

7.质量要求

(1)灌水堰一般应开在树冠垂直投影范围,不要开得太深,以免伤根,堰壁培土要结实,以免被水冲塌;堰底地面平坦,保证渗水均匀。但对于树冠特别宽大或过于窄小的树种,如龙柏、桧柏等以及四周有铺装的情况下,开堰规格则应灵活掌握。

(2)水量足,灌得匀是最基本的质量要求,若发现塌陷漏水现象应及时用土填严,再补灌一次。

(3)待水全渗入土表面稍干后,应及时封堰(盖细土)或中耕。中耕和封堰切断了土壤毛细管,有利保墒,否则水分会很快蒸发,通过中耕还可以把堰内的杂草清除。

三、排水

树木一生中虽离不开水分,但水分太多,对树木也很不利,因土壤含水过多,达饱和状态时,所有空隙都被水分占满,土壤中的空气被排挤,造成缺氧,使根系的呼吸作用受到阻碍,影响吸收的正常功能,轻则生长不良,时间一长还会使树根窒息、腐烂致死。同时,土壤内缺氧,使好气菌的活动受到抑制,影响有机物的分解;而且由于根系进行无氧呼吸,会产生酒精等有害物质,使蛋白质凝固。所以地势低洼处,在雨季期间要做好防涝工作,平时也要防止积水。这是极为重要的树木养护工作项目。

不同树种、同种不同年龄的树木,对水涝的抵抗能力不同。杨、柳类等抗涝能力强,特别是垂柳,受到水浸后能在树干上长出不定根来,进行呼吸和吸收,所以特别抗涝。而臭椿、桃等极不耐涝,稍有积水就有受害的表现。一般不耐涝的乔、灌木,在积水中泡 3～5 天,树叶就会发生变黄脱落的现象。尤其是不流动的浅水,加上日晒增温,危害则更大,甚至死亡。另外,幼龄苗和老年树也很不抗涝,所以要特别注意防范。

常用的几种排涝方法:

1.地表径流法。开建绿地时,就应考虑排水问题,需将地面整成一定坡度,以保证雨水能从地面顺畅流到河、湖、下水道而排走。这是绿地最常采用的排涝方法,既节省费用又不留痕迹。地面坡度一定要掌握在 0.1%～0.3%,要求不留坑洼死角。

2.明沟排水。在表面挖明沟,将低洼处的积水引至出水处(河、湖、下水道)。此法适用于大雨后抢救性排除积水,在地势高低不平,实在不好实现地表径流的绿地。明沟的宽窄视水情而定,沟底坡度一般以 0.2%～0.5% 为宜。

3.暗沟排水。在地下埋设管道或用砖砌筑暗沟将低洼处的积水排出。此法可保持地面原貌,又便交通,节约用地,但造价较高。

第三节 施 肥

一、施肥的作用

树木定植后,在一个地方生长多年甚至上千年,主要靠根系从土壤中吸收水分与无机养料,以供正常生长的需要。由于树根所能伸及范围内,土壤中所含的营养元素(如氮、磷、钾以及一些微量元素)是有限的。即使肥力很高的土壤,也不能取之不尽,用之不绝;吸收时间长了,土壤的养分就会减低,不能满足树木继续生长的需要。若不能及时得到补充,势必造成树木营养不良,影响正常生长发育,甚至衰弱死亡。所以,栽培树木在定植后的一生中,都要不断给予养分的补充,提高土壤肥力,以满足其生长的需要。这种人工补充养分或提高土壤肥力,以满足植物生长需要的措施,称为"施肥"。城市植被少,仅有的枯枝落叶多被扫除。因此常普遍缺肥,应将树叶消灭病虫,处理后就近埋入根部,或集中沤制肥料备用。通过施肥主要解决三个问题:

1. 供给树木生长所必需的养分。
2. 改良土壤性质。

特别是施用有机肥料,可以提高土壤温度,改善土壤结构,使土壤疏松并提高透水、通气和保水性能,有利于树木根系生长。

3. 改善土壤微生物的繁殖与活动。

创造有利条件,进而促进肥料分解,改善土壤的化学反应,使土壤盐类成为可吸收状态,有利树木生长。

二、施肥的生理学基础

树木对于肥料的需要,随树种、树龄、生长发育情况和季节、土质、水分、气候等条件的不同而有很大的差异。如树木幼年期,最初加粗很快,需要大量的氮素肥料,对其他元素需要量也较大;而在壮年期,开花结实,则需要大量的磷肥及其他肥料。

在温带地区,春、夏季是树木生长旺季,需肥量大;秋季随树木生长逐渐停止,需肥量则缓慢减低,到冬季则几乎停止。

因此,施肥工作要根据上述条件综合考虑,做到因树、因时、因地制宜,才能收到事半功倍的效果。否则,就会产生适得其反的结果。

(一)土壤条件对根系吸收肥料的影响

树木所需肥料主要是从土壤中吸收的,因此,树根吸收肥料的机能与土壤条件有着密切的关系。

1. 土壤温度的影响　土壤温度过低或过高对树根吸收肥料都有影响。低温减弱了树根的生理活动。特别是呼吸强度的减弱,根部对肥料的吸收就会受到抑制。高温则会使树根新陈代谢的协调性受到破坏,从而妨碍了正常的生长和呼吸作用,因而对养分的吸收也受到抑制。

2. 土壤水分的影响　土壤水分是矿质盐类的溶剂,大部分矿质养分必须溶解在水中呈溶液状态,才能被树木所吸收,因此,缺水时不仅影响矿质的运输,而且阻止根系对矿质的吸收。

3. 土壤溶液酸碱度的影响　土壤酸碱度对各种矿质盐类的溶解影响很大,例如铁和锰在碱性溶液中呈不溶状态,就不可能被树根吸收,从而造成树木缺绿症。酸性过强会促进很多金属离子的分解,造成土壤溶液过浓,对树根产生毒害作用。

（二）树木本身的因素对根系吸收肥料的影响

1. 树木种类的影响　不同的树种对矿质盐的吸收能力差异很大。如：耐盐碱的柽柳，能在较高浓度的土壤溶液中，吸收它所需要的营养物质；又如臭椿、苦楝、刺槐以及紫穗槐等树种，也能在较高盐分的土壤上生长，且能正常吸收养分；而白蜡树喜欢生长在石灰质丰富的土壤上，称"喜钙植物"。这是由于各树木长期适应特定环境的结果，从而对矿质盐类的吸收也有不同。

2. 树木年龄的影响　树木因年龄的变化表现出强弱不同的生理活动状况。在生长旺盛时期吸收矿质多；生长衰弱时期吸收少，衰老趋于死亡时，则往往失去了吸收能力。同时对矿质元素的选择也有差别；一般苗期对氮素需要量最大；而进入结果期就增加了对磷、钾的吸收量。

三、肥料的种类与施法

（一）基肥

以有机肥为主，可供较长时期吸收利用的肥料。如粪肥、堆肥、绿肥、饼肥等，经过发酵腐熟后，按一定比例，与细土均匀混合埋施于树的根部，使其逐渐分解，供树吸收之需要。

一般基肥的肥效较长，对多数园林树木来说，不必每年都施，可以根据需要，隔几年施一次。冬季寒冷地，基肥以秋施为好，因此时所伤根容易愈合并促发新根，有利于提高贮藏营养水平。因劳力不足等原因，也可于冻前施。冬季温暖地，多习惯于冬春施。

树根有较强的趋肥性，为使树根向深、广处发展，故施基肥要适当深一些，不得浅于40cm；范围随树龄而异。幼龄树至壮龄树，常施于树冠投影外缘部位，衰老树应施在树冠投影范围内为宜。

施肥的常用方法有：

1. 穴施　在树冠正投影的外缘挖数个分布均匀的洞穴，将肥施入后，上覆土适踩，使与地面平。这种方法操作方便省工，对壮龄前的草坪适用。

2. 环施　沿树冠正投影线外缘，开挖 30～40cm 宽的环状沟，将肥料施入沟内，上面覆土实踩，使与地平。这种方法可保证树木根系吸肥均匀，适用于青、壮龄树。

3. 放射状沟施　以树干为中心，距干不远处开始，由浅而深，挖 4～6 条分布均匀呈放射状的沟。沟长稍超出树冠正投影的外缘。将肥料施入沟内，上覆土适踩使与地平。这种方法可保证内膛根也能吸收肥分，对壮、老龄树适用。

以上三种施肥方法，最好轮流采用，以使相互取长补短，使树木受到最大的好处。

（二）追肥

在树木生长季节，根据需要加施速效肥料，促使树木生长的措施，称"追肥"。园林树木施肥，因城市环境卫生等原因，一般都用"化肥"做"追肥"。若用，应于夜间开沟施埋。

施追肥可以采用以下两种方法：

1. 根施法 按适合的施肥量,用穴施法把肥料埋于地表下 10~20cm 处,然后灌水,或结合灌水将肥料施于灌水堰内,随水渗入,供树根吸收作用。

2. 根外追肥 将化肥按一定的比例兑水稀释后,用喷雾器喷施于树叶上。由于直接由地上叶片吸收利用,也可以结合打药混入喷施。

(三)施肥次数

因树木需要与可能条件(肥源、劳力)而异。一般新栽树木 1~3 年内施肥 1~3 次。除基肥外,有必要追肥 1~2 次;江南多在 5 月中旬至 6 月下旬习惯追施人粪尿。观花树木,应在花期前、后各追施一次,至于结合生产的果木等,则应按物候变化,适时多次施以不同的肥料。

(四)施肥时的注意事项

1. 有机肥料要充分发酵、腐熟;化肥必须完全粉碎成粉状。
2. 施肥后(尤其是追化肥),必须及时适量灌水,使肥料渗入。否则,会造成土壤溶液浓度过大,对树根不利。
3. 根外追肥,最好于傍晚喷施。
4. 城市绿地施肥不同于农村,在选择确定施肥方法、肥料种类以及施肥量时,都应考虑到市容与卫生方面的问题。

第四节 园林树木的修剪

一、修剪的概念

修剪的定义,有广义和狭义之分。狭义的修剪是指对树木的某些器官(如枝、叶、花、果等)加以疏剪或短截,以达到调节生长,开花结实的目的。广义的修剪包括整形。所谓"整形",是指用剪、锯、捆、扎等手段,使树木长成栽培者所期望的特定形状,现习惯将二者都称为"整形修剪"。

二、修剪的目的与作用

树木修剪在养护管理中占有重要地位,是带关键性的技术措施之一。其作用有:

(一)促控生长

树木地上部分的大小与长势如何,决定于根系状况和从土壤中吸收水分、养分的多少。通过修剪可以剪去地上部不需要的部分,使养分、水分集中供应留下的枝芽,促使局部的生长,修剪过重,则对整体又有削弱作用,这叫"修剪的双重作用"。但具体是促还是抑,因修剪的方法、轻重、时期、树龄、剪口芽的质量而异。因而可以通过修剪来恢复或调节树势;既可促使衰弱部分壮起来,也可使过旺部分弱下来。对潜伏芽寿命较长的衰老树或古树,适量重剪,结合施肥浇水,促使潜伏芽萌发,可以更新复壮。

（二）培养树形

我国园林中的树木,多采用自然树形,为维持这些树形,需要适当修剪。对于上有架空线,下有人流、车辆交通等行道树,则需要整修成适合的树形。还有园林艺术上的需要,整形成规则或不规划的特种形体。

（三）减少伤害

通过修剪可以剪去生长位置不当的密生枝、徒长枝或带有病虫的枝条,以保证树冠内部通风透光,也可避免相互摩擦而造成的损伤。夏季多风雨,尤其沿海有台风侵袭的地区,为减轻迎风面积,可以对树冠进行疏剪或短截,以免被风吹倒。

（四）调节矛盾

在城市中,由于市政建筑设施复杂,常与树木发生矛盾,特别是行道树,上有架空线,下有管道、电缆等,以及是否影响车辆交通问题,如有些树枝触挂电线,下垂枝妨碍车辆通行等,都要靠修剪来解决。

（五）促使开花结果

对于观花、观果或结合花、果生产的树种,可以通过修剪,调节营养生长与花芽分化,促使提早开花结果,克服花果大小年,获得稳定的花果产品或提高观赏效果。

（六）结合木材生产

一些乔木,通过修剪可以保证树干通直。更换或伐除时,可成为有利用价值的好木材。

三、整形修剪的依据

1.根据园林的功能要求　园林中应用树木的目的不同,对修剪的要求就不同。有些同种树木,可以有不同的应用,其修剪也不同。从园林艺术上要求,有自然式的,几何形体的,修剪也不同。

2.根据树木的分枝规律与生长特性　树木的分枝方式不同,所形成的树体骨架不同,其冠形也不同。而且分枝方式随着树龄增大而改变,树形也就改变。不同类别的树木(乔木、灌木、藤本)有潜伏芽和无潜伏芽的,其生长、更新特点不同;同类树木,不同树种或品种,其枝芽特性(如萌芽力、成枝力、顶端优势等)不同,修剪也就不同;另外树木对光照要求、枝条硬度、分枝角度(对大风的反应)、树皮厚薄、对日灼的反应等,都与修剪有关系。

3.根据树木与环境的关系　如行道树受街道走向、两旁建筑、架空线影响的情况不同,修剪也就不同。孤植树与成片林,其修剪也不同。

四、整形修剪的类别

1.自然形修剪　各种树木都有它的一定树形,一般说来,自然树形能体现园林的自然美。以树木分枝习性,自然生长形成的冠形为基础的进行的修剪,叫"自然形修剪"。中干明显的树种,如雪松、银杏等,对中央领导枝不能截头;为构成庭园景色的某些针叶树,要求干基枝条不光秃(不脱脚),对下部枝不应剪去,只对扰乱树形的枝条如病虫枝、枯枝、过密枝等作些整修。对观形、观叶的孤赏树,均可按此法修剪。为此,必须要做好修剪工作了解各种树木的自然树形特点。下表为不同类型树木的自然树形特点。

表3—1 不同类型的树木的自然树形特点

类别		树形	代表树种
针叶乔木		圆柱形 卵圆形 尖塔形 圆锥形 盘伞形	塔柏、杜松 松柏(壮年期) 雪松、桧柏(幼、青年期) 落叶松 油松(老年期)
阔叶乔木	有中央领导枝的	圆柱形 圆锥形 卵圆形 塔　形	美杨、新疆杨 毛白杨 加　杨 塔形杨
	无中央领导枝的	卵形 形 金钟形 馒头形 形	洋　槐 无室枫 国　槐 馒头柳 龙爪槐
灌木类	针叶树种	丛生形 僵卧形	翠　柏 鹿角桧
	阔叶树种	圆球形 丛生形 拱枝形	黄刺梅 玫　瑰 连　翘

当然,在自然界中,树木具有各式各样的树形姿态,其中还有很多中间类型,不太容易划清界限,上表的划分只是大概情形,表中没的树种,只要与上述天然树形大体近似,就可参照。

有的树种如核桃等,按自然生长,具有中央领导干,幼、青年期树冠呈圆锥形,但可在苗期改变中央领导干的顶端优势(进行定干),使其长成半圆形。又如悬铃木等树木,按自然生长,幼、青年期也是呈圆锥形的,经定干和对主枝的修剪,可以整成杯状形。这种根据树木芽特性进行适当改造的修剪,有人叫"理想式整姿",也有的叫"自然式与人工形体混合式修剪"。为简化并和果树树形分类法相一致,我们把按自然生长习性(有中干或无中干)整修成各种树形(如杯状形、开心形、中干形、多领导形、丛球形等)的剪法,统称为自然形修剪。

2. 造型修剪 为了达到造园的某种特殊目的,不使树木按其自然形态生长,而是人为地将树木修剪成各种特定的形态,称"造型修剪",又称"人工形体式修剪"。这在西方园林中应用较多,常将树木剪成各种整齐的几何形体(正方形、球形、圆锥形等)或不规则的人工体形,如鸟、兽等动物形,亭、门等绿雕型以及为绿化墙面在四向生长的枝条,整成扁平的坦壁式。

造型修剪因不合树木生长习性,需经常花费人工来维持,费时费工,非特殊需要,应尽量不用。我国最常见的是绿篱的几何形体的修剪,少见有绿雕塑的修剪。

五、园林树木修剪的时期与方法

(一)时 期

分为休眠期修剪与生长期修剪。前者于树液流动前进行。其中有伤流的树应避开伤流期。抗寒力差的,宜早春剪。易流胶的树种,如桃、樱树等,不宜在生长季修剪。生长季修剪还包括剥芽、摘心、去残花、摘果等。

(二)方 法

1. 剥芽 在树木萌芽生长的初期,徒手剥去枝干无用的芽叫"剥芽"(又叫抹芽、摘芽)。

剥芽时,应注意选留分布方向合适的芽,对有用的芽注意保护不受损伤。为了防止留下的芽受到意外损伤,影响以后的发枝,每根上应多保留1~3个后备芽,待发枝后再次选择疏剪。

2. 去蘖 除去主干上或根部萌发的无用枝条,叫"去蘖"。在蘖枝尚幼嫩时徒手去蘖。已经木质化的,则应用剪子剪或用铲铲,但要防止撕裂树皮或遗留枯桩。去蘖应尽早,在江南园林树木养护中,将去蘖归入"剥芽"。

3. 疏枝 把无用的枝条,于枝基齐着生部位剪去,称"疏枝"。

乔木疏枝,剪口应与着生枝干平齐,不留残桩,丛生灌木疏枝应与地面平齐。簇生枝及轮生枝需全部疏去者,应分次进行,即间隔先疏去其中的一部分,待伤口愈合后,再疏去其他的枝条,以免伤口过大影响树木生长。

4. 短截 截去枝条的先端一部或大部,保留基部枝段的剪法,叫"短截"。

剪去的部分与保留的比例,根据不同需要而定。剪口的位置应选择在适合的芽上方约0.5cm处,空气干燥地宜适当长留;潮润地区可短留。剪口应成斜面并要平齐光滑。选择的剪口芽一定要注意新发枝条适合的方向。

对多年生枝的短截,叫回缩(或缩剪),多在更新复壮时采用。

另外,在树木生长季节,除去枝条先端嫩梢,称"摘心",也属短截范围。

5. 锯截大枝 对于比较粗大的枝干,进行短截或疏枝时,多用锯进行。操作比较困难,必须注意以下几个问题:

(1)锯口应平齐,对落叶乔木,为避免锯口劈裂,可先在确定锯口位置稍向枝基处由枝下方向上锯一切口(江南叫"打倒锯")。切之深度为枝干粗的 1/5～1/3(枝干越成水平方向切口就越应深一些),然后再在锯口从上向下锯断,就可以防止枝条劈裂。也可分二次锯,先确定锯口外侧 15～20cm 处按上法锯断,再在锯口处下锯。最后修平锯口,涂以保护剂。

对常绿针叶树如松等,锯除大枝时,应留 1～2cm 短桩。

(2)在建筑及架空线附近,截除大枝时,应先用绳索,将被截大枝捆吊在其他生长牢固的枝干上,待截断后慢慢松绳放下。以免砸伤行人、建筑物和下部保留的枝干。

(3)基部突然加粗的大枝,锯口不要与着生枝平齐,而应稍向外斜,以免锯口过大。

(4)欲截去分生两个大枝之一,或截去枝与着生枝粗细相近时,不要一次齐枝基截除,而应保留一部分,宜在侧生分根以上的部位截去,过几年待留用枝增粗后,再将暂留枝段全部截除。

(5)较大的截口,应抹防腐剂保护,以防水分蒸发或病虫侵蚀及滋生。目前多用的调和漆,效果并不好;国外有专用的伤口保护剂,我们也正在研制。

6. 抹头更新 对一些无主轴的乔木如柳、枫树、栾树等,如发现其树冠已经衰老,病虫严重,或因其他损伤已无发展前途者,其主干仍很健壮者,可将树冠自分枝点以上全部截除,使之重发新枝,叫"抹头更新"。主枝基部完好者应保留并剥芽,不使萌枝簇生枝顶,出现分杈处积水易腐等毛病。

一般灌木,也可用此法。但不适于萌芽力弱的树种。

六、不同栽植类型树木的修剪要点

(一)成片树林的修剪

1.对于杨树、油松等主轴明显的树种,要尽量保护中央领导枝。当出现竞争枝(双头现象),只选留一个;如果领导枝枯死折断,树高尚不足 10m 者,应于中央干上部选一强的侧生嫩枝扶直,培养成新的中央领导枝。

2.适时修剪主干下部侧生枝,逐步提高分枝点。分枝点的高度应根据不同树种、树龄而定。同一分枝点的高度应大体一致,而林缘分枝点应低留,使呈现丰满的林冠线。

3.对于一些主干很短,但树已长大,不能再培养成独干的树木,也可以把分生的主枝当作主干培养。逐年提高分枝,呈多干式。

(二)行道树的修剪

行道树以道路遮阴为主要功能,同时有卫生防护(防尘、减轻机动车废气污染等)、美化街道等作用。行道树所处的环境比较复杂,首先多与车辆交通有关;有的受街道走向、宽窄,建筑高低所影响;在市区,尤其是老城区,与架空线多有矛盾,在所选树种合适的前提下,必须通过修剪来解决这些矛盾,达到冠大荫浓等功能效果。

为便利交通车辆,行道树的分枝点一般应在 2.5～3.5m 之上。其中上有电线者,为保持适当距离,其分枝点最低不得低于 2m,主枝应呈斜上生长,下垂枝一定要保持在 2.5m

以上,以防枝刮车辆,郊区公路行道树,分枝点应高些,视树木长势而定,其中高大乔木的分枝点甚至可提到4~6m之间。同一条街的行道树,分枝点最好整齐一致;起码相邻近树木间的差别,不要太大。

为解决与架空线的矛盾,除选合适的树种外,多采用杯状形整枝来避开架空线。每年除进行休眠期修剪外在生长季节与供电、电信部门配合下,随时剪去触碰线路的枝条。树枝与电话线应保持1m左右,与高压线保持在1.5m左右的距离。

为解决因狭窄街道,高层建筑及地下管线等影响,所造成的街道树倾斜、偏冠,遇大风雨易倒伏带来的危险,应尽早通过适当重剪剪倾斜方向枝条;对另一方向枝只要不与电线、建筑有矛盾,应行轻剪,以调节生长势,能使倾斜度得到一定的纠正。

总之,行道树通过修剪,应做到:叶茂形美遮阴大,侧不堵窗、不扫瓦,下不妨碍车人行,上不妨碍碰架空线。

1. 杯状形修剪法

多用于架空线下,典型杯状形源于桃树的整形,其模式结构叫:"三权六股十二枝"。即在定干后,选留三个方向合适(相邻主枝间角度呈120°,与主干约呈45°)的主枝。再于各主枝的二侧各选留二个近于同一平面的斜生枝;然后同样再在各二级枝上选留二个枝,分数年完成。街道树采用杯状形整枝,一般不必这样严格,可视情况,根据树种而有变化。

(1) 无主轴的树形修剪方法

①先定分枝点高度:一般不要太高,尤其栽在架空线下的,有2~2.5m即可。最高不超过3m。靠快车道一侧的分枝可稍高一些。

②选主枝:在分枝点以上选择分部均匀,生长健壮的主枝3~5个,并短截;其余的可以全部疏去。同一条路或相邻近一段路上的街道树,主枝顶部要找平。如确定栽后离地面3m剪齐,则分枝高的主枝,要多剪去一些;而分枝点低的主枝多留一些。

③剥芽:主枝上萌出新芽后,就及时剥芽,以集中养分供应选留的芽,促使侧枝生长。第一次可选留5~8个芽;第二次留3~5个芽。注意留芽方向要合理,分布应均匀。

④疏枝与短截:次年发芽前选留侧枝,全株共选6~10个;注意选方向适合,分布均匀,向四方斜生者,并按一定长度短截。以便发枝整齐,形成丰满匀称的树冠。

(2) 有中干可改造的树形修剪方法

①定干和培养骨干枝:根据架空线和道路等情况,春植时于3.5m左右处截头定干。萌芽后用分期剥芽和疏枝的办法,选主枝3~5个。落叶后将主枝在30~50cm处,选留侧芽有芽处短截;应通过调整主枝长度,使剪口芽处在同一平面上,以利以后长势均衡。次年夏季要对主枝进行剥芽和疏枝。因幼年法桐,顶端优势较强,在主枝呈斜生的情况下,其侧生芽和背下芽均易转向直立生长。剥芽时可间剥过密芽,而暂时保留直立枝,以抑下芽转直,促枝侧向生长。第三年冬,于主枝两侧发生的侧生枝中,选1~2个作延长枝,并在30~50cm处选有侧面芽处短截。疏除原有暂留的直立枝、交叉枝。如此修剪,约3~5年即可构成杯状形树冠。

②扩大树冠增枝叶:树体骨架构成后,树冠扩大很快,要注意整体均衡。此期可适当保留内膛枝,有空间处,新梢可长留,疏过密枝、直立枝,促发生枝,增加遮阴效果;对影响架空线和建筑物的枝条按规定进行疏、截。

③回缩更新：由于受地下土壤、管线、路基的影响,当树冠长到最大限度后,开始衰退或受周围的限制。应逐年在有生长良好部位合适的带头枝处短截,回缩更新。

2.具中干形修剪法

(1)圆锥形：中央领导干强的树种,如杨树、银杏等,在上边没有架空线的条件下,为促使树身高大,起到更大的绿化效果。应尽量保证中央领导枝的生长。第一次修剪多在定植前进行,方法如下：

定分枝点：分枝点高度按树木规格大小而定。一般郊区多用高大乔木,分枝高度可提到 4～6m,甚至更高些。

保持顶端优势：对主轴明显,中央领导枝明显的杨树、白蜡、银杏等。如果主尖完好应保留不动;如主尖已受损伤,可选择一直立生长的侧枝或壮芽。在其上方将操作的主尖截去,并把其下部的侧芽除去,以免形成竞争枝,出现多头现象。

选留主枝：主轴强的杨树等,每年在主轴上形成一层枝条,修剪时每层留 3 个左右。全株留 9 个。其余全部疏去。注意保留的主枝要相互错开,分布均匀,并加以短截。一般应使所留各层主枝下部稍长,上部稍短。最下层 30～35cm,中间一层 20～25cm,最上一层 10～15cm,所留主枝与领导枝成角 40°～80°,剪成后成长圆锥形。

(2)圆头形或卵形：中干较弱的树种,如旱柳等,各层主枝的间距较小,中央领导枝也比较短。一般两层主枝共留 5～6 个即可。以后长成圆头形或卵形树冠。

(三)灌木的修剪

1.新植灌木的修剪 灌木一般都裸根移植,为保证成活,一般应作强修剪。一些带土球移植的珍贵灌木树种(如紫玉兰等)可适当轻剪。移植后的当年,如果开花太多,则会消耗养分,影响成活和生长,故应于开花前尽量剪除花芽。

(1)有主干的灌木或小乔木,如碧桃、榆叶梅等,修剪时应保留一定高度。较短主干,选留方向合适的主枝 3～5 个,其余的应疏去,保留的主枝短截 1/2 左右,较大的主枝上如有侧枝,也应疏去 2/3 左右的弱枝留下的也应短截。修剪时注意树干枝条分布均匀。以便形成圆满的冠形。

(2)无主干的灌木(又称"丛木")如玫瑰、黄刺玫、太平花、连翘、金钟、棣棠等,常自地下发出多数粗细相近的枝条,应选留 4～5 个分布均匀、生长正常的丛生枝。其余的全部疏去,保留的枝条一般短截 1/2 左右,并剪成内膛高,外缘低的圆头型。

2.灌木的养护修剪 (1)应使丛生大枝均衡生长,使植株保持内高外低、自然丰满的圆球形。对灌丛中央枝上的小枝应疏剪;外边丛生枝及其小枝则应短截,促使多生斜生枝。

(2)定植年代较长的灌木,如果灌丛中老枝过多时,应有计划的分批疏除老枝,培养新枝,使之生长繁茂、永葆青春。但对一些特殊需要培养成高大的大型灌木,或茎干生花的灌木(多原产热带,如紫荆等),均不在此列。

(3)经常短截突出灌丛外的徒长枝,使灌丛保持整齐均衡。但对一些具拱形枝的树种(如连翘等),所萌生的长枝则例外。

(4)植株上不作留种用的残花、废果、应尽量及早剪去,以免消耗养分。

3.观花灌木的修剪时间：必须根据树木花芽分化的类型或开花类别、观果要求来进行。

(1)夏秋在当年生枝条上开花的灌木,如紫薇、绣球、木槿、月季等,其花芽当年分化当年开花,应于休眠期(花前)重剪,有利促发壮条,促使当年分化好花芽,并开好花。

(2)春季在隔年生枝条上开花的灌木(为夏秋分化型),如梅花、樱花、金银花、迎春、海棠、碧桃等,其花芽在去年夏秋分化,经一定累积的低温期于今春开花。应在开过花后1~2周内适度修剪。结合生产的果木,多在休眠期(花前)修剪。为使花朵开得大也可在花前适当修剪。

其中观花兼观果的灌木,如金银木、水枸子、构骨等,应在休眠期轻剪。

(四)绿篱的修剪

主要应防止下部光秃,外表有缺陷,后期过大。

1.绿篱的高度类型 依目前习惯拟分为：

矮篱:20~25cm;中篱:50~120cm;

高篱:120~160cm;绿墙:160cm以上。

2.绿篱修剪常用的形状 一般多用整齐的形式,最常见的有圆顶形、梯形及矩形等。另外还有栏杆式,城墙垛口式等。

3.修剪方法 绿篱定植后,应按规定高度及形状,及时修剪,为促使干基叶的生长,最好将主尖截去1/3以上,剪口在规定高度5~10cm以下,这样可以保证粗大的剪口不暴露。最后通过平剪和绿篱修剪机,修剪表面枝叶,注意绿篱表面(顶部及两侧)必须剪平。

其他灌木篱应按灌木修剪法,其中萌生能力强的灌木,如紫穗槐,可于秋后全部抹头割除,次年重发。

4.修剪时间 华北等地,绿篱养护修剪每年最少一次。其中黄杨等阔叶树种,一般在春季(4~5月)进行;针叶树种多于3~9月进行;有条件的可以多剪几次。在江南,因其生长较快,每年需修剪2~4次;一般一至三季度剪2~3次,四季度1次。

(五)藤本修剪法

因多数藤本离心生长很快,基部易光秃,小苗出圃定植时,宜只留数芽重剪。吸附类(具吸盘、吸附气根者)引蔓附壁后,生长季可多短截下部枝,促发副梢填补基部空缺处。用于棚架,冬季不必下架防寒者,以疏为主。剪除根、密枝;在当地易抬梢(尚未木质化或生理干旱)者,除应种在背风向阳处外,每年萌芽时就剪除枯梢。

钩刺类植物习性类似灌木,可按灌木去除老枝的剪法,蔓枝一般可不剪,看情况回缩更新。

七、树木修剪的程序

概括起来就时"一知、二看、三剪、四拿、五处理"。

一知:参加修剪工作的人员,必须知道操作规程,技术规范以及一些特殊的要求。

二看:修剪前应绕树仔细观察,对剪法做到心中有数。

三剪：一知二看以后，根据因地制宜，因树修剪的原则，做到修理修剪。

四拿：修剪后挂在树上的断枝，应随时拿下，集中在一起。

五处理：剪下的枝条应及时集中处理，不可拖放过久。以免影响市（园）容和引起病虫扩大蔓延。

八、常用的修剪工具

1. **枝剪**　剪截 3～4cm 以下枝条用。
2. **高枝剪**　剪高处细枝用。
3. **手锯**　锯截不太粗的枝条用。
4. **刀锯**　锯截较粗的枝条用。
5. **快马锯**　锯截粗大的枝干用。
6. **小斧与板斧**　砍树枝用。
7. **大平剪**　整修绿篱用。
8. **平铲**　去蘖、剥芽用。
9. **梯子或升降车**　上树修剪用。
10. **安全带**　劳保用具。
11. **安全绳**　劳保用具。
12. **大绳**　吊树冠用（北方俗称"桃子"）。
13. **小绳**　吊细枝用。
14. **安全帽**　劳保用具。
15. **工作服、手套、胶鞋等其他劳保用具。**

九、安全措施

1. 操作时思想要集中，严禁说笑打闹；上树前不准饮酒。
2. 每个作业组，都要选派有实践经验的老工人，担任安全质量检查员、负责安全、质量的监督、检查、技术指导及宣传教育工作。
3. 劳保用具是保证工人操作安全的必需品，工作中必须要按规定穿戴好工作服，安全帽，记好安全带、安全绳等劳保用具和用品。
4. 攀登高大树木需使用梯子时，必须选用紧固的梯子，并要立稳。单面梯应用绳将上顶横档和树身捆住，人字梯的中腰直拴绳并注意开张合适角度。
5. 上树后，应系好安全带，手锯一定要拴绳套在手腕上。
6. 刮五级以上大风时，不可上树操作。
7. 截除大枝时，必须由有经验的工人指挥安全操作。
8. 在行道树上修剪作业时，必须选派专人维护现场，树上、树下要相互配合联系。以免砸伤过往行人和来往车辆。
9. 患有高血压、心脏病者不准上树。
10. 修剪用的操作工具必须坚固好用。木把要光滑，不要因工具不好而影响操作，甚至误工。

11. 一棵树修完后,不准攀跳到另一棵上,而应下树重上。
12. 在高压线附近作业时,应特别注意安全,避免触电,必要时应请供电部门配合。
13. 几个人同在一棵树上操作时,要有专人指挥,注意协作配合,避免误伤同伴。
14. 使用高车上树修剪前,要检查好高车的各个部件;一定要支放平衡,操作过程中要派专人随时检查高车的情况,发现问题及时处理。
15. 上树后必须系好安全绳,安全绳要拴在不影响操作的牢固的大树枝上,随时注意收、放。

第五节 古树名木的养护管理

我国是著名的文明古国,中原地区有着光辉灿烂和独特风格的古代文化,同时历代遗留了许多古树、名木,有些至今仍生存在风景名胜区、古典园林、坛庙寺院及居民院落之中,特别是一些历史名城中更为丰富。山东莒县浮来山有商代银杏树3000余年;在我国台湾省阿里山有号称东亚最大的树——红桧(台湾扁柏)树龄2700年,树高60m左右;陕西黄陵县的轩辕侧柏树龄2700年;山东黄县有周代银杏,树龄约2500年,西藏有巨柏,树龄2300年;陕西临潼区湖王村小学内有汉槐,树龄约2000年;山东曲阜县颜庙有约2000余年的白皮松;陕西勉县诸葛亮墓园内有两株"汉桂",树龄约1700年,等等。这些古老树木是活着的历史文物,其本身的存在,可做人们吊古、瞻仰的对象。历代人们都十分珍视这些古树名木。有的城市街道都以它们来命名,如北京的"五棵松"等,但在十年浩劫中,这些活着的历史文物也遭到破坏或无人管理,枯死现象严重。例如,明末崇祯皇帝在景山上吊的槐树已不存在。为保护中华民族的文化遗产,挽救这些活着的历史文物,已经成为园林工作者必须研究的课题。

(一)不要随意改变环境条件

古树在某一环境条件下已生活了几百年,甚至数千年,说明这种环境条件对它是很合适的,因此,不能随变改变。在其周围进行其他建设(如建厂、建房、修厕所、挖方、填方)时,应首先考虑到是否会对古树名木有不良影响。有影响的,必须退让,或采取相应的保护措施。否则一旦由于轻视或疏忽等原因,较大地改变了某一局部地区的光照、土壤理化性质等条件,就会影响其正常生活,甚至死亡而成千古恨。

(二)养护管理措施必须符合树木自身的生物学特性

各种树木都有其特定的生活习性,例如肉质根的树木,一般忌土壤溶液浓度过大,若一旦投以大水大肥,则树木不但不能吸收利用,反而会引起死亡。故在采取一些必要的养护措施时,必须小心谨慎,符合树木的生物学特性。

(三)防止土壤板结改善通气条件

城市人口集中,人流量大,日久天长,造成树根周围土壤板结,隆起的根部被擦伤。由于表层土层变硬,隔绝内外气体交换,使透气性能逐日减退、严重的妨碍树根的吸收作用。

进而降低新根发生、生长速率及穿透能力,致使树木早衰或死亡。据观察一些公园绿地内的古树名木成批枯死。多少都与土壤板结有关。应采取改善土壤通气的措施,最好于适当部位深翻,加粗质有机肥,这样既有利通气又有利好气菌的繁衍。同时,在树的一定范围内,用围栏隔离游人防止践踏等,也是防止根际土壤板结的重要措施。

(四)改善肥水条件

古树长期生活在同一地点。经多年选择吸收,若无外来补充,土壤肥力及其理化性能大为减退。为改善古树的生活条件,应根据树木的需要和当时的具体情况,按其物候进行适当的施肥、灌水,保证树木的正常生长。对于冠顶和外围已树老焦梢的衰老树木,其吸收根系多数仅限于冠幅投影范围内,采取改土、施肥、灌水等措施。也应在此范围,根据树的衰败程度,在树冠半径内以距树干的 $1/2\sim 2/3$ 处以外进行,过远则无效。

(五)防治病虫

古树的机体衰老有些与病虫危害有关。而树木衰老之后又易受致命的病虫害侵袭,如危害古松、古柏的小甲类害虫就是明显的例证。它们只侵入生长衰弱的树木。一旦侵入危害,就很难救治了。所以对于古树除加强肥水管理外,还要及时防治病虫害,避免侵袭致死。

(六)治伤、补残

在古树漫长的生活过程中,难免遭受到一些人为的或自然的损伤。由于伤口腐蚀感染,损伤部位就会扩大蔓延,以致危及树木的生命。故此对损伤的部位要及时采取必要的救治措施。如有时一些古树干上会发生空洞,特别是槐树更为常见。树洞内藏污纳垢,不但影响树木的生长发育,而且对于观瞻和游人安全都会产生妨碍。所以发现树木空洞(除有观赏价值外),一般应及时填补。时间最好在愈合组织迅速活动之前进行。填寒树洞的材料主要是用麻刀灰砌补。先清除已腐朽的部分,并用利刀刮净,空洞的内壁涂以防腐剂,太深的洞,里面可心填砌砖石,但对腐朽严重的应改内钉木片等。外抹麻刀灰,最外抹青灰或水泥。为尽量和原树皮颜色相近。可在灰泥中调色或粘贴同种死(砍到)树之皮,以提高观赏价值。

(七)更新修剪

对具潜芽且寿命长的树种(如槐、银杏等),当树木枝条衰老枯梢时,可以用回缩修剪来更新。有些树种根颈处具潜芽,树木衰老之后仍然能萌蘖生长者,可将树干锯除,进行更新。但对有观赏价值的干枝,应保留,采用喷防水剂等维护措施。对无潜芽或寿命短的树种,主要通过结合换土,修剪根系(切断 1cm 以下粗根系),刺激发生新根更新。再加强肥水管理即可很快复壮。

(八)支撑保护

一些古树(如桧柏),树姿奇特,枝干横生,别有情趣。但由于树冠生长不平衡,容易引起负荷不平衡,发生倾斜或倒伏的问题。古树名木树身高大者,"树大招风",加上树干空朽,常导致吹倒树身,造成死亡或扭裂。所以对生长不均衡树木主干,延伸较长的枝杈,都应设立支柱和干树干适当部位钉桩,以防风折。

(九)立档建址

对所有的古树名木,应给它们建立生长情况的档案,每年记明养护管理措施及生长情况,以供以后养护管理时参考。

(十)巧作桩景

对于一些已经枯死,根深不易倒伏的古树,如桧柏等,可以加以适当的修饰整理,以观其姿或于根旁栽植吸附或缠绕大藤攀附,因易攀附到活树上去。

总之,对于古老树木的养护管理,目前还没有一套完整的理论与技术,有待园林工作者不断摸索与总结。

第六节 园林树木的其他养护管理

前几节列举了一些重要的养护管理措施,另外还有一些项目也必须注意,只有采取综合的养护管理措施,才能保证树木的正常生长发育。

一、及时防治树木病虫害

绝大多数园林树木,在其一生中都可能遭受病虫的危害,影响树木的正常生长发育,甚至造成死亡。所以,防治病虫是园林树木养护管理中的一项极为重要的措施;是巩固和提高城市园林绿化一项不可缺少的重要工作。它不仅直接影响城市园林树木的生长发育和绿化功能效果,而且与生产活动、环境保护、市容、卫生和人民生活都有密切关系。

园林树木病虫害防治,必须贯彻以"预防为主"和"治早、治小、治了"的原则,采取慎重的科学态度,对症下药,综合防治,以保证树木不受或少受病虫危害;同时要注意保护环境,减少农药污染,多用生物防治。

二、防治风灾

夏秋季一般多强风,尤其沿海地区多台风。树木枝杈易遭风折,又由于雨水多,土壤潮湿松软,大风后或风雨交加,更易造成树木被吹倒的现象。轻者影响树木生长,重则造成死亡,甚至还会造成人身伤亡或其他破坏事故。因此,在夏季多风季节来到之前,应采取一些防风措施。如绑立支柱,疏剪树冠等。

(一)修剪树冠

对浅根性乔木或因土层浅薄,地下水位高而造成浅根的高大树木,以及长在迎风处树冠过大的高树,应及时适当加以疏剪,以利于透风,减少负荷。对高处过长枝条和受害虫危害过的枝条,也应截除。

(二)培土

栽植较浅的树木,应培土以加厚土层。

(三)支撑

必要时,在下风方向立木棍或水泥柱等支撑物,但应当注意支撑物与树皮之间要垫一些柔软的东西,以防擦破树皮。

在江南沿海地区,应有台风防治措施。除按上述预防外,台风过后,应立即派出专人调查刮倒之树木和危害交通、电讯、民房等情况,以便及时采取紧急措施。对歪倒树木应进行重剪,然后扶正,用草绳卷干并立柱、加土夯实;对已连根拔起的树,视情况处理或重栽。

三、中耕除草

树木根部杂草丛生,会与树木争夺水分、养分。特别是对新栽的乔、灌木和浅根性树种,不但影响树木的正常生长发育,而且杂草丛生影响观瞻。所以及时消除杂草也是园林树木养护工作的重要项目之一,对生于树木根部的杂草,我们主张用中耕的方法连根锄掉并埋入土中,腐烂后即成肥料。没有草的地方也要在雨后或灌水后,适时将地表锄松,提高土壤透气性和保墒能力,有利树根生长。草荒严重,也可用化学除草。但应注意选择适当的除草剂,以免发生药害。对干旱缺草坪的地方,应考虑利用有观赏价值的野草问题。

四、防日灼

在我国南方,对新栽1~2年(胸径3cm左右)的乔木、珍贵树种、树皮光滑较薄的树种,都要在夏旱来到之前,用草绳卷干。一般卷到分枝点;干矮的,除主干外,还应卷一部分主枝,以防日灼。其中对珍贵树种,应先用1%的硫酸铜液或石灰水刷干,然后卷干。草绳如有松散脱落应及时整好,发现霉烂者应及时更换。另外,凡不耐旱的树种,栽植后都应将主干和主枝涂白或喷白,以防树皮晒裂。

五、洗尘

由于空气污染,裸露地面尘土飞扬等原因,城市树木的枝叶上,多蒙有烟尘,堵塞气孔,影响光合作用,在无雨少雨季节应定期喷水冲洗。夏秋酷热天,宜早晨或傍晚进行。

六、伐、挖死树

由于树木衰老、病虫侵袭、机械损伤、人为破坏,以及其他原因造成一些树木的死亡。对那些可挽救,也无保留必要的树木,应在尚未完全死亡之前,尽早伐除。这样可避免树对行人、交通、建筑、电线及其他设计施工带来的危害,减少病虫潜伏与蔓延机会,又增加可利用的木材,否则会影响市容和造成危害。伐前应调查其死亡原因,观察四周环境,仔细分析砍伐过程可能对建筑、电线、交通、行人等安全问题,经申请报批,即可进行伐除。街道、居民院内的死树需砍伐时,应在有经验的老工人参与指导下,按符合安全的程序(如先锯枝、后砍干)和措施(如吊枝落地)进行。伐后对残桩也应尽早挖掘清理,并填平地面。

七、围护、隔离

多数树木喜欢土质疏松,透气良好。因长期的人流践踏,造成土壤板结,会妨碍树木的正常生长,引起早衰,特别是根系较浅的乔、灌木和一些常绿树,反应更为敏感。对这类树木在改善通气条件后,应用围篱或栅栏加以围护。但应以不妨碍观赏视线为原则。为突出主要景观。围篱要适当低些;造型和花色宜简朴,以不喧宾夺主为佳,围护也可用绿篱等形式。

八、看管、巡查

为了保护树木、免遭或少受人为破坏。一些重点绿地应设置看管和巡视的工作人员,如吸收退休工人参加等。他们的主要职责如下:

1.看护所管绿地,进行爱护树木的宣传教育,发现破坏绿地和树木的现象,应及时劝阻和制止。

2.与有关部门配合,协同保护树木,同时保证各市政部门(如电力、电讯、交通等)的正常工作。

3.检查绿地和树木的有关情况,发现问题及时向上级报告,以便得到及时处理。

第四章　草坪的施工与养护

各国的现代化建设都非常重视发展草坪、地被植物。凡是土壤裸露的地面,都应铺栽草坪等覆盖起来。地面铺上草坪就像盖上一块绿色地毯,茵茵绿草给人以和平、凉爽、亲切、舒适的感觉,对人们的生活环境起到良好的美化作用。同时还可以起到防止水土流失、避免尘土飞扬、保护环境卫生、吸收有害气体、消除大气污染、新鲜空气、减少噪声、调节气温。增加空气中的相对湿度,缓和阳光辐射、保护人们的视力等作用。因此,随着我国社会主义建设和城市现代化的发展,大力发展草坪,将成为城市绿化建设中愈来愈重要的组成部分。为此有必要学习草坪的种植施工与养护管理技术。

第一节　草坪的施工

一、整地

栽种草坪,必须事先按设计标高,整理好场地,主要操作内容包括挖(刨)松土地、整平、整理、施肥等,必要时还要换土。对于有特殊要求的草坪,如运动场草坪,还应设置排地下水设施。

(一)土壤准备

草坪植物根系分布的深度一般在 20～30cm 的范围内,如果土质良好,有时草根可以深入地下 1 米以上;在这种条件下,地上部分自然表现良好。可见深厚,肥沃的土壤对草坪的生长,发育大有好处。所以,种植草坪的土壤,厚度以不少于 40cm 为宜,并需耕翻疏松,为草坪植物的生长创造良好的生活条件。

对含有砖石等杂质的土壤,虽然对草坪植物生长没有多大影响,但妨碍管理操作。所以应将杂物挑(拣)出来。必要时应将 30～40cm 厚的表土全部过筛。碱性土或又含有石灰,以及受过污染等有害于草坪生长,则应将 40cm 厚的表层土,全部刨松运走,另换沙质壤土,有利于草坪植物的生长发育。一般草坪适合在微酸、中性或微碱性土中生长,江南过酸之土撒施石灰中和。

(二)施底肥

为提高土壤肥力,最好施一些优质有机肥料做基肥。但不要用马粪或牛粪,因其中含有大量杂草种子,会造成以后草坪中野草滋生,后患无穷。

施肥量:每亩约可施农家肥 2500～3000kg,或麻渣每亩 1000～1500kg,如需施磷肥可每亩施过磷酸钙 10～15kg。不论施那种肥料,都应粉碎,撒匀或与土壤搅拌均匀,撒后翻入土中。

（三）防虫

为防治地下害虫，保护草坪根系，可于施肥的同时，每施以适量农药，必须注意撒施均匀，避免药粉成块状，影响草坪植物成活。

（四）整平

完成以上工作以后，按设计标高将地面整平，并注意保持排水坡度（一般采用0.3%～0.5%的坡度）。场地当中，千万不可出现坑洼之处，以免积水。最后用碾子轻轻碾压一遍。整地质量好坏，是草坪建立成败的关键之一必须认真对待，绝不可马虎从事。这在过去实践中是有很多经验教训的。

体育场草坪对于排水的要求更高，除应注意搞好地表排水（坡度一般可采用0.5%～0.7%）以外，还应设置地下排水系统。有些地段采用盲沟排水法。具体做法是：挖沟1m左右，沟宽1m左右；沟内自下而上分层填入小卵石、粗砂、细砂，并在细砂上垫30cm左右土壤，盲沟之间相隔15m左右。盲沟两端与排水干管相通。

二、种植

（一）播种

利用播种繁殖形成草坪，如北京地区对羊胡子草和结缕草可用此法。其优点是施工投资最小，从长远看，实生草坪的时间比其他方法更长。

1. **选种**　播种用的草籽必须要选用适合的草种，发芽率要高。不含杂质（特别是绝对不能含野草种子）。羊胡子草的草籽，最好用隔年的陈籽，结缕草则必用新种子。

2. **播种量**　播种前必须做发芽试验，以便确定合理的播种量。一般情况下，羊胡子草每亩播种5～6kg；结缕草需14～15kg。

3. **种子处理**　为使草籽发芽快、出苗整齐，播种前应作种子处理，结缕草可用0.5%NaOH溶液浸泡24小时，捞出后再用清水冲洗干净，最后将种子放在阴凉、干燥处，即可播种。羊胡子草籽的处理方法有二：一为流水冲洗96小时；一为用40～50℃的温水浸种，并随时用棍搅拌，水应变后用清水冲洗，以除去种皮外面的蜡质，即可播种。

4. **播种时间**　主要根据草种与气候条件来决定。播种草籽，自春季至秋季均可进行。冬季不过分寒冷的地区，以早秋播种为最好；此时土温较高，根部发育好，耐寒力强，有利越冬。土墒高，有利草籽发芽，而且一般杂草都已发芽，可于播种前清除，避免和草坪竞争；草籽出芽后还有一段生长时间，次年就能迅速萌发盖满地面。增强了与野草的竞争能力，可以很快地形成草坪。而其他时间，都有些不易解决的问题。如春季、天气干旱，土壤湿度小，气温低，不利草籽萌芽，且和野草共生，管理非常费工；而雨季，高温多雨虽有利于草籽发芽，但遇暴雨会冲刷草籽造成出苗不匀的现象。由于各地气候条件不同，应因地制宜地选择本地区最适宜的播种时间。草坪在冬季越冬有困难的地区，只能采用春播。但春播苗多易直立生长，播种量应稍多些。

5. **播种方法**　一般采用撒播法。先在地上做3m宽的条畦，并灌水浸地；水渗透稍干后,用特制的钉耙(耙齿间距 2～3cm),纵横搂沟,沟深 0.5cm;然后将处理好的草籽掺上 2 至 3 倍的细砂土,均匀地撒播于沟内。最好是先纵向撒一半;再横向撒另一半,然后用竹扫帚轻扫一遍,将草籽尽量扫入沟内,并用平耙平。最后用重 200 斤 300kg 的碾子碾压一遍(潮而粘的土,不宜碾压)。为了使草籽出苗快,生长好,最好在播种的同时混施一些速效化肥。

6.后期管理 播种后应及时喷水、水点要细密、均匀,从上面下慢慢浸透地面。第 1～2 次喷水量不宜太大;喷水后应检查,如果现草籽被冲出时,应及时复土埋平。浇过第二遍水后则应加大水量,经常保持土壤潮湿,喷水决不可间断。这样,约经一个多月时间就可以形成草坪了,此外,还必须注意围护起来,防止有人践踏,否则会造成苗严重不齐。

(二)栽植法(或称种草法)

常利用裸根栽植草根或草茎(有分节)的方法,繁殖草坪。此法操作方便,费用较低,管理容易,能迅速形成草坪。

1.栽植时间 自春至秋均可进行,为及早形成草坪,一般栽植时间宜早不宜迟。

2.选择草源 草源地一般是事前建立的草圃,特别是分枝能力不强的草种以保证草源充足供应。在无专用草圃的情况下,也可选择杂草少,生长健的草坪做草源地。草源地的土壤,如果过于干燥,应在掘草前灌水。水渗入深度应在 10cm 以上。

3.掘草 掘起匍匐性草根,其根部最好多带一些宿土,掘后及时装车运走。草根堆放要薄,并放在阴凉之地,必要时可以搭棚存放,并经常喷水保持草根潮湿,一般每平方米草源可以栽种草坪 5～8 平方米。

掘非匍匐性的羊胡子草,应尽量保持根系完整丰满,不可掘的太浅造成伤根。掘前可将草叶剪短,掘下后可去掉草根上带的土,并将杂草挑净,装入湿蒲包或湿麻袋中,及时运走。如不能立即栽植,也必须铺散存放于阴凉处,并随时喷水养护。此草一般每平方米草源可栽草坪 2 平方米。

4.栽草

(1)羊胡子草的栽植法,将结块草根撕开。剪掉草叶,挑净杂草,将草根均匀的铺撒在整好的地面上;铺撒密度以草根互相搭接,基本盖严地面即可,覆细土将草根埋严,并用 200 公斤重的光面碾子碾压一遍,然后及时喷水。水点要细,以免将草根冲露出来。第一次喷水量要小,只起到压土的作用即可,如发现草根被冲出,应及时覆土埋严;以后喷水要勤,保持土壤经常潮湿,以利草根成活生长。这样,一般 2～3 周就可以恢复生长了。

(2)匍匐性草的栽植方法:匍匐性草类,其茎有分节生根的特点。故根、茎均可栽植形成草坪,常用点栽及条栽二种方法:

点栽法:点栽比较均匀,形成草坪迅速,但比较费人工。栽草每二人为一个作业组,一人负责分草并将杂草挑净;一人负责栽草。用花铲挖(刨)穴(坑),深度和直径均为 5～7cm;株距 15～20cm,按梅花形(三角形)将草根栽入穴内,用细土埋平,用花铲拍紧,并随时顺势搂平地面,最后再碾压一次,及时喷水。北方地区常采用畦灌的方法,事先按地势高低,在合适的地方做好畦埂,高 15cm 左右,经常灌水保持草地潮湿,很快就可以形成草坪。

条栽法：条栽比较节省人力，用草量较少，施工速度也快，但草坪形成时间比点栽的要慢，操作方法很简单，先挖（刨）沟，沟深5～6cm，沟渠20～25cm，将草鞭（连根带茎）每2～3根一束，前后搭接埋入沟内，埋土盖严、碾压、灌水，以后要及时挑除野草。北方地区一般需经第二年，草坪才能形成。

(三) 铺草块

就是用带土成块移植铺设草坪的方法，此法可带原土块移植，所以形成很快。除土冻时间，一年四季均可施工，尤以春、秋两季为好，各草种均适用。缺点是成本高，且容易衰老。

1. 选择源地 铺草用的草源地一定要事前准备好。所选的草源地，要交通方便，土质良好，容易挖掘运输，并且杂草要少。掘草前应加强养护管理，如去净野草，施肥等。草源地与草坪的面积比例一般不足1：1，即1平方米草源地尚不能够铺足1平方米草坪。所以草源地一定要充足，并留有余地。

2. 掘草块 在选好的草源地上，事先灌足一次水，待水渗透后便于操作时，人工可用平铣或用带有圆盘刀的拖拉机，将草源地切成纵30cm横20～25cm的长块状。切口约10cm深，然后用平铣或平铲起出草块即成。注意切口一定要上下垂直，左右水平，这样才能保证草块的质量。草块带土厚度约5～6cm或稍薄些。

3. 运输及存放草块 草块掘好后，可放在宽20cm×长100cm×厚2cm的木板上，每块木板上放草块2～3层，装车时用木板抬。运至铺草坪现场后，应将草块单层放置，并注意遮阴，经常喷水，保持草块潮湿，并应及时铺栽。

4. 铺草块 铺草块前，应检查场地是否整平等准备工作情况，必须将一切现场准备工作做完后方可施工。铺草块时，必须掌握好地面标高，最好采用钉桩拉线的方法，作为掌握标高的依据。可每隔10m钉一木桩，用仪器测好标高，做好标记，并在木桩上拉紧细线绳。铺草时，草块的土面应与线平齐，草块薄时应垫土找平；草块太厚则应适当削薄一些。铺草块应和砌墙一样，使缝隙错落互相连接。草块边要修整齐，相互挤严，外不露缝；草块间填满细土，随时用木拍拍实。要求草块与草块、草块与地面紧密连接。应随时检查，保证铺平，否则将来低洼积水，影响草坪生长。最后用500kg的碾子碾压，并及时喷水养护，约10天左右即可形成。铺草时，发现草块上带有少量杂草的，应立即挑净，如杂草过多，则应淘汰。

第二节 草坪的养护管理

草坪施工只是草坪建设的第一步，因为施工只用较短时间就可完成任务，而施工过后要使草坪成活、长好，则需日复一日，年复一年，少则几年，长则几十年的养护管理工作。有人认为草坪无非是"草"，只要有一点的生活条件就可以长好。实践证明，这种认识是不对的。要想达到绿草如茵，寸土不露的效果，就必须对草坪进行良好的养护管理。

一、草坪养护管理的质量标准

一级：
1. 覆盖度达 95％以上；
2. 基本无杂草；
3. 生长茂盛,颜色正常,不枯黄；
4. 华北地区每年修剪四次以上；华东地区需达 8～10 次之多；
5. 无病虫害。

二级：
1. 覆盖度达 90％以上；
2. 基本无杂草；
3. 生长正常,颜色正常,不枯黄；
4. 华北地区每年修剪二次以上；华东地区应达 6～8 次之多；
5. 基本无病虫害。

三级：
达不到二级标准的,均属三级。

二、浇水

草坪植物一生不能缺水,干旱地区必须经常为草坪补充水分。所以在施工前就应查明和备好水源和适宜的供水设施,最好有人工降雨等喷灌设备。

新植的草坪,除雨季外,每周浇水 2～3 次,水量要足,保证渗入地下 10cm 以上。夏季天气炎热,最好不要在烈日当头的中午浇水,因温差变化太大,会影响草坪植物的正常生长。

对于建成年代较长,已经正常生长的草坪,视当地气候状况,最好于每年开春发芽前和秋草枯黄停长（北方于土地土冻前）时,各浇一次足水。前者称"春水"；后者称"灌冻水"。这二次灌水对次年生长,安全越冬,作用都很大。在草坪生长季节,如遇干旱也要定期灌水。

三、施肥

植物需要足够的土壤营养条件,才能保证正常生长发育,城市土壤往往质地很差,尽管施工时有的已经施了些底肥,但由于植物每年的吸收,肥力会逐渐减退,故应经常补充。有的草坪,种植时未施基肥,则更需施肥,才能保证草坪植物生长茂盛,颜色鲜绿,草坪植物在生长期最需要的是氮肥,其次是磷、钾肥,甚至某些微量元素也很重要。要根据情况确定肥料种类、施肥量和施肥方法。

（一）施堆肥

1. 堆肥的制作 用厩肥、人粪尿、树叶、草、壤土或河泥土堆积,需经过多次翻捣,使之充分腐熟。注意厩肥不可用马粪；壤土不可用表层土,因它们含杂草种籽过多。施用前,应过一次筛,选用细碎之肥。

2. **施用时间** 从晚秋至早春,整个休眠时期均可使用。

3. **施肥量** 每亩1000~1500kg。每隔2~3年施一次。

4. **施肥方法** 先将草叶剪去(剪下的草叶仍可做堆肥材料)、将肥料均匀的撒施于草坪表面。坑洼处可以用肥料垫平,施肥后喷水压肥。

(二)施化肥

主要在生长季作追肥用:一般施法为喷施(根外追肥),即将选好的化肥按比例(硫铵1:20、尿素1:50)加水稀释,喷洒于叶面,既可起到施肥的作用;也可以将化肥按规定用量加少量细土混合均匀后,撒施于草坪上。追施化肥的次数,应灵活掌握,一般每年2~3次即可。每次施肥后应适量喷水使其均匀的渗入土中。但水量不宜过大、过猛造成肥料流失。对刚修复的草坪,不能施化肥。否则会使剪口枯黄,一般在剪后一个星期。

四、修剪(滚草)

(一)修剪目的

1.通过修剪可以使草坪平坦、低矮,有的还可以剪成美丽的花纹,增加观赏效果。

2.促使分蘖,增加草坪的密度。

3.通过多次修剪,还可以消灭某些双子叶杂草(不使结籽),保证草坪的纯度。

(二)剪草工具

最好用剪草机修剪,剪草机有人力的、机动的和电动的,可根据需要和条件选用。小面积草坪也可以用镰刀或绿篱剪修剪,但效果不如剪草机剪的整齐。

(三)修剪次数与剪法

修剪次数,目前尚无统一认识。一般对生长旺盛的草应多剪几次,对生长较弱的草则应少剪。最好是当草坪高度超过10~15cm时就应修剪,否则过高剪后会留下黄茬。修剪高度以留茬4~5cm为宜,剪草前应先清除草坪中的石块、树枝等杂物,以免损伤剪草机。剪草时间最好是在清晨草叶挺直的时候,中午草叶发蔫,很难剪齐。剪草时要按顺序进行,保持草坪的清洁整齐,剪下的草叶要及时清理(可做堆肥用)。北方地区还有杂草结籽("立秋"后的十八天前)修剪一次的习惯;这样更有利于消灭杂草,因农谚有"立秋十八天,寸草都结籽"一说,此时剪除了杂草结籽部分,自然可以消灭以种子繁殖的杂草。

五、除杂草

杂草是草坪的大敌,草坪若管理不善,一经杂草侵入,轻者影响观瞻,重者会造成全部报废。可见消除杂草,是草坪养护管理中极为重要的一项工作,特别是新种植的草坪。清除杂草的工作更为重要。应在杂草还幼小的时候进行认真的消灭,才能收到良好的效果。据试验,北方地区春季点栽的野牛草草坪,注意及早除杂草的,到秋季,覆盖率达100%,

而对照地仅达5%。

危害草坪的杂草分两大类：一类是单子叶杂草；另一类是双子叶杂草。以其生存年限，又可分为一年生，二年生及多年生杂草。在一年中，杂草危害以夏季最为严重。

当前我国除杂草，主要靠手工操作，常人工用小刀连根挖出。像江南的香附子等，深根性恶性杂草很难除尽。草坪质量要求高的，如果杂草太多，只好挖除另行重建。由于人力除草太费工，近年试验化学除草。化学除草剂的种类、配方，应根据杂草种类、天气状况、气温高低等因素来决定。

市场上供应的化学除草剂品种很多，据试验有几种效果好，现简介如下，供参考：

(一) 20%二甲苯氯乳剂

对双子叶杂草有较强的杀伤力，主要是通过茎、叶或草根吸收后，输送到杂草的全身，扰乱其生理机能。典型的受害症状是茎叶扭曲，继而枯亡；同时对杂草的种子发芽也有一定的抑制作用。施用方法，据北京在野牛草草坪上试验，当春季发现出现双子叶杂草时，可喷此药，每平方米施药量为1~2ml；据杭州市园林局试验，用750~1000倍液（随气温高低而定，高时应稀）对香附子也有显著杀伤作用，另试验2,4-D，用此浓度也可，此药对各种双子叶植物均有害，故千万不可与树木、花卉的枝叶接触。

(二) 5%可湿性西玛津粉

据北京试验观察，野牛草对西马津有很强的抵抗力。其至能延长草坪的绿色时期，此剂的杀杂草能力很强。所以是野牛草草坪上除杂的理想除莠剂。

均匀的喷施西玛津以后，草坪地面成为一层药膜。杂草种子发芽后，一经吸收药液传入叶片，杂草就会丧失光合能力，以致不能制造养分，饥饿而死亡。所以说，西玛津具有"封地"的作用。

西玛津每亩用量3~6市两，喷洒要均匀。

(三) 25%可湿扑草醚粉（或乳剂）

据北京试验，在野牛草草坪上，每亩用量1~1.5kg，可以稀释喷洒，也可以混细土均匀撒放于地面。

据杭州市园林局试验，扑草净等其他制剂都有效。还可用混合配方，以2,4-D 5份与扑草净2份混合800~1000倍液；或以2,4-D 1份与除草醚1份混合360~500倍液，对早熟禾、香附子及部分宽叶杂草，都有明显效果。

总之，应用除草剂灭草坪中的杂草，是一重要途径，还应多方学习，广泛试验加以推广。一切需经小面积试验，然后大面积应用。目前看来，施用除草剂的关键措施是要求撒布均匀；如果施用不匀，药量少的地方，药力不足，杂草仍能发生；而药力过大之处，甚至会杀死草坪植物。所以在施用时，如果采用喷洒法，应适当加大水量稀释。如果掺细土撒施（毒土），则应加大掺土量。在夏秋高温季节施用，只要进行2~3次化学除草，即可基本控制杂草的蔓延。具体施用时间，应选晴朗无大风天，每天9时后至下午4时前为宜。雨季只要24小时内不下雨，就可喷施，施药应及时，一般对杂草幼苗期作用大，宜及时施用。

除草剂对各种植物均有害,故应避免与树木、花卉接触;对人、畜也有毒,要注意安全。还要做到药、机专用、专库保管。喷洒药剂时为避免药液沉淀,应随时搅拌。只要不断总结提高,草坪化学除莠定会很快发展。

六、管护

由于我国人口多,草坪少,大家都很喜欢,但养护管理较差。因此,保护草坪防止践踏,是草坪养护管理中一项极为重要的工作。经常性的践踏,会使草坪生长不良,成片死亡,严重影响覆盖度,外观呈黄斑,虎皮状,影响美观。即使是比较耐践踏的草种,也是不能长期忍受的,所以应加强管理。人多的地方,非开放期边上应设栏杆,内拉网绳加以围护;新植草坪及不耐踏的草坪(如羊胡子草坪),绝对不准游人进入。

七、草坪的更新复壮

草本植物的生命期限终究是比较短促的,若要尽量延长草坪的使用年限,就有一个更新复壮的问题。因此必须采取必要的技术措施,尽量延长草坪植物的生命年限。让它尽量多为城市绿化服务几年。现介绍以下几种更新复壮法。

1.**带状更新法** 野牛草、结缕草等具匍匐茎,分节生根的草,可挖除每隔50cm宽一行,并将地面整平,过1~2年就可长满,然后再挖走留下的50cm。这样循环往复,四年就可全面更新一次。

2.**一次更新法** 发现草坪已经衰老,可以全部翻挖出来,重新栽种,只要加强养护管理。很快就能复壮起来,多余的草根,还可以作为草源,扩大草坪面积。

3.**断根法** 用特制的钉筒(钉长10cm左右),来回栽植草坪,将地面扎成小洞,断其老根,洞内施入肥料,促使新根生长;采用滚刀每隔20cm将草坪切一道笼,划断老根,然后施肥,达到更新复壮的目的。

八、排水

草坪内不能长时间积水浸泡,雨季一定要注意及时排除积水,在草坪施工的时候就要考虑排水坡度;同时还应随时用细土填平低洼处。

九、防治病虫害

草坪植物病虫害一般不多,但有时也可能发生地下害虫和一些其他虫害及病害。如有发现,应对症下药及时除治,避免蔓延危害。

草坪是城市园林绿化建设中不可缺少的一个组成部分,要建设和保持优良的草坪,是一件艰苦的工作。其要求之严,不低于其他园林植物。目前,我们各方面都缺少经验,但只要通过大家的共同努力,一定能够实现城市"黄土不露天"的口号。

第五章 花坛的施工与养护

第一节 花坛砌体工程

花坛是在一定范围的畦地上按照整形式或半整形式的图案栽植观赏植物以表现花卉群体美的园林设施。在具有几何形轮廓的植床内,种植各种不同色彩的花卉,运用花卉的群体效果来表现图案纹样或观盛花时绚丽景观的花卉运用形式,以突出色彩或华丽的图案纹样来表示装饰效果。花坛在庭院、园林绿地内广泛存在,常常成为局部空间环境的构图中心和焦点,对活跃庭院空间环境,点缀环境绿化景观起到十分重要的作用。它是在具有一定几何轮廓的植床内,种植各种不同色彩的观花、观叶与观果的园林植物,从而构成一幅富有鲜艳色彩或华丽纹样的装饰图案,以供观赏。在中国古典园林中,花坛是指边缘用砖、石砌成的种植花卉的土台子。

挡土墙是在园林建设上用以支持并防止土体坍塌的工程结构体,即在土坡外侧人工修建的防御墙。在园林建设过程中,由于使用功能、植物生长、景观要求等的需要,常将不同坡度的地形按要求改造成所需的场地。在改造过程中,当斜坡超过容许的极限强度时,原有的土体平衡即遭到破坏,发生滑坡和塌方,所以需在土坡外侧修建挡土墙以维持稳定。花坛墙体实际为挡土墙。

在花坛与挡土墙工程建设过程中,应用到砌体工程。砌体工程与装饰对景观视觉影响较大。砌体工程包括砌砖和砌石。砖石砌体在园林中被广泛采用,它既是承重构件,围护构件,也是主要的造景元素之一,尤其是砖、石所形成的各种墙体,在分隔空间、改变设施的景观面貌、反映地方乡土景观特征等方面得到广泛而灵活的运用。本节将介绍花坛砌体与装饰材料、挡土墙及其施工等。

一、花坛砌体与装饰材料

花坛作为硬质景观和软质景观的结合体,具有很强的装饰性,可作为主景,也可作为配景。根据它的外部轮廓造型与形式,可分为如下几种形式:独立花坛、组合花坛、立体花坛、异形花坛。花坛在布局上,宜设在道路的交叉口,公共建筑的正前方或园林绿地的入口处,或在广场的中央,即游人视线的交会处,构成视觉中心。花坛的平、立面造型应根据所在园林空间环境特点、尺度大小、拟栽花木生长习性和观赏特点来定。

花坛边缘的砖石砌体叫边缘石。花坛边缘处理方法很多,一般边缘石有磷石、砖、条石以及假山等,也可在花坛边缘种植一圈装饰性植物。边缘石的高度一般为10~15cm,最高不超过30cm,宽度为10~15cm,若兼作坐凳则可增至50cm、具体视花坛大小而言。

二、花坛砌体材料

大多数砌体系指将块材用砂浆砌筑而成的整体。砌体结构所用的块材有:烧结普通砖、非烧结硅酸盐砖、烧土空心砖、混凝土空心砖、小型砌块、粉煤灰实心中型砌块、料石、毛石和卵石等。其中，烧结普通砖、料石、毛石、卵石和砂浆等较为常用。

（一）烧结普通砖

烧结普通砖是黏土或页岩、煤矸石、粉煤灰为主要原料，经烧结而成的，其尺寸为则240mm×115mm×53mm。因其尺寸全国统一，故也称标准砖。烧结普通砖分烧结园土砖和其他烧结普通砖。

（二）石材

石材的抗压强度高，耐久性好。石材的强度等级可分为：MU200、MU150、MU100、MU80、MU60、MU50等。它是由把石块做成70mm立方体，经压力机压至破坏后，得出的平均极限抗压强度值来确定的。石材按另加工后的外形规则程度可分为料石和毛石。

（三）砂浆

砂浆是由骨料（砂）、胶结料（水泥）、掺和料（石灰膏）和外加剂（如微沫剂、防水剂、抗冻剂）加水拌和而成。当然，掺和料及外加剂是根据需要而定的。砂浆是园林中各种砌体材料中块体的胶结材料，使砌块通过它的凝结形成一个整体；砂浆起到填充块体之间的缝隙，把上部传下来的荷载均匀地传到下面去，还可以阻止块体的滑动。同时因砂浆填满了块材间的缝隙，也减少了透气性，提高了砌体的隔热性和抗冻性等。砂浆应具备一定的强度、黏结力和工作度（或叫流动性、稠度）。

三、花坛表面装饰材料

花坛的栽植床面一般高出地面十几厘米，边缘石用以固定土壤以防止水土流失和人为践踏。通过装饰材料可以增加花坛的美观。但花坛边缘的形式要简单，色彩要朴素。花坛表面装饰总的原则应同园林的风格与意境相协调，色调或淡雅、或端庄，在质感上或细腻、或粗犷，与花坛内的花卉植物相得益彰。花坛常用的装饰材料有：花坛砌体材料、贴面材料和抹灰材料三大类。花坛砌体材料主要是砖、石块、卵石等，通过选择砖、石的颜色、质感，以及砌块的组合变化，砌块之间勾缝的变化，形成美的外观，如图5-1，5-2所示。石材表面加工通过留自然荒包、打钻路、扁光、钉麻丁等方式可以得到不同的表面效果。

（一）勾缝类型

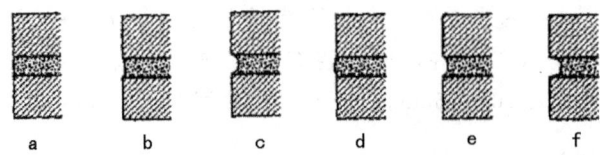

图5-1　砖的勾缝类型
a.齐平；b.风蚀；c.钥匙；d.突出；e.提橘把手；f.凹陷

齐平：齐平是一种平淡的装饰缝，雨水直接流经堵面，适用于露天的情况。通常用泥刀将多余的砂浆去掉,并用木条或麻袋布打光。

风蚀:风蚀的坡形剖面有助于排水。其上方的凹陷在每一砖行产生阴影线。有时将垂直勾缝抹平以突出水平线。

钥匙:钥匙是用窄小的弧线工具压印的更深的装饰缝。其阴影线更加美观,但对于露天的场所不适用。

突出:突出是将砂浆抹在砖的表面。它将起到很好的保护作用,并伴随着日晒雨淋而形成迷人的乡村式外观。可以选择与砖块的颜色相匹配的砂浆,或用麻布进行打光。

提桶把手:提桶把手的剖面图是曲线形的,利用圆形工具获得,该工具是镀锌柄的把手。提桶把手适度地强调了每块砖的形状,而且能防日晒雨淋。

凹陷:凹陷是利用特制的"凹陷"工具将砖块间的砂浆方方正正地按进去,强烈的阴影线夸张地突出了砖线。本方法只适用露天的场地。

(二)勾绕装饰

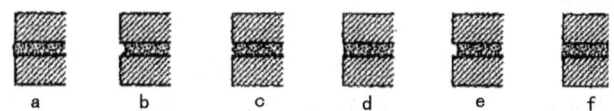

图 5-2 石头勾缝装饰

蜗牛痕迹:蜗牛痕迹使线条纵横交错,使人觉得每一块石头都与相邻的石头相配。当砂浆还是湿的时候,利用工具或小泥刀沿勾缝方向划平行线,石砂浆的更光滑、完整。

圆形凹陷:利用湿的卵石(或弯曲的管子或塑料水管)在湿砂浆处按入一定深度。这使得每块石头之间形成强烈的阴影线。

双斜边:利用带尖的泥刀加工砂浆,产生一种类似鸟嘴的效果。本方法需要专业人士来完成,以求达到美观的效果。

刷:"刷"是在砂浆完全凝固之前,用坚硬的铁刷将多余的砂浆刷掉。

方形凹陷:如果是正方形或长方形的石块,最好使用方形凹陷。方形凹陷带使用专用工具。

草皮勾缝:利用泥土或草皮取代砂浆,只有在石园或植有绿篱的清水石墙上才适用;要便勾缝中的泥土与墙的泥土相连以保证植物根系的水分供应。

花坛贴面材料是镶贴到表层上的一种装饰材料。花坛贴面材料的种类很多,常用的有饰面砖、花岗石饰面板、水磨石饰面板和青石板等。园林中还常用一些不同颜色、不同大小的卵石来贴面。

1.**饰面砖** 适合于花坛饰面的砖有:

(1)外墙面砖(墙面砖),其一般规格为 200mm×100mm×12mm、150mm×75mm×12mm、75mm×75mm×8mm、108mm×108mm×8mm 等,表面分有釉和无釉两种;

(2)陶瓷锦砖(马赛克),是以优质瓷土烧制的片状小瓷砖拼成各种图案贴在墙上的饰面材料。

(3)玻璃锦砖(玻璃马赛克),是以玻璃烧制而成的小块贴于墙上的饰面材料,有金属透明和乳白色、灰色、蓝色、紫色等多种花色。

2.饰面板 用于花坛的饰面板有花岗石饰面板,是用花岗岩荒料经锯切光及切割而成。因加工方法及加工程序的差异,分为下列4种:

(1)剁斧板:表面粗糙,具有规则的条状斧纹。

(2)机刨板:表面平整,具有相互平行的刨纹。

(3)粗磨板:表面光滑、无光。

(4)磨光板:表面光亮、色泽鲜明、面板、装饰效果都好。

3.青石板 系水层岩,材质软,较易风化,其材性纹理构造易于劈裂成面积不大的薄片。使用规格一般为长宽300mm、500mm不等的矩形块,边缘不要求很直。青石板有暗红、灰、绿、蓝、紫等不同颜色,加上其劈裂后的自然形状,可掺杂使用,形成色彩富有变化而又具有一定自然风格的装饰效果。

4.水磨石饰面板 是用水泥(或其他胶结材料)、石屑、石粉、颜料加水,经过搅拌、成型、养护、研磨等工序所制成,色泽品种较多,表面光滑,美观耐用。

(三)花坛抹灰材料

一般花坛的抹灰用水泥、石灰砂浆等材料。它虽然施工简单,成本低,但装饰效果差。比较高级的花坛则用水刷石、水磨石、粘假石、干粘石、喷砂、喷涂及彩色抹灰等。这些材料装饰效果较好。

对于装饰抹灰所用的材料,主要是起色彩作用的石碴、彩砂、颜料及白水泥等。

1.彩色石碴

是由大理石、白云石等石材经破碎而成的。用于水刷石、干粘石等,要求颗粒坚硬、洁净,含泥量不超过2%。使用前根据设计要求选择好品种、粒径和色泽,并应进行清洗除去杂质,按不同规格、颜色、品种分类保洁放置。

2.花岗石石屑

主要用于粘假石面层,平均粒径为2~5mm,要求洁净,无杂质和泥块。

3.彩砂

有用天然石屑的,也有烧制成的彩色瓷粒,主要用于外墙喷涂。其颗粒粒径约1~3mm,要求其彩色稳定性好,颗粒均匀,含泥量不大于2%。

4.其他材料

(1)颜料:要求耐碱、耐光晒的矿物颜料。掺量不大于水泥用量的12%,作为配制装饰抹灰色彩的调刷材料。

(2)107胶:为聚乙烯醇缩甲醛,是拌入水泥中增加黏结能力的一种有机类胶粘剂。目的是加强面层与基层的黏结,并提高涂层(面层)的强度及柔韧性,减少开裂。

(3)有机硅增水剂:如甲基硅醇钠,它是无色透明液体,主要在装饰抹灰面层完成后,喷于面层之外,可起到增水、防污作用,从而提高饰面的洁净及耐久性。也可掺入聚合物水泥砂浆进行喷涂、滚涂、弹涂等。该液体应密封存放,并应避光直射及长期暴露于空气中。

(4)氯偏磷酸钠:主要用于喷漆、滚涂等调制色浆的分散剂,使颜料能均匀分散和抑制在水泥中游离成分的析出。一般掺量为水泥用量的1%。储存要用塑料袋封闭,做到防潮和防止结块。

装饰抹灰所用的材料的产地、品种、批号、色泽应力求相同,能做到专材专用。在配合比上要统一计量配料,并达到色泽一致。选定的装饰抹灰面层对其色彩确定后,应对所用材料事先看样订货,并尽可能一次将材料采购齐,以免不同批、矿的来货不同而造成色差。所用材料必须符合国家有关标准,如白水泥的白度、强度、凝结时间,各种颜料、107胶、有机硅增水剂、氯氯偏磷酸钠分散剂等都应符合各自的产品标准。总之,有些新产品材料在使用前要详细阅读产品说明书,了解各项指标性能,从而可进行检验及按产品说明要求进行操作使用。

四、花坛砌体施工

把花坛及花坛群搬到地面上去,就必须要经过定点放线、砌筑花坛墙体、表面装饰填土整地、图案放样、花卉栽植等几道工序。要根据施工复杂程度准备工具,常用工具为皮尺、绳子、木桩、木框、铁锹、经纬仪等,并按规范要求清理施工现场。

(一)定点放线

根据设计图和地面坐标系统的对应关系,用测量仪器把花坛群中主花坛中心点坐标测设到地面上,再把纵横中轴线上的其他中心点的坐标测设下来,将各中心点连线即在地面上放出了花坛群的纵横线。据此可量出各处个体花坛的中心,最后将各处个体花坛的边线放到地面上就可以了。

(二)花坛墙体的砌筑

花坛工程的主要工序就是砌筑花坛墙体。放线完成后,开挖墙体基槽,基槽的开挖宽度应比墙体基础宽10cm左右,深度根据设计而定,一般在12~20cm之间。槽底上面要整齐、夯实,有松软处要进行加固,不得留下不均匀沉降的隐患。在砌基础之前,槽底应做一个3~5cm厚的粗砂垫层,作基础施工找平用。墙体一般用砖砌筑,高15~45cm,其基础和墙体可用1:2水泥砂浆或M2.5混合砂浆砌Mu7.5标准砖做成。墙砌筑好之后,回填泥土将基础埋上,并夯实泥土。再用水泥和粗砂配成1:2.5的水泥砂浆,对墙抹面,抹平即可,不要抹光;或按设计要求勾砖缝。最后,按照设计,用磨制花岗石片、釉面墙地砖等贴面装饰,或者用彩色水磨石、干黏石米等方法饰面。

如果用普通砖的砌筑,普通砖墙厚度有半砖、一砖、四分之三砖、一砖半、二砖等,常用砌合方法有一顺一丁、三顺一丁、梅花丁、条砌法等。砖墙的水平灰缝厚度和竖向灰缝宽度一般为10mm,但不应小于8mm,也不应大于12mm。灰缝的砂浆应饱满,水平灰缝的砂浆饱满度不得低于80%;实心黏土砖用作基础材料,这是园林中作花坛砌体工程常用的基础形式之一。它是属于刚性基础,以宽大的基底、逐步收退,台阶式的收到墙身厚度,收退多少应按图纸实施,一般有:等高式大放脚每两层一收,每次收退60mm(1/4砖长);间隔式大放脚是两层一收及间一层一收交错进行:

如果用毛石块砌筑墙体,其基础采用C7.5—C10混凝土,厚6~8cm,砌筑高度由设计而定,为使毛石墙体整体性强,常用料石压顶或钢筋混凝土现浇,再用1:1水泥砂浆勾缝或用石材本色水泥砂浆勾缝作装饰。

有些花坛边缘还有可能设计有金属矮栏花饰,应在饰面之前安装好。矮栏的住脚要埋入墙内,并用水泥砂浆浇注固定。待矮栏花饰安装好后,才进行墙体饰面工序。

(三)花坛种植床整理

在已完成的边缘石圈子内,进行翻土作业。一面翻土,一面挑选、清除土中杂物,一般花坛土壤翻挖深度不应小于25cm,若土质太差,应当将劣质土全清除掉,另换新土填入花坛中。在填土之前,先填进一层肥效较长的有机肥作为基肥,然后才填进栽培土。

一般的花坛,其中央部分填土应该较高,边缘部分填土则应低一些。单面观赏的花坛,前边填土应低些,后边填土则应高些。花坛土面应做成坡度为5%~10%的坡面。在花坛边缘地带,土面高度填至墙体顶面以下2~3cm,以后经过自然沉降,土面即降到比缘石顶面低7~10cm之处,这就是边缘土面的合适高度。花坛内土面一般要填成弧形面或浅锥形面,单面观赏花坛的上面则要填成平坦土面或是向前倾斜的直坡面。填土达到要求后,要把上面的土粒整细、耙平,以备植物图案放线,栽种花卉植物。

第二节 花坛的种植工程

布置花坛是城市园林建设的重要组成部分,尤其是盛大节日期间,在街头巷尾、公园绿地,用各种各样的鲜花布置多种形式的花坛,更能增添喜庆气氛。花坛用草花宜选择株形整齐、具有多花性、开花齐整而花期长、花色鲜明、能耐干燥、抗病虫害和矮生性的品种。常用的有金鱼草、雏菊、金盏菊、翠菊、鸡冠花、石竹、矮牵牛、一串红、万寿菊、三色堇、百日草等。花坛的布置,丰富多样,有简有繁。简单的可以用种子直播,或定植一些粗放的宿根花卉。最常见的形式还是移植花苗进行花坛布置。另有用砖、木、钢材等材料构筑成造型优美的花篮、花瓶、人物故事、民间传说、风景小品等式样,栽上适当的花卉,或以花卉为主,配置一些文化内涵的工艺美术品,如"天女散花"、"二龙戏珠"、"化蝶"等,这种形式的花坛,习称为立体花坛。布置花坛,是一项要求较高的绿化施工项目,要使花坛发挥良好的美化效果,必须做到:

一、设计既艺术又科学

设计花坛时,要考虑花坛的形式、大小,与周围环境相协调,而且要留有足够的观赏视距。选用的花卉种类、规格、花色等搭配要合理,不但要讲究艺术上的美感,还必须符合不同花卉种类的生长规律,并且保证生长一段时间后,效果会更好。本着节约、生态、环保的原则,选择花卉尽量选用花期长、病虫害少的花卉进行布置花坛。

二、施工要精准,养护要精心

花坛施工,要严格按照设计规定,位置必须准确,图案线条必须清楚,种植时要保证质量。花坛观赏效果怎样,管理是关键,养护管理一定要做到精心、细致。大部分花坛,主要为草花,一般都很娇嫩,因此必须及时浇水、施肥、修剪、除虫、摘除残花及枯黄枝叶,还要加强维护看管,一旦有死亡残株,就须及时更换,才能保证效果良好和观赏期的延长。

第三节 平面花坛的施工

所谓"平面花坛",是指表面观赏其图案与花色者。花坛本身除呈简单的几何形式外,一般不修饰成具体的形体。这种花坛,园林中最为常见。

一、整地

栽培花卉的土壤,必须深厚、肥沃、疏松。所以,开辟花坛之前,首先要先整地,将土壤深翻40~50cm,挑出草根、石头及其他杂物。如果栽植深根性花木,还要翻得更深一些;如土质很坏,则应全都换成好土。根据需要,施加适量肥性平和、肥效长久,经充分腐熟的有机肥料作底肥。

平面花坛的表面,不一定呈水平状;花坛用地应处理成一定的坡度,为便于观赏和有利排水,可根据花坛所在位置,决定坡的形状,若从四面观赏,可处理成尖顶状、台阶状、圆丘状等形式;如果只单面观赏。则可处理成一面坡的形式。

花坛的地面,应高出所在地的地平面,尤其是四周地势较低之处,更应该如此。同时,应作边界,以固定土壤。最简易的花坛镶边,可用砖埋码成齿牙状即可;有条件的还可以用水刷石、水磨石、天然石块等修砌。花坛外围,最好立低矮的栏杆围护,以保护花坛免受人为的破坏。但应注意花坛镶边和围栏应与花坛本身和四周环境相协调,既不可过于简单、粗陋,破坏景观,又不能过于复杂、华丽而喧宾夺主。

二、定点、放线

栽花前,按照设计图,先在地面上准确的划出花坛位置和范围的轮廓线。放线方法可灵活多样。现简单介绍几种常用的放线方法。

(一)图案简单的规则式花坛

根据设计图纸,直接用皮尺量好实际距离,并用灰点、灰线做出明显标记。如果花坛面积较大,可用方格法放线,即在设计图纸上画好方格,按比例相应的放大到地面上即可。

(二)模纹花坛

图形整齐、图案复杂、线条规则的花坛,称模纹花坛。

模纹花坛,要求图案、线条准确无误,故对放线要求极为严格,可以用较粗的铅丝,按设计图纸的式样,编好图案轮廓模型,检查无误后,在花坛地面上轻轻压出清楚的线条痕迹。

(三)有连续和重复图案的花坛

有些模纹花坛的图案,是互相连续和重复布置的。为保证图案的准确性,可以用较厚的纸张(马粪纸等),按设计图剪好图案模型,在地面上连续描画出来。

总之,放线方法多种多样,可以根据具体情况灵活采用。此外,放线要考虑先后顺序,避免踩乱已放印好的线条。

三、栽植

(一)起苗

1.裸根苗 应随栽随起,尽量保持根系完整。

2.带土球苗 如果花圃地土干燥,应事先灌水。起苗时要保持土球完整,根系丰满;如果土壤过于松散,可用手轻轻捏实。起下后,最好在阴凉处囤放一两天,再运苗栽植。这样,可以保证土壤不松散,又可以缓缓苗,利于成活。

3.盆育花苗 栽时最好将盆退去,但应保证盆土不散。也可以连盆栽入花坛。

(二)花苗栽入花坛的基本方式

1.一般花坛 如果小花苗具有一定的观赏价值,可以将幼苗直接定植,但应保持合理的株行距;甚至还可以直接在花坛内播花籽,出苗后及时间苗管理。这种方式省时省力,而且有利于花卉的生长。

2.重点花坛 一般应事先在花圃内育苗。待花苗基本长成后,于适当时期,选择符合要求的花苗,栽入花坛内。这种方法比较复杂,花费较多,但可以保证观赏效果。宿根花卉和一部分盆花,可以按上述方法处理。

(三)栽植方法

栽花前几天,花坛内应充分灌水渗透,待土壤干湿合适后,再栽。运来之花苗应存放在阴凉处。带土球的花苗,应保持土球完整;裸根花苗在栽前可将须根切断一些,以促使速生新根,栽植穴(坑)要挖大一些,保证苗根舒展,栽入后用手压实土壤,并随手将余土耙(搂)平。栽好后及时灌水。

用五色草栽植模纹花坛时,应根据圃地记录,应将不同品种的五色草区分开,因红草和黑草春季差别很小,要到秋季才能分出各自的颜色,应特别注意不要弄乱。为使图案线条明显,一般都用白草镶作轮廓线。白草性喜干燥。耐寒性也比较强,所在在栽植白草的地方,最好垫高一些,以免积水受涝。模纹花坛应经常修剪整齐,以提高观赏效果。

(四)栽植顺序

1.单个的独立花坛,应由中心向外的顺序退栽。
2.一面坡式的花坛,应由上向下栽。
3.高、低不同品种的花苗混栽者,应先栽高的,后栽低矮的。
4.宿根、球根花卉与一、二年生花混栽者,应先栽宿根花卉,后栽一、二年草花。
5.模纹式花坛,应先栽好图案的各条轮廓线,然后再栽内部填充部分。
6.大型花坛,可分区、分块栽植。

（五）栽植距离

花苗的栽植间距：要以植株的高低、分蘖的多少、冠丛的大小而定，以栽后不露地面为原则；也就是说，其距离以相邻的两株（棵）花苗冠丛半径之和来决定。当然，栽植尚未长成的小苗，应留出适当的空间。

模纹式花坛，植株间距应适当小些。

规则式的花坛，花卉植株间最好错开、插空栽成梅花状（或叫三角形栽植）排列。

（六）栽植深度

栽植的深度，对花苗的生长发育有很大的影响，栽植过深，花苗根系生长不良，甚至会腐烂死亡；栽植过浅，则不耐干旱，而且容易倒伏，一般栽植深度，以所埋之土刚好与根茎处相齐为最好。球根类花卉的栽植深度，应更加严格掌握，一般复土厚度应为球根高度的1～2倍。

第四节 立体花坛的施工

立体花坛是指运用一年生或多年生小灌木或草本植物种植在二维或三维的立体构架上而形成的植物艺术造型，是一种园艺技术和园艺艺术的综合展示。

一、结构造型

传统制作的立体花坛一般选用木制、钢筋或砖木等结构作为造型骨架，现在较多采用钢材作为骨架的主要材料。骨架材料要求轻盈，以轻质钢材为好，它具有易弯曲、能形象地反映出图案的形状等优点。构架的制作是立体花坛成败的关键。先用钢筋条搭建构架，之后用细钢筋条"编织"细节部位，形成网状结构，焊接的间距以15～18cm较为合理，并在构架上安装用来提升它的吊钩，以方便组装和运输。然后有两种方式，一种是直接栽种植物，另一种是先在骨架上固定卡槽等栽植容器，再通过卡槽栽种植物。要充分考虑构架的可移动性和安全性。构架采取可拆卸的形式，便于搬运、安装；构架的基础一定要结实；构架还要经过防锈、防腐处理。

二、填充物及绑扎技术

填充物即介质，可分为营养土、无机固定材料（如矿棉等）或传统的加草泥土。绑扎填充物的材料主要有遮阴网、塑料或麻布，固定绑扎可用铅丝、老虎钳、剪刀等工具。喷灌设施的安装与填充介质同步进行。自动喷灌设施由喷雾和滴管两部分组成，整个喷灌系统全部由电脑自动控制，随时调整喷出的水量，确保植物的新鲜。

三、植物配置与栽植

植物选择与配置的原则：选择植物要因材制宜，应以乡土植物为主。外来植物对丰富当地植物景观大有益处，但引种应遵循"气候相似性"的原则进行。耐瘠薄、耐干旱的植物有十分发达的根系和适应干旱的特殊器官结构,成活率高,适应于水源较缺乏城市的绿化。用于立体花坛的植物根据用途可分为立面植物和配景植物两大类,其中立面植物是表现作品的关键,用于立面的植物要求叶形细巧、叶色鲜艳、耐修剪、适应性极强。同时,在表现立体花坛不同的图案纹样时,要选用色彩上有显著差别的植物,以求图案清晰。

四、种植工艺

如果是通过固定在骨架上的栽植容器栽种植物,需先在栽植容器底部铺上一层稻草或棕丝,接着将培养基质均匀填充进去,然后按照设计图纸进行植物种植。植物栽植要均匀、紧凑,不留空隙,这样才能使其生长一致,色块自然均匀。如果是直接栽种植物,考虑到植物的生长,植物间需预留约5cm的生长空间。

五、养护管理

为确保立体花坛有较长的观赏期,必须加强后期的综合养护管理,主要包括肥水管理、定期修剪、病虫害防治以及对花卉生长和花期的管理。

六、注意的问题

以植物为主体,适量恰当地使用辅助材料;积极开拓,不断增加新的植物材料;提高艺术表现力及细部刻画技能;不断完善微喷技术;手法上运用声、光、电等现代工艺,做到传统风格与现代工艺的完美结合;深度发掘传统文化内涵,促进立体花坛可持续发展;注重并强调立体花坛的生态意义,体现出"和谐"与"可持续发展"的思想。坚持以植物为主体,注意提高文化艺术品位,把艺术与科学技术有机结合,节省开支,不以"大"为追求目标,这才是立体花坛健康发展的正确途径。

第五节 花坛的养护管理

花坛的艺术效果,取决于设计、花卉品种的选配以及施工的技术水平。但是,能否保证生长健壮、开花繁茂、色彩艳丽,却在很大程度上取决于日常的养护管理。

一、浇水

花苗栽好后,在生长过程中要不断浇水,以补充土壤中水分的不足。浇水的时间、次数、灌水量则应根据气候条件及季节的变化灵活掌握。如有条件还应喷水,特别是对模纹花坛、立体花坛、要经常进行叶面喷水。由于花苗一般都比较娇嫩。所以喷水时还要注意以下几方面的问题:

1. 每天浇水时间:夏季炎热季节一般应安排在上午10时前或下午2~4时以后。如果一天只浇一次,则应安排傍晚前后为宜;忌在中午,气温正高、阳光直射的时间浇水。因这时土壤温度高,一浇冷水,土温骤降,对花苗生长不利。

2. 每次浇水量要适度:既不能水过地皮湿,而底层仍然是干的,也不能水量过大。土壤经常过湿,会造成花根腐烂。

3. 水温要适宜:一般春、秋雨季水温不能低于10℃;夏季不能低于15℃。如果水温太低,则应事先晒水,待水温升高后再浇。

4. 浇水时应控制流量,不可太急,避免冲刷土壤。

二、施肥

草花所需要的肥料,主要依靠整地时所施入的基肥。在定植的生长过程中,也可根据需要,进行几次追肥。追肥时,千万注意不要污染花、叶。施肥后应及时浇水。对球根花卉,不可使用未经充分腐熟的有机肥料,否则会造成球根腐烂。

三、中耕除草

花坛内的杂草与花苗争肥、争水,既妨碍花苗的生长,又影响观瞻。所以,发现杂草要及时清除。另外为了保持土壤疏松,有利花苗生长,还应经常中耕、松土。但中耕深度要适当,不要损伤花根。中根后的杂草及残花、败叶要及时清除掉。

四、修剪

为控制花苗的植株高度,促使茎部分蘖,保证花丛茂密、健壮以及保持花坛整洁、美观,随时清除残花、败叶、应经常修剪。一般草花花坛,在开花时期每周剪除残花2~3次。模纹花坛,更应经常修剪,保持图案明显、整齐。对花坛中的球根类花卉,开花过度应及时剪去花梗,以便消除枯枝残叶,并可促使子球发育良好。

五、补植

花坛内如果有缺苗现象,应及时补植,以保持花坛内的花苗完美无缺。补植花苗的品种、规格都应和花坛内的花苗一致。

六、立支柱

生长高大以及花朵较大的植株,为防止倒伏,折断,应设立支柱。将花茎轻轻绑在支柱上。支柱的材料可用细竹竿。有些花朵多而大的植株,除立支柱外,还应用铅丝编成花盘将花朵托住。支柱和花盘都不可影响花坛的观瞻,最好涂以绿色。

七、防治病虫害

花苗在生长过程中,要注意及时防治地上和地下的病虫害,由于草花植株娇嫩,所施用的农药,要掌握适当的浓度,避免发生药害。

八、更换花苗

由于草花生长期短,为了保持花坛经常性的观赏效果,要经常做好更换花苗的工作。

第六章　园林中的其他工程

第一节　园路工程

园林中的道路,即为园路,它是构成园林基本组成要素之一,包括道路、广场、游园等一切硬质铺装。园路除了具有交通、导游、组织空间、划分景区等功能以外,还有造景作用,也是园林工程设计与施工的主要内容之一。

一、园路工程概述

道路的修建在我国有着悠久的历史,从考古和出土的文物来看,我国铺地的结构复杂,图案十分精美。如战国时代的"米"字纹砖,秦咸阳宫出土的太阳纹铺地砖,西汉遗址中的卵石路面,东汉的席纹铺地,唐代以莲纹为主的各种"宝相纹"铺地,西夏的火焰宝珠纹铺地,明清时的雕砖卵石嵌花路及江南庭园的各种花街铺地等。在中国古代园林中,道路铺地多以砖、瓦、卵石、碎石片等组成各种图案,具有雅致、朴素、多变的风格,为我国园林艺术的成就之一。近年来,随着科技、建材工业及旅游业的发展,园林铺地中又陆续出现了水泥混凝土、沥青混凝土以及彩色水泥混凝土、彩色沥青混凝土、透水透气性路面等,这些新材料、新工艺的应用,使园路更富有时代感,为园林增添了新的光彩。

二、园路的工程结构

园路工程结构一般由路基、路面和附属工程三大部分构成。

(一)路基

路基是路面的基础,它不仅为路面提供一个平整的基面,承受路面传下来的载荷,也是保证路面强度和稳定性的重要条件之一。因此,对保证路面的使用寿命具有重大意义。路基用土除含有有机质多的垃圾土、腐殖质土外,一般土壤均可采用。对于未压实的下层填土,经过雨季被水浸润后能使其自身沉陷稳定,其容重为180g/cm,也可以用于路基;在严寒地区,严重的过湿冻胀土或湿软呈橡皮状土,宜采用1:9或2:8灰土加固路基,其厚度一般为15cm。

经验认为:一般黏土或砂性土开挖后用蛙式夯夯实三遍,如无特殊要求,就可直接作为路基。

(二)路面层的结构

1.典型的路面形式

路面层的结构组合形式是多样的,公园园路的面层结构一般比城市道路简单,其典型的面层图式如(图6-1)。

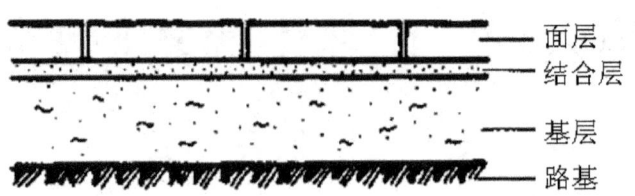

图 6-1 路面层结构

2.路面各层的作用和设计要求

(1)面层:是路面最上面的一层,直接承重。它因承受人流、车辆和大气因素如烈日、严冬、风、雨、雷等的破坏如面层选择不好,就会给游人带来"无风二尺土.雨天一脚泥"或反光刺眼等不利影响。因此,从工程角度讲,面层设计时要坚固、平稳、耐磨耗,具有一定的粗糙度、少尘土,便于清扫。

(2)基层:道路结构主要承重部分,一般在土基之上。而支承面层传递下来的负载,另一方面把此荷载均匀地传给土层,基层不直接接受车辆和气候因素的作用,对材料的要求比面层低:一般用碎(砾)石、灰土或各种工业废渣等筑成。

(3)结合层:在采用块料铺筑面层时,在面层和基层之间,起结合和找平作用。结合层一般用 3～5cm 厚的粗砂、水泥砂浆或白灰砂浆即可。

(4)垫层:道路结构承重的一部分,主要起垫平作用,能增加面层的荷重能力和均匀传到基层。要求均匀密实一般用煤渣土、石灰土等筑成。在园林中可以用加强基层的方法,而不另设此层。

(三)附属工程

1.道牙

道牙一般分为立道牙和平道牙两种形式,其构造如(图 6-2)。它们安置在路面两侧,使路面与路肩在高程上起衔接作用,并能保护路面,便于排水。道牙一般用砖或混凝土制成,在园林中也可以用瓦、大卵石等。

2.明沟和雨水井

是为收集路面雨水而建的构筑物,在园林中常用砖块砌成。雨水井间距按道路纵坡而定,常以 50m、80m 为宜。雨水井上的盖板,其式样造型要十分讲究、流水的孔眼设计要艺术。如古典园林、寺院中多见佳例。

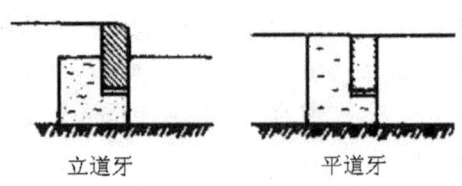

图 6-2 道牙结构图

3.台阶、礓礤、蹬道

(1)台阶:当路面坡度超过 12°时,为了便于行走,在不通行车辆的路段上,可设台阶。台阶的长度与路面宽度相同,每级台阶的高度为 12～17cm,宽度为 30～38cm。一般台阶不宜连续使用,如地形许可,每 10～18 级后应设一段平坦的地段,使游人有恢复体力的机会。为了防止台阶积水、结冰,每级台阶应有 1‰～2‰的向下的坡度,以利排水。在园林中根据造景的需要,台阶可以用天然山石、预制混凝土做成木纹板、树桩等各种形式,装饰园景。为了夸张山势,造成高耸的感觉,台阶的高度也可增至 25cm 以上,以增加趣味。

(2)礓磋:在坡度较大的地段上,一般纵波超过 15%时本应设台阶,但为了能通行车辆,将斜面做成锯齿形坡道,称为礓磋。其形式和尺寸如(图 6-3)。

(3)蹬道:在地形陡峭的地段,可结合地形或利用裸露岩石设置蹬道。当纵坡大于 60%时,应做防滑处理,并设扶手栏杆等(图 6-4)。

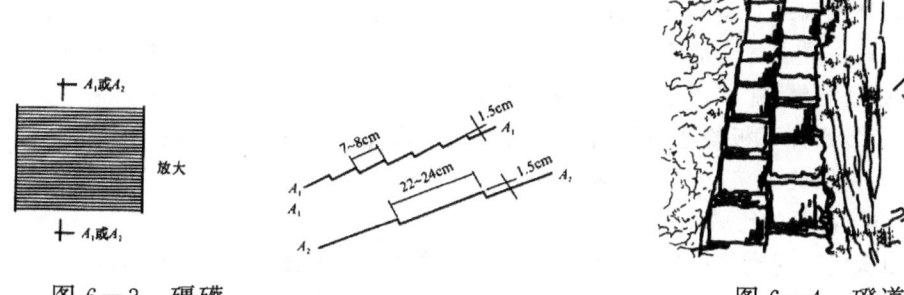

图 6-3 礓磋　　　　　　　　　　　图 6-4 蹬道

4.种植池　在路边或广场上栽种植物,一般应留种植池。种植池的大小应由所栽植物的要求而定,在栽种高大乔木的种植池上应设保护栅。

(四)园路的常见"病害"及其原因

园路的"病害"是指园路破坏的现象。一般常见的病害有裂缝、凹陷啃边、翻浆等。

1.裂缝与凹陷　造成这种破坏的主要原因是基土过于湿软或基层厚度不够,强度不足或不均匀,在路面荷载超过土基的承载力时出现。

2.啃边　路肩和道牙直接支撑路面,使之横向保持稳定。因此路肩与其基土必须紧密结实,并有一定的坡度。否则由于雨水冲刷使之损坏,并从边缘起向中心发生的破坏现象叫啃边(图 6-5)。

3.翻浆　在季节性冰冻地区,地下水位高,特别是对于砂性土基,由于毛细管的作用,水分上升到路面下,冬季气温下降,水分在路面下形成冰胀,体积增大,路面就会出现隆起现象,到春季上层冻土融化,而下层尚未融化,这样使冰冻的土基变成湿软的橡皮状,路面承载力下降,这时如果车辆通过,将泥土从裂缝中挤出来,使路面破坏,这种现象叫翻浆(图 6-6)

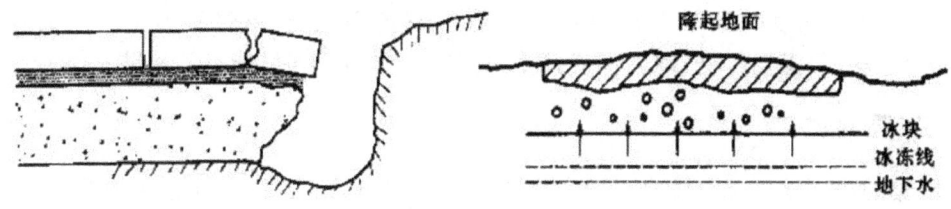

图 6-5 啃边　　　图 6-6 翻浆

路面的这些常见的"病害",在进行路面结构设计时,必须给予充分的重视。

(五)园路的结构设计

1.园路结构设计中应注意的问题

(1)就地取材：园路修建的经费，在整个公园建设投资中占有很大的比例。为节省资金，在园路修建设计时应尽量使用当地材料、建筑废料、工业废渣等。

(2)强面、强基、稳基土：在设计园路时，往往存在对路基的强度重视不够的现象；在公园里，我们常看到一条装饰性很好的路面，没有使用多久，就变得坎坷不平，破破烂烂了。其主要原因：一是园林地形经过整理，其土基不够坚实，修路时又没有充分夯实。二是园路的基层强度不够，在车辆通过时路面被压碎。

为了节省水泥石板等建筑材料，降低造价，提高路面质量，应尽量采用强面、强基、稳基土。使园路结构经济、合理、美观。

2.几种结合层的比较

(1)白灰施工时操作简单，遇水后会自动凝结。白灰的体积膨胀，密实性好。

(2)干砂施工简便，造价低。但经常遇水会使沙子流失，造成结合层不平整。

(3)混合砂浆由水泥、白灰、砂组成，整体性好，强度高，黏结力强。适用于铺筑块料路面，但造价较高。

3.基层的选择

基层的选择应视路基土壤的情况、气候特点及路面荷载的大小而定，尽量利用当地材料。

(1)在冰冻不严重，基土坚实，排水良好的地区，铺筑游步道时要把路基稍微平整，就可以铺砖修路。

(2)灰土基层：它是由一定比例的白灰和土拌和后压实而成。使用较广，具有一定的强度和稳定性，不易透水，后期强度近刚性物质。在一般情况下使用一步灰土(压实后为15cm)，在交通量较大或地下水位较高的地区，可采用压实后为20～25cm或二步灰土。

(3)几种隔湿材料比较：在季节性冰冻地区，地下水位较高时，为了防止发生道路翻浆，基层应选用隔湿性较好的材料。据研究认为，砂石的含水量少，导温率大，故该结构的冰冻深度大，如用砂石做基层，需要做得较厚，不经济；石灰土的冰冻深度与土壤相同，石灰土结构的冻胀量仅次于亚强土，说明密度不足的石灰土(压实密度小于85%)不能防止冻胀，压实密度较大时可以防冻；煤渣石灰土或矿渣石灰土作基层，用7:1:2的煤渣、石灰、土混合料，隔温性较好，冰冻深度最小，在地下水位较高时，能有效地防止冻胀。

三、园路施工

园路的施工是园林总体施工的一个重要组成部分，园路工程的重点在于控制好施工面的高程，并注意与园林其他设施在高程上相协调。施工中，园路路基和路面基层的处理只要达到设计要求，牢固和稳定性即可，而路面面层的施工，则要求更加精细，更加强调对质量的要求。

园路施工工艺流程： 施工放线→修筑路槽→基层施工→结合层施工→面层施工→道牙施工。

（一）施工放线

按道路设计的中线，在地面上每隔20～50m放一中心桩。在弯道的曲线上，应在曲头、曲中和曲尾各放一中心桩，写明标号，再以中心标为准，按路面宽度定下边桩，最后放出路面的平曲线。园路多为自由曲线，应加密中心桩。按设计高用红线标记在中心上，作道路断面各层标高的标准。

（二）修筑路槽

按设计路面的宽度，每侧放出20cm挖路槽，路槽的深度应等于路面的厚度，槽底应有2%～3%的横坡度，并用蛙式夯夯压2～3遍，路槽平整度允许误差不大于2cm。如土壤干燥，待路槽开挖后，在槽底上洒水，使其潮湿，然后再夯。

（三）基层施工

根据设计要求准备铺筑的材料，在铺筑时应注意灰土基层的厚度，一般实厚为15cm，虚铺厚度，因土壤情况不同而为21～24cm。对于炉灰土，虚铺厚度为压实厚度的160%。即压实为15cm虚铺厚度为24cm。

（四）结合层施工

一般用M7.5水泥、白灰、砂混合砂浆或1:3白灰砂浆。砂浆摊铺宽度应大于铺装面5～10cm左右，已拌好的砂浆应当日用完。也可用3～5cm的粗砂均匀摊铺而成。特殊的石材料铺地，如整齐石块和条石块，结合层采用M10号水泥砂浆。

（五）面层施工

在完成的路面基层上，重新定点、放线，每10m为一施工段落，根据设计标高、路面宽度定边桩、中校，打好边线、中线。设置整体现浇路面边线处的施工挡板，确定砌块路面列数及拼装方式，面层材料运入施工现场。

1. 花街铺地　一般用石块、青砖、雕砖、卵石、砖块、碎瓦片（缸片、瓷片）等相结合，组成图案精美、色彩丰富的格式地纹，如人字纹、席纹、海棠花纹、万字、球门、冰纹梅花、长八角、攒六方、四方灯景、冰裂纹等路面。也有采用卵石的圆扁、大小、长尖、色泽不同，巧妙地构筑成各种花卉、鸟兽的图案纹样来，又称卵石嵌花路面。如杭州花港观鱼在牡丹亭边、山坡的一株古梅下，以黄卵石为纸，黑卵石为画，砌成树形图案，组成一幅苍劲古朴的图案，近旁种植红梅一株，根茎相连，形成一体，视之如梅之倒影，故名"梅影坡"；苏州留园在东部庭院中的一块地面上铺成仙鹤的图案；杭州植物园竹类区的一块休憩性小场地，在一片翠竹山石中用卵石拼成翠竹石影图案，在阳光下相映成趣，更增加了幽静的感觉。这些都起到了增加景区特色、深化意境的作用。这种路面耐磨性好、防滑，富有江南铺地的传统特点。

雕砖卵石铺地又被誉称"石子画"，它是选用精雕的砖、细磨的瓦和经过严格挑选的各色卵石拼凑而成的铺地，图案内容丰富，如"古城会"、"战长沙"、"回荆州"等三国故事。有以寓言为题材的图案,如"黄鼠狼给鸡拜年"、"双羊过桥",有传统的民间图案,有四季盆景,花、鸟、鱼、虫等,成为我国园林艺术的杰作之一。

2.现代铺地纹样　　现代园林,由于游客增多,相应的服务设施、管理的需要也增多,这一切都要求铺地承受更大的负担,要求铺地更坚固,更耐压、耐磨、耐看。现代铺地纹样在继承和发扬传统园林铺地纹样的基础上,呈现出多种风貌,有简洁、明快的,也有丰富、细腻的。既重视装饰效果,又注重实际使用效果,体现出铺装的无穷魅力。

常用的现代铺地材料包括彩色水泥混凝土、彩色沥青混凝土、陶瓷地砖、水泥花砖、陶瓷锦砖、大理石、花岗岩及各种渗水砖等。新型铺装材料使铺装场地的布置更符合现代人活动、娱乐、休憩和审美的需要。

混凝土铺地造价低廉。铺设简单,耐压、耐磨,具有极高的可塑性,可根据需要制成各种形状,可以描绘出优美流畅的曲线,可以产生各种各样的质感,从平滑到粗糙无所不包。混凝土可通过一些简单的工艺,像染色技术、喷漆技术、蚀刻技术等,描绘出美丽的色彩和图案,让它改头换面,当前已被广泛地应用于园林道路和休息场地的铺筑。

砖铺地施工简便,不仅种类颜色繁多,形状规格也各不相同。现代砖铺地常采用青砖、红砖、水泥混凝土砖、陶瓷地砖、陶瓷锦砖等。形状有方形、长方形、六边形、马蹄形及其他各种异形砖。砖铺地面要平整,图案花纹由设计定。不同的色彩、规格可组成多种优美图案。

大理石、花岗岩铺地采用天然大理石、花岗岩板材,其表面应洁净、平整、坚实。结合层采用水泥砂(体积比为1:4或1:6)或水泥砂浆。铺砌时结合层与板材应分段同时铺砌,且板材先用水浸湿,表面擦干或晾干后方可铺设。铺砌板材应平整,线路顺直,镶嵌正确;板材间、板材与结合层以及在墙角、镶边和靠墙处均应紧密砌合,不得有空隙。也有与其他材料组合使用形成特殊效果的。

透水透气性铺地是指能使雨水通过,直接渗入地基的人工铺筑地面,具有使水还原于地下的性能。这种铺地结构透水透气,能为植物的生长提供养分,也能为植物的施肥、养护管理提供方便。另一方面,它能增加地面空气湿度,降低空气温度,改善城市的舒适度。目前透水透气性铺地有嵌草铺地、混凝土透水透气性铺地、透水性沥青铺地、渗水砖、沙砾、碎石等类型。

现代地纹既有传统材料的创新运用,更有现代材料的时代风格,除了石材、木材、砖材之外,用一些特殊的可回收材料铺筑地面的理念也应运而生。如玻璃球、废钢材、破砖烂瓦、陶瓷碎片、树皮、果壳等都可以创造出充满趣味的铺装效果。

以上各种材料在现代铺地中常混合使用,形成精美的铺地纹样。

(六)道牙施工

道牙基础宜与路槽同时填挖碾压,以保证密度均匀,具有整体性。弯道处的道牙最好事先预制成弧形,道牙的结合层常用阳水泥砂浆 2cm 厚,应安装平稳牢固。道牙间缝隙为 1cm,用 M10 水泥砂浆勾缝。道牙背后路肩用夯实白灰土 10cm 厚、15cm 宽保护,亦可用自然土夯实代替。

(七)附属工程：雨水口及排水明沟

对于先期的雨水口，园路施工(尤其是机具压实或车辆通行)时应注意保护。若有破坏，应及时修筑。一般雨水口进水链子的上表面低于周围路面 2～5cm。

土质明沟按设计挖好后，应对沟底及边坡适当夯压。

砖(或块石)砌明沟，按设计将沟槽挖好后，充分夯实。通常以 MU7.5 砖(或 80～100 厚块石)用 M2.5 水泥砂浆砌筑，砂浆应饱满，表面平整、光洁。

第二节　假山工程

人们通常所说的假山实际上包括假山和置石两个部分。所谓的假山，是以造景、游览为主要目的，以土、石等为材料，以自然山水为蓝本并加以艺术的提炼和夸张，用人工再造的山水景物的通称。置石是以山石为材料作独立性造景或作附属性的配置造景布置，主要表现山石的个体美或局部组合，不具备完整的山形。一般地说，假山的体量大而集中，可观可游，使人有置身于自然山林之感。置石则主要以观赏为主，结合一些功能方面的作用，体量较小而分散。假山因材料不同可分为土山、石山和土石相间的山。置石则可分为特置、对置、散置、群置等。我国岭南的园林中早有灰塑假山的工艺，后来又逐渐发展成为用水泥塑的置石和假山，成为假山工程的一种专门工艺。

假山设计的理论依据很多，尤其是一些古代山水画家的画论里有许多精辟的论述。中国在园林中造假山始于秦汉。秦汉时的假山从"筑土为山"到"构石为山"。由于魏晋南北朝山水诗和山水画对园林创作的影响，唐宋时园林中建造假山之风大盛，出现了专门堆筑假山的能工巧匠。宋徽宗于政和七年(1117)，建艮岳于汴京(今开封)，并命朱力用"花石纲"的名义搜罗江南奇峰异石运往汴京。自此民间宅园赏石造山，蔚成风气。造假山的手艺人被称为"山匠"、"花园子"。明清两代又在宋代的基础上把假山技艺引向"一拳代山，一勺代水"的阶段。明代的计成、张南阳，明清之交的张涟(张南垣)、清代的戈裕良等假山宗师从实践和理论两方面使假山艺术臻于完善。明代计成的《园冶》、文震亨的《长物志》、清代李渔的《闲情偶寄》中都有关于假山的论述。现存的假山名园有苏州的"环秀山庄"、上海的"豫园"、南京的"瞻园"、扬州的"个园"和北京北海的"静心斋"、中南海的"静谷"等。

假山的施工也是一个艺术再创造的过程，施工质量的好坏不单单从受力分析上能满足山体的稳定，更重要的是假山、置石的艺术效果。假山的堆叠主要依靠匠师的指挥，匠师对假山的最终效果起决定性作用，因此要求叠山的匠师在工作之余应该不断提高自己的艺术修养，了解美学原理，提高假山堆叠的艺术含量。

一、假山和置石的功能作用

假山置石具有多方面的造景功能，如构成园林的主景或地形骨架，划分和组织园林空间，点缀和陪衬作用，还可以与园林建筑、园路、场地和园林植物组合成富于变化的景致，借以减少人工气氛，增添自然生趣，使园林建筑融汇到山水环境中，因此，假山成为表现中国自然山水园的特征之一。

1.构成园林的主景或地形骨架　宋代苏州的沧浪亭、元代元大都的万岁山、明代南京的瞻园、上海的豫园、清代扬州的个园和苏州的环秀山庄等,都是以山为主、水为辅的地形骨架和主景的佳作。

2.划分和组织园林空间　利用假山和置石,作障景、夹景、框景、隔景等不同的艺术处理时,使山有启程开合,水有曲直收放,从而产生园林空间的开朗和闭锁等多种变化,如明清的拙政园、清代的圆明园和颐和园内多处堆砌的假山,均起到这样的结果。

3.点缀和陪衬作用　利用假山和置石的点缀达到点景、对景、背景的效果。如峰石小品、山石台景,结合建筑作尺幅画窗、碧山和云梯、踏跺和蹲配、抱角和镶隅等,来丰富和协调景致;也有结合实用功能布置庭院、驳岸、护坡、挡土,设置自然式花台等增添自然气氛。

二、假山石料的种类和准备

（一）假山石料的种类

山水石料丰厚,色泽艳丽,纹路明晰,形状万千。整体可分为软石类和硬石类。

软石类质地疏松,多孔隙,易雕凿、能吸水,可成长苔藓,有利草木扎根成长。民间称之为"活石",缺陷是较易风化剥蚀。软石中的上水石吸水性强,简单加工既成型,多奇峰异洞;砂积石常用于体现崇山峻岭、山清水秀、风景秀丽;芦管石小巧形状独特,是体现山水风景、山峰石洞的好景石;鸡骨石透漏的特点较明显;浮石吸水功能极好,易附植各种小植物,易加工出各种皴纹;海母石又叫海浮石,吸水性好,易琢。软石类常用于中、小型假山和山水盆景的制作。

硬石类质地坚硬,大型假山制作多用此类,硬石的种类有太湖石、灵璧石、千层石、斧劈石、龟纹石、黄石、石笋石以及河南太行山的青石和红砂岩等。

（二）石料的准备

1.石料的选择　石料的选择应在充分理解设计意图后,根据假山造型规划设计的需要而决定。在遵循"是石堪堆"的原则基础上,尽量采用施工当地的石料,这样方便运输,减少假山堆叠的费用。选择石料时有通货石和单块峰石之别。通货石是指不分大小、好坏,混合出售之石。总之,选择通货石的原则大体是：大小搭配,形态多变,石质、石色、石纹应力求基本统一。

单块峰石造型以单块成形,四面均可观赏者为极品,三面可观赏者为上品、前后两面可看者为中品,一面可观者为末品。根据假山山体的造型与峰石安置的位置综合考虑选购一定数量的峰石。

2.石料的分类　为方便掇山施工,石料运到工地后应分块平放在地面上以供"相石"之需。同时,按大小、好坏、掇山使用顺序将石料分门别类,进行有秩序的排列放置。一般可用如下方法进行：

（1）单块峰石,应放在最安全不易磕碰的地方。按施工造型的程序,峰石多是作为最后使用的,故应放于离施工场地稍远一点的地方,以防止其他石料在使用吊装的过程中与之发生碰撞而造成损坏。

(2)其他石料可按其不同的形态、作用和施工造型的先后顺序合理安放。如拉底时先用,可放在前面一些;用于封顶的,可放在后面;石色纹理接近的放置一处,可用于大面的放置一处等等。

(3)要使每一块石料最具形态特征和最具有观赏性的一面朝上,以便施工时不须翻动就能辨认取用。

(4)石料要根据将要堆叠的大致位置沿施工工地四周有次序地排放,2~3块为一排,成竖向条形。条与条之间须留有较宽裕的通道,以供搬运石料和人员行走需要。

(5)从叠石造山的最佳观赏点到山石拼叠的施工场地,一定要保证其空间地面的平坦无障碍物。观赏点亦叫做"定点"位置,每堆叠一块石料,都应要从堆叠山石处退回到"定点"的位置上进行"相形",以保证叠石造山主观赏面不偏向、走形。

三、假山施工程序和方法

假山设计和施工的过程,不同于一般的园林建筑工程,其原因是山石材料不同于一般的建筑材料。它没有统一的特点和外形规格,仅凭一般的图面设计是难于具体指导工程的。最好按设计意图和图纸要求,先做一个简易小模型,再在施工现场进行再设计。设计者与假山工匠艺人配合,当场施工和设计的两个环节是不可分割的,要有机地配合,又由于山石材料体积大、分量重,施工前必须做好充分准备。

(一)施工现场准备工作

1.工地踏查 对施工现场要反复勘察地形、地势、水文、植被、地上及地下市政设施(道路、桥涵、水电管线等)情况,先地下再地上,领会总体设计意图。

2.绘制施工作业图 要安排好堆放山石材料场地、分区确定石料的数量和堆置地点,尽可能避免搬运,又要预先配足施工工具和材料,如动土、抬石、起运机具和木料、竹料、水泥、灰砂、铅丝、钢筋等,保证工程进展中的一切需要;要做好安全技术准备,安全保险设施和药物,防止工程质量和人身安全事故的发生;要保证工作面有足够的空间,交通运输线路要畅通,运石道最窄2~3m,供人力搬运道宽者5~6cm,供车辆运输道,还要考虑上下道及车辆回转的场地。

(二)假山的结体构成形式

山石结体的外形虽有峰、峦、洞、壑等各种组合单元的变化,但就其山石结合而言,可概括为十多种基本形式。

1.安 指山石的安置。又分单安、双安、三安。安石要稳、要巧。

2.连 指山石的水平衔接。要从总体空间形象和组合单元来安排。前后左右、参差错落。

3.接 指山的竖向衔接。要注意衔接的茬口和纹理走向,依皴结合。

4.斗 指两山石间架置拱石,如自然岩石的环洞和孔穴。

5.挎 指山石侧面空挎一石的衔接。要利用茬口咬压或上层镇压,达到稳固。

6. **拼**　指数块或数十块山石拼成一整块山石的做法。

7. **悬**　指模仿自然钟乳石倒悬石体景观的做法。

8. **剑**　指山石直立安置如剑形，有峭拔挺立、刺破青天之势。多用于各种石笋或其他竖长的山石。立"剑"因石制宜，因境出景，可以造成雄伟昂然的景象，也可以做成小巧秀丽的景象。就造型而言，立剑要避免"排如炉烛花瓶，列似刀山剑树"，最忌"山、川、小。"即石形像那样对称排列就不会有好效果。

9. **卡**　指在上大下小的两山楔口插入山石长于楔口，结构稳定。有如云南石林"千钧一发"的自然之势。

10. **垂**　指从山石顶侧部位倒垂一石的做法。

11. **挑**　指上石借下石支撑而挑伸于下石外侧。挑分单挑、担挑和重挑三种。挑石每层约出挑相当于山石本身长度的 1/3，出挑最大约 2m，要厚薄自然，巧安后竖，使之"其状可骇"，而又万无一失。

12. **撑**　指山石斜撑稳固山体的做法，有如苏州大石山"仙桥"的自然风貌。

(三)施工程序及技术要求

假山的外形千变万化，但就其分层结构而言，大体分为基础、中层和顶层三部分。

1. **奠基**　假山和置石若能坐落在天然岩基上最为理想，否则都需要做基础。具体做法如下：

(1)桩基础：在地下水位高的地段或水域驳岸或水中假山，需作桩基础。有木桩、石桩、钢筋混凝土桩。木桩选柏木或杉木，桩长一般 1m 多，直径 10～15cm，桩距 20cm，呈梅花形排列，其宽度视山底脚宽度而定，做驳岸，少则三排，多则五排。桩顶用花岗石压盖，置于低水位线以下。也可作桩上混凝土基础。

(2)灰土基础：陆上假山多采用灰土作基础。基础应比假山底面宽出半米左右。灰槽深度一般为 50～69cm。2m 以下假山一般打"一步素土，一步灰土"(即布灰 30cm，踩实到 15cm，再夯实到 10cm 厚左右)。2～4m 高的假山用"一步素土，两步灰土"。灰土比例为 8∶7。

(3)混凝土基础：混凝土厚度陆地为 10～20cm，水中为 50cm；混凝土标号用 200 号，不得低于 100 号。水泥砂浆块石用 150 号，水泥∶砂∶卵石比例为 1∶2∶4—6。这类基础耐压强度大，施工速度快。

2. **拉底**　在基础上铺置最底层的自然山石底石材料。要求块大，坚实抗压。施工技术要点：统筹向背、曲折错落、断续相间、严丝合缝、垫平安稳。南方先拉周边底石再填心，北方多在基础上满拉底石一层。

3. **掇中**　即堆掇底石以上，顶面以下的中层部分。这层是假山造型的主要部位，体量最大、观赏面最多的部分。用材广泛，单元组合和结构变化多端。其施工技术要点：接石压茬、偏侧错安、仄立进"闸"、等分平衡。

4. **收顶**　即处理假山最顶层的山石。从结构上要求山石体量大，合凑收压中层山石顶面，使重力均匀分层传递，从外观上要选择轮廓体态富有特征的山石。收顶分三种类型：崖顶、峰顶、峦顶和平顶(见图 6—7)。所有这些收顶的方式都在自然地貌中有本可寻。收顶往往是在逐渐合凑的中层山石顶面加以重力的镇压,使重力均匀地分层传递下去。往往用一块收顶的山石同时镇压下面几块山石,如果收顶面积大而石材不够整时,就要采取"拼凑"的手法,用小石镶缝使成一体。在掇山施工的同时,如果有瀑布、水池、种植池等构景要素,应与假山一起施工,并通盘考虑施工的组织设计。

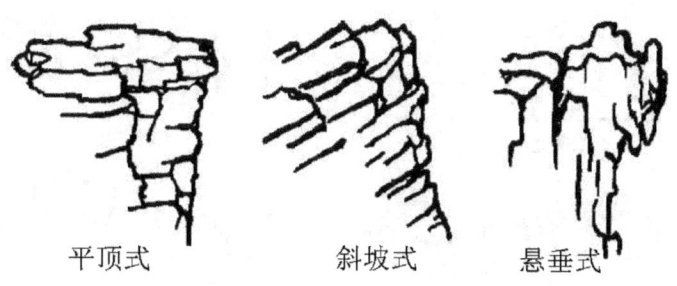

图6-7 崖顶的几种收顶方式

峰有剑立式、斧立式、流云式、斜立式、分峰式、合峰式等(见图6-8)。要求有自然之理,顺自然之势。

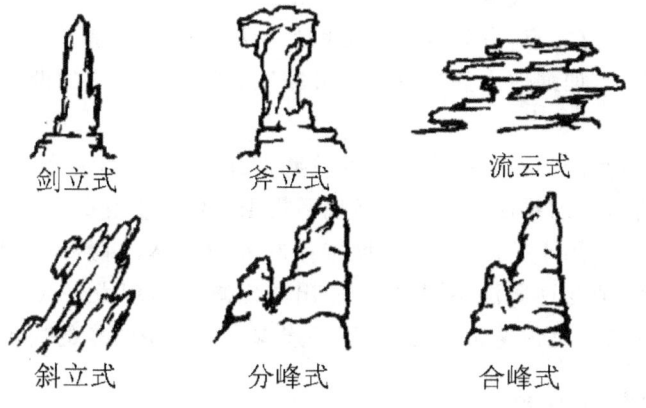

图6-8 峰顶的几种收顶方式

5.**打塞** 塞是起平稳和填充作用的设施。北方称"塞",江南称垫片。施工前先打成大小不等的斧头形塞片,以备随时选用,塞要坚实,承担传递和平衡重力的作用。找准位置,尽量少塞,求其稳固,两石之间不着力的空隙也要适当用块石填充,外围每做好一层,用石块和灰浆填充其中,称"填肚"。

6.**加固** 用铁活固定山石的设施。常用垫铁和钢筋制成。

银锭扣:生铁铸成,用于加固山石水平接缝、划线、凿槽、打卡。

铁爬钉:熟铁制成,用于加固山水水平或竖向衔接。

铁扁担:作为石梁下的垫片,多用于加固山洞。

吊架:见于江南一带采用,有马蹄形和叉形两种。

7.**勾缝和胶法** 勾缝广泛采用"柳叶抹"勾缝,分明缝和暗缝两种。一般水平方向缝勾明缝,竖缝勾暗缝。勾缝材料,现采用水泥缝。湖石勾缝一般再加青煤,黄石勾缝后刷铁屑盐卤等,使与石色协调。

8.做脚 就是用山石堆叠山脚,它是在掇山施工大体完工以后,于紧贴拉底石外缘部分拼叠山脚,以弥补拉底造型的不足。根据主山的上部造型来造型,既要表现出山体如同自然生长的效果,又要特别增强主山的气势和山形的完美。

做脚的方法:具体做脚时,可以采用点脚法、连脚法或块面脚法几种(如图6-9)

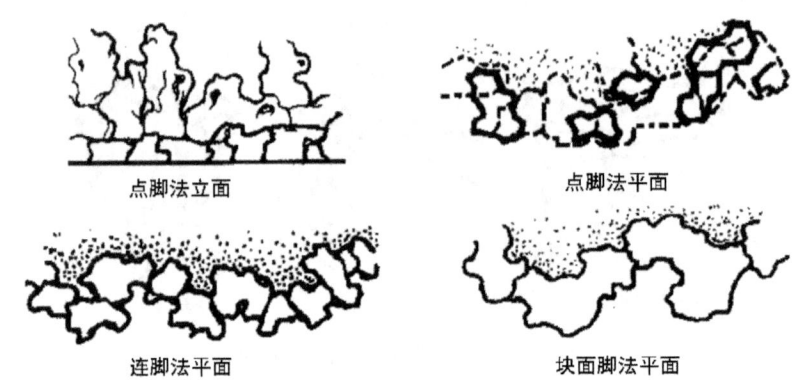

图6-9 做脚的几种方式

①点脚法:主要运用于具有空运型山体的山脚造型。所谓点脚,就是先在山脚线处用山石做成相隔一定距离的点,点与点之上再用片状石或条状石盖上这样就可在山脚的一些局部造出小的空穴,加强假山的深厚感和灵秀感。如扬州个园的湖石山,所用的就是点脚法做脚的。

②连脚法:做山脚的山石依据山脚的外轮廓变化,成曲线状起伏连接,使山脚具有连续、弯曲的线形,同时以前错后移的方式呈现不规则的错落变化。

③块面脚法:一般用于拉底厚实、造型雄伟的大型山体,如苏州的藕园主山山脚。这种山脚也是连续的,但与连脚法不同的是,做出的山脚线呈现大进大退的形象,山脚突出部分与凹陷部分各自的整体感都要强,而不是连脚法那样小幅度的曲折变化。

(四)假山的植物种植

假山工程以土石工程为主,绿化栽植为辅。但奇石配古木,山青水绿,藤蔓缠绕更觉野趣横生。故施工中要求按设计意图和图纸规定,留出保证植物生存的条件和发育的正常空间,达到石树共存,相得益彰。其种植方法有:

1.留种植池

堆山石时预留一定的空地或树穴,乔木每株不得少于1.5平方米的树穴,灌木、藤本可小些。树池四周和底部用灰土夯实,以控制根系生长范围。但必须考虑树下土壤的排水透气良好,可与池底设适当的排水管洞,或填埋疏松的土壤。

2.悬崖式种植

①留树穴:在悬崖不着力处空出穴洞,树木带土球栽入,尺寸不宜过大。

②盘石种植:在土山带石的假山,石与树同时施工,使树从两山石岩隙缝中生长,得盘曲古雅。

③垂悬种植:对蔓生藤木,可在山顶开穴,枝蔓顺岩石下垂生长。

第三节 水景工程施工

掇山理水是中国自然山水园最主要的造园手法,因此,水是园林中重要的造景要素之一。本章主要讲述园林水体的形式、分类和功能;驳岸与护坡的形式和施工方法;湖、溪、涧、瀑布与跌水的设计与施工要点;水池与喷泉的设计方法等内容。

一、水体的形式与分类

水的形态与水所在的环境有关,园林水体的分类多种多样,水体形态也多种多样。总的来说,园林水体可按水体的形式、功能和状态来分。

1.按水体的形式分 根据水体的形式,将水体分为自然水体、规则式水体和混合式水体三种。

(1)自然式水体:指边缘不规则、变化自然的水体,如保持天然的或模仿天然形状的河、湖、池、溪涧、泉、瀑等,水体随地形变化而变化,常与山石结合,如苏州怡园水面、颐和园水体。

(2)规则式水体:指边缘规则,具有明显轴线的水体。一般由人工开凿成几何形状的水环境。按水体线型可分为几何型和流线型。

(3)混合式水体:前两种形式交替穿插形成的水环境。使水体更富于变化,适用于水体组景。如苏州留园水面。

2.按水体的功能分 根据水体的利用功能将其分成观赏性水体和开展水上活动水体两种。

(1)观赏性水体:是以装饰性构景为主的面积较小的水体。具有很强的可视性、远景性。

(2)开展水上活动的水体:可以开展水上活动,如游船、游泳、垂钓、滑冰等具有一定面积的水环境。此类水体活动性与观赏性相结合,并有较好的水质、较缓的驳岸和流畅的岸线。

3.按水流状态分 按水流的状态可将水体分为静态水体和动态水体两种。

(1)静态水体:指园林中成片状汇集的水面。以湖、塘、池等形式出现。主要特点为安详、宁静、朴实、明朗。映出倒影,波光敛艳,丰富了环境景观,增加了环境气氛。

(2)动态水体:是指流水而言。流动的水具有活力和动感,令人振奋。

主要形式有溪、涧、喷水、瀑布、跌水等,利用水姿、水色、水声创造动态的活泼的水景景观,使人感到欢快、振奋。

二、驳岸与护坡

园林水体要求有稳定、美观的水岸来维持陆地和水面有一定的面积比例,防止陆地被淹或水岸塌陷而扩大水面。因此在水体边缘必须建造驳岸与护坡。同时,作为水景组成的驳岸与护坡直接影响园景,必须从实用、经济、美观几个方面一起考虑。

1.驳岸 驳岸是一面临水的挡土墙,是支持和防止坍塌的水工构筑物。多用岸壁直墙,有明显的墙身,岸壁大于45°。驳岸是维系陆地与水面的界限,使其保持一定的比例关系;能保持水体岸坡不受冲刷;可强化岸线的景观层次。

(1)驳岸的形式主要有以下三种:

规则式:块石、砖、混凝土砌筑的几何形式的岸壁,简洁明快,缺少变化,一般为永久性,要求好的砌筑材料和较高的施工技术(见图6—10,6—11)

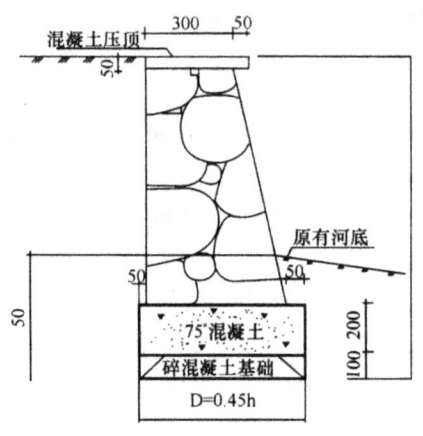

图6—10 上海园林浆砌块石驳岸　　图6—11 块石驳岸

自然式:外观无固定形状或规格的岸坡处理。自然亲切、景观效果好,如假山石驳岸、卵石驳岸(见图6—12)

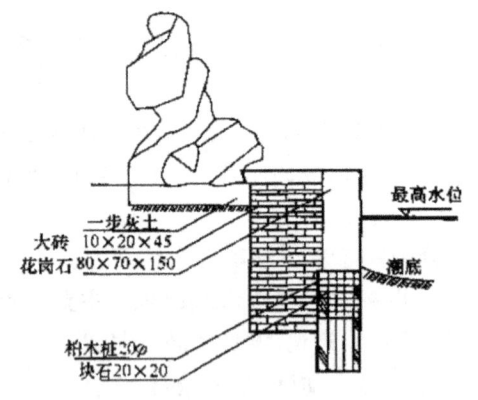
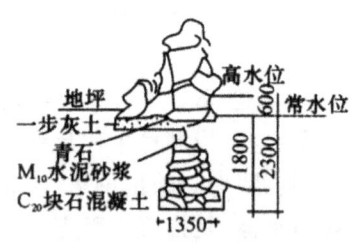

图6—12 颐和园驳岸横断面图　　图6—13 混合型

混合式:规则式与自然式驳岸相结合的驻岸的造型。一般为毛石岸墙、自然山石岸顶,易于施工,具装饰性,适于地形许可并有一定装饰要求的湖岸(见图6—13)

(2)驳岸施工方法:

施工前调查:了解岸线地质及有关情况。

放线:根据常水位线,确定平面位置。

挖槽:人工或机械开挖。

夯实基础:将地基夯实。

浇筑基础：块石之间要分隔，不得置于边缘。

砌筑岸墙：墙面平整、砂浆饱满。25～30m左右作一伸缩缝。

砌筑压顶：用预制混凝土土板块或大块方整石压顶，顶面向水中挑出5～6cm，顶面高出水位50cm为宜。

2. 护坡 护坡是保护坡面、防止雨水径流冲刷及风浪拍击对岸坡的破坏的一种水工措施。在土壤斜坡45°内可用护坡。

护坡是防止滑坡，减少地面水和风浪的冲刷；保证岸坡稳定，自然的缓坡能产生自然亲水的效果。

(1) 护坡的形式：

草皮护坡：坡度在1:5～1:20之间的湖岸缓坡。可用假俭草、狗牙根铺设。（见图6—14）

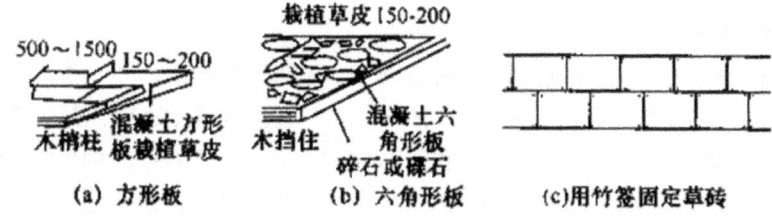

图6—14 草皮护坡

灌木护坡：适于大水面平缓的坡岸，可用沼生植物如千屈菜、水鸢尾、水生美人蕉等。

铺石护坡：当坡岸较陡、风浪较大或因船只需要时，可采用铺石护坡。护坡石料可用石灰岩、砂岩、花岗岩。（见图6—15）

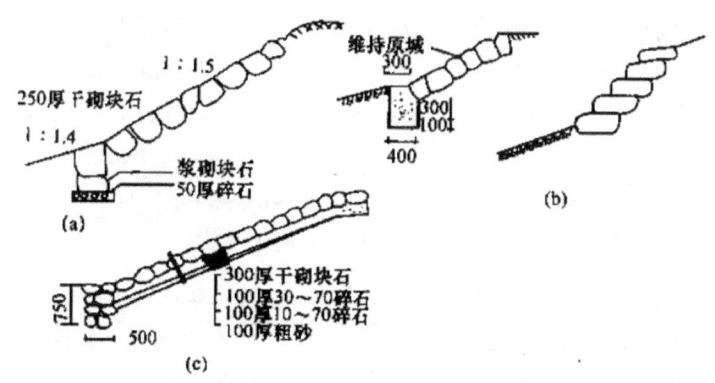

图6—15 铺石护坡

(2) 护坡施工方法（以铺石护坡为例）：

开槽：按设计要求挖基础梯形槽，并夯实土基。

铺倒滤层、砌坡脚石：按要求分层砌筑，坡脚石宜用大石块，并缠足砂浆。

铺砌块石、补缝勾缝：从坡脚石起，由下而上铺砌块石，石块呈品字形排列，保持与坡面平行，石间用砂浆和碎石填满、垫满、填平，用M7.5水泥砂浆勾撞。

三、湖、瀑布与跌水

园林中的各种水景,如湖、溪涧、瀑布与跌水、泉等常常是园林的构图中心,也是山水园最具特色的造景要素。水景设计时,可以利用这些要素进行设计,来形成很好的景观效果。下面分别介绍园林水景中的湖、池、瀑布、跌水等工程。

(一)湖的设计、布置方法及施工

湖是静态的水体,有天然湖和人工湖之分。

人工湖是人工依地势就低挖凿而成的水域,沿境设景,自成天然图画,如现代公园中的人工大水面。天然湖是自然的水域景观,如杭州西湖、无锡太湖等。

湖的特点是:水面宽阔平静,平远开朗,有好的湖岸线及周边的天际线。另湖还可以因有一定水深而有利于水产。

1.湖的布置要点

(1)应充分利用湖的水景特色,形成依山傍水,岸线曲折有致。

(2)湖岸线处理要讲究"线"形艺术,有凹有凸,不宜呈成角、对称、圆弧、直线等线型,园林湖面忌"一览无余",可用岛、堤、桥、舫等形成阴阳虚实、湖岛相间的空间分隔,湖面有丰富的变化。同时,岸顶应有高低错落的变化,水位适当,使人有亲切之感。

(3)开挖人工湖要注意地基情况,要选择土质密细、厚实的壤土,不选黏土或渗透性强的土。

2.人工湖施工要点

(1)一切按设计图纸确定施工过程,确定土方量,定点放线。

(2)考虑基址渗漏情况。好的湖底全年水量损失占水体体积的5%～10%;一般湖底10%～20%;较差湖底20%～40%。以此制定施工方法及工程措施。

(3)湖底做法因地制宜,可用灰土层湖底、塑料薄膜湖底和混凝土湖底等。其中灰土做法适于大面积湖体,混凝土适于小面积的湖池。图6-16所示是常见的几种做法。

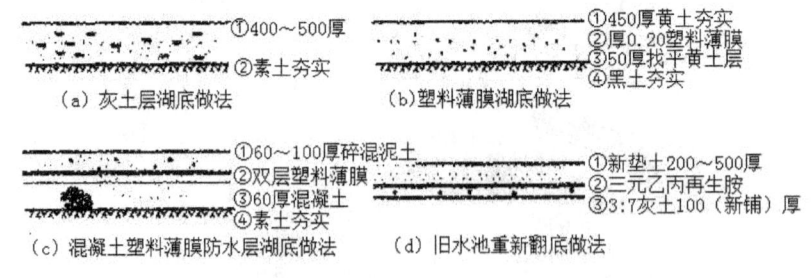

图6-16 几种简易湖底做法(引育毛培琳《水景设计》)

(二)瀑布与跌水设计、布置方法及施工

1.瀑布 瀑布是动态的水体,有天然的和自然的两种。天然的瀑布是由于河床突然陡降形成落水高差,水跌落而下,形成千姿百态、优美动人的壮观之景。人工瀑布则是以天然瀑布为范本,通过工程修建的落花流水景观。

瀑布有垂直瀑布和水平瀑布两种。前者瀑布宽度小于其落差,后者瀑布宽度大于其落差。

(1)瀑布的构成:一般由背景、上游水源、落水口、瀑身、承水潭和溪流五部分组成,如图6-17,瀑身是观赏的主体。瀑布有以下三特点:水流经过之处由坚硬扁平的岩石组成,边缘轮廓线可见;瀑布口多为结构紧密的岩石悬挑而出,又称"泻水石";瀑布落水后到水潭,潭周有岩石和湿生植物。

(2)瀑布落水的形式:常见的有直落、分落、对落、部落、壁落、滑落、段落和连续落。

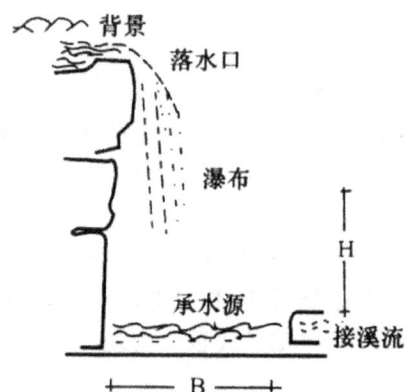

图6-17 瀑布模式及瀑身落差高度与潭面宽度的关系

(3)瀑布设计布置要点:首先是考虑瀑布给水问题,必须有足够的水源。一般是利用天然地形的水位差、直接利用城市自来水、用水泵循环供水三种方法来满足用水。

第二、是从景观角度说,要有一定的天然情趣。要与环境协调,瀑布设计要注意水态景观,要依其环境的特殊情况、空间气氛、观赏距离等选择瀑布的造型。

第三、瀑布落水口是处理的关键,为保证效果、要求堰口平滑。可采用以下三种方法保证堰口有较好的出水效果:一是堰口采用青铜或不锈钢制作;二是增加堰顶蓄水池水深;三是在出水管处加挡水板,降低流速。

第四、从结构来说,凡瀑布流经的岩石缝隙都应封死,以免泥土冲刷至潭中,影响水质。

第五、瀑布承水潭宽度至少应是瀑布高的2/3,以防水花溅出。

2.**跌水** 跌水是指水流从高向低呈台阶状分级跌落的动态水景。

(1)跌水的特点

首先,跌水是自然界落水现象之一。是防止水冲刷下游的重要工程设施,是连续落水组景的方法,因而跌水选址是坡面较陡、易被冲刷或景致需要的地方。第二,跌水人工化明显,其供水管、排水管应注意藏而不露。多布置于水源源头。

(2)跌水的形式

跌水的形式多种多样,就其落水的形态来分,一般将跌水分为单级式跌水、二级式跌水、三级式跌水、多级式跌水、悬臂式跌水、陡坡跌水等。

(3)跌水的设计布置要点

首先要分析地形条件,重点在地势高低变化,水源水量情况及周围景观空间等。其次确定跌水的形式。水量大,落差大,可选择单级跌水;水量小,地形具有台阶状落差,可选用多级式跌水。再者,跌水应结合泉、溪涧、水池等其他水景综合考虑,并注重利用山石、树木、藤本隐蔽供水管、排水管,增加自然气息,丰富景观层次。

四、水池

(一)水池的设计原则

(1)池的形式：池的形式分为自然式水池、规则式水池和混合式水池三种。在设计中可视具体情况而设计形式多样，既美观又耐用的水池。

(2)在设计时，可注意强调岸线的艺术性，通过铺饰、点石、配置使岸线产生变化，增加观赏性。

(3)设计时，规则式水池需要较大的欣赏空间，一般要有一定面积的铺装或大片草坪来陪衬，有时还需雕塑、喷泉共同组景。自然式人工池，装饰性强，即便是在有限的空间里也能发挥作用，关键是要很好地组合山石、植物及其他要素，使水池自然美观。

(二)水池布置

人工池通常是园林构图中心。一般可用作广场中心、道路尽端以及和亭、廊、花架、花坛组合形成独特的景观。水池布置要因地制宜，充分考虑选址现状，其位置应在园中最醒目的地方；大水面宜用自然式或混合式；小水面宜用规则式，尤其是单位绿化。此外，还要注意池岸设计，做到开合有度、聚散得体。

有时，因造景需要，在池内可养鱼，种植花草。但是，水生植物不宜过多，而且要根据水生植物的特性配置，池水不宜过深。

(三)水池的施工过程

1.先对水池的外观进行设计，画出平面图、立面图、效果图。平面设计主要是与所在环境的气氛、建筑和道路的线型特征和视线关系相谐调统一。

2.进行水池的施工设计，画出水池的具体尺寸，一般要画出平面图、立面图、剖面图和管线布置图；平面图要写出平面位置和尺寸，并标注池底、池壁顶、进水口、溢水口和泄水口、种植池的高程和所在剖面的位置。如设水循环处理的水池要注明循环线及设施要求。图6-18为模式管线布置图。水池立面主要朝向各立面处理的高度变化和立面景观。水池池壁顶与周围地面要有合适的高度关系。水池剖面应有足够的代表性。要反映出从地基到壁顶各层材料的厚度。

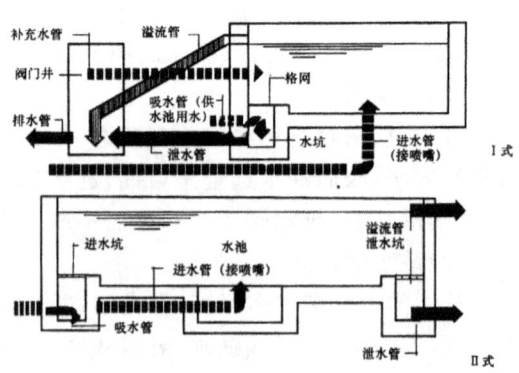

图6-18 水池模式管线布置图

3.根据施工图进行施工。

第四节 水生湿地植物栽植管理工程

一、水生湿地植物概述

水生植物是指生长在水体、沼泽地的植物或湿润的土壤生长的植物,包括草本和木本植物。目前国内通用的分类方法是把水生植物分为六类:

1.**挺水植物** 挺水植物是指茎叶挺出水面的水生植物,常见的有荷花、千屈菜、菖蒲、香蒲、黄菖蒲、慈姑、芦苇、灯芯草、蒲苇等。

2.**浮叶植物** 浮叶植物是指叶片浮在水面的水生植物,常见的有凤眼莲、睡莲、萍蓬草、芡实等。

3.**漂浮植物** 漂浮植物的根不生于泥中,植株部分漂浮于水面之上,部分悬浮于水里,如满江红、水鳖草、浮萍等。

4.**沉水植物** 沉水植物的整个植株全部没于水中,或仅有少许叶尖或花露于水面,如金鱼藻、苦草、黑藻等。

5.**水缘植物** 水缘植物生长在水池边,从水深23cm处到水池边的泥里,都可以生长。水缘植物的品种非常多,主要起观赏作用。种植在小型野生生物水池边的水缘植物,可以为水鸟和其他光顾水池的动物提供藏身的地方。在自然条件下生长的水缘植物,可能会成片蔓延。不过,移植到小型水池边以后,只要经常修剪,用培植盆控制根部的蔓延,不会有什么问题。一些预制模的水池带有浅水区,是专门为水缘植物预备的。当然,植物也可以种植在平底的培植盆里,直接放在浅水区。

6.**喜湿植物** 这类植物生长在水池或小溪边湿润的土壤里但是根部不能浸没在水中。喜湿性植物不是真正的水生植物,只是它们喜欢生长在有水的地方,根部只有在长期保持湿润的情况下,它们才能旺盛生长。常见的有樱草类、玉簪类和落新妇类等植物,另外还有柳树等木本植物。

二、水生植物在人工湿地中的作用

1.水生植物的景观功能

水生植物能够给人一种清新、舒畅的感觉,它不仅可以观色、闻香、还能赏姿,并欣赏映照在水中的倒影,令人浮想联翩。荷叶青翠而洁净,叶型如伞,大而美观。荷花淡雅清香,气质高贵。菖蒲是常绿水生观叶植物,与碎石相配以增加景观效果。芦苇丛植于水边,微风轻拂,哗哗作响,体现了动和静集合。

2.水生植物的生态功能

在人工湿地中水生植物的生态功能主要体现在对水质的净化功能上:

(1)直接吸收利用污水中可利用态的营养物质,吸附和富集重金属和一些有毒有害物质;

(2)为根区好氧微生物输送氧气;

(3)增强和维持介质的水力传输。

水生植物除了可以改善水质外,还具有维护物种多样性、改善气候、净化空气、改善土壤等生态功能。

三、人工湿地植物的选用原则

1. 植物具有良好的生态适应能力和生态营建功能

管理简单、方便是人工湿地生态污水处理工程的主要特点之一。若能筛选出净化能力强、抗逆性相仿,而生长量较小的植物,将会减少管理上尤其是对植物体后期管理上的许多麻烦。

2. 植物具有很强的生命力和旺盛的生长势

(1)抗冻、抗热能力:由于污水处理系统是全年连续运行的,故要求水生植物即使在恶劣的环境下也能基本正常生长,而那些对自然条件适应性较差或不能适应的植物都将直接影响净化效果。

(2)抗病虫害能力:污水生态处理系统中的植物易滋生病虫害,抗病虫害能力直接关系到植物自身的生长与生存,也直接影响其在处理系统中的净化效果。

(3)对周围环境的适应能力:由于人工湿地中的植物根系,要长期浸泡在水中和接触浓度较高且变化较大的污染物,因此所选用的水生植物除了耐污能力要强外,对当地的气候条件、土壤条件和周围的动植物环境都要有很好的适应能力。

3. 所引种的植物必须具有较强的耐污染能力

水生植物对污水中的 BOD_5、COD、TN、TP 主要是靠附着生长在根区表面及附近的微生物去除,因此应选择根系比较发达,对污水承受能力强的水生植物。

4. 植物的年生长期长,最好是冬季半枯萎或常绿植物

人工湿地处理系统中常会出现因冬季植物枯萎死亡或生长休眠而导致功能下降的现象,因此,应着重选用常绿冬季生长旺盛的水生植物类型。

5. 所选择的植物将不对当地的生态环境构成隐患或威胁,具有生态安全性

所选植物根据当地气候等现状条件确定,其应用较成熟和广泛,防止对本土植物形成生态威胁。

6. 具有一定的经济效益、文化价值、景观效益和综合利用价值

若所处理的污水不含有毒、有害成分,其综合利用可从以下几个方面考虑:

(1)作饲料,一般选择粗蛋白的含量>20%(干重)的水生植物;

(2)作肥料,应考虑植物体含肥料有效成分较高,易分解;

(3)生产沼气,应考虑发酵、产气植物的碳氮比;

(4)工业或手工业原料,如芦苇可以用来造纸,水葱、灯心草、香蒲、莞草等都是编制草席的原料。

四、水生植物在人工湿地中的配置

水生植物在人工湿地中的配置不仅仅要考虑到它的景观效果,同时还要考虑到它的生态效益,要形成生态良好的植物群落,才能真正地既达到污水处理的功效,又起到美化丰富水体景观,维护生物多样性的效果。

1.从景观功能角度配置水生植物

(1)水域宽阔处的水生植物配置

此配置应以营造水生植物群落景观为主,主要考虑远观。植物配置注重整体大而连续的效果,主要以量取胜,给人一种壮观的视角感受。如荷花群落、睡莲群落、千屈菜群落或多种水生植物群落组合等。

(2)水域面积较小处的水生植物配置

此配置主要考虑近观,更注重植物单体的效果,对植物的姿态、色彩、高度有更高的要求,运用手法细腻,注重水面的镜面作用,故水生植物配置时不宜过于拥挤,以免影响水中倒影及景观透视线。配置时水面上的浮叶及漂浮植物与挺水植物的比例要保持恰当,一般水生植物占水体面积的比例不宜超过 1/3,否则易产生水体面积缩小的不良视觉效果,更无倒影可言。水缘植物应间断种植,留出大小不同的缺口,以供游人亲水及隔岸观景。

(3)人工溪流的水生植物配置

人工溪流的宽度、深浅一般都比自然河流小,一眼即可见底,此类水体的宽窄、深浅是植物配置重点考虑的因素,一般应选择株高较低的水生植物与之协调,且体量不宜过大,种类不宜过多,只起点缀作用。

2.从生态功能角度配置水生植物

在人工湿地中配置水生植物,不能当作是在园林水景中配置,只把好看放在第一位,美观代替一切的设计是不正确的,否则结果往往会适得其反,导致蚊蝇滋生,水生植物生长失控,水体发黑发臭等负面效应出现。在设计时,一定要以人工湿地的水质处理作为设计依据,模拟自然湿地生物生态群落系统,形成由"挺水植物—浮叶植物—漂浮植物—沉水植物"优化组合的良好生态群落,防止单一种群的侵害,同时也抑制了低等藻类植物的水体富营养化。可以采用人工湿地植物塘床系统,人工湿地塘床系统中的大型水生植物群落是人工湿地生态系统的骨架,起着支撑系统的作用,同时还发挥着净化、美化、绿化环境的作用。成都的活水公园便是一个成功的案例。

五、水生湿地的常用植物

(一)常用植物及其特点、栽培管理

1.花叶芦竹

多年生观叶宿根草本植物。根部粗而多结。秆高 1~3m,叶互生,排成两列,弯垂,具白色条纹。地上茎挺直,有间节,似竹。通常生于河旁、池沼、湖边,常大片生长形成芦苇荡。喜温喜光,耐湿较耐寒。栽培管理粗放,可露地种植,生长期注意拔除杂草和保持湿度,无需特别养护。

2.再力花

多年生挺水观花草本。株高 2m 左右。叶卵状披针形,浅灰蓝色,边缘紫色,长 50cm,宽 25cm。复总状花序,花小,紫堇色,全株附有白粉。分株繁殖,在微碱性的土壤中生长良好。好温暖水湿、阳光充足的气候环境,不耐寒,入冬后地上部分逐渐枯死。以根茎在泥中越冬。以根茎繁殖。点缀水面,观赏。

3.芦苇

多年生观叶观花宿根草本植物,植株高大,叶片长线形或长披针形,排列成两行。叶圆锥花序分枝稠密,向斜伸展,花序长 10~40cm。以根茎繁殖为主。生在浅水中或低湿地,常形成苇塘,是经常见到的水边植物。从土壤湿润到长年积水,从水深几 cm 至 1m 以上,都能形成芦苇群落,素有"禾草森林"之称。芦苇是我国造纸工业的主要原料,保护和发展芦苇生产是造纸工业发展的需要。

4.千屈菜

多年生挺水或宽披针形,叶全缘,无柄。地下根状粗壮,木质化。地上茎直立,4 棱。长穗状花序顶生,多而小的花朵密生于叶状苞腋中,花玫瑰红或蓝紫色,花期 6~10 月。比较耐寒,对土壤要求不严,在土质肥沃的塘泥基质中花艳,长势强壮。千屈菜生命力极强,管理也十分粗放,择光照充足,通风良好的环境的肥沃塘泥,一盆栽五株即可。如要做成微型盆栽盆径可选 20cm 左右,生长期不断打顶促使其矮化分蘖。可用播种、扦插、分株等繁殖。

5.花菖蒲

多年生宿根挺水型花卉,叶中脉凸起,两侧脉较平整。花葶直立并伴有退化叶 1~3 枚。花大直径可达 15cm。花色丰富,有红、白、紫、蓝等色。以日本栽培最盛,已育出一百多个品种。对土壤要求不严,以土质疏松肥沃生长良好。可用播种和分株繁殖。花菖蒲花大而美丽,色彩也丰富,叶片青翠似剑,观赏价值高。

6.水葱

多年生宿根挺水草本植物。株高 1~2m,茎秆高大通直,圆锥状花序假侧生,花序似顶生。水葱喜欢生长在温暖潮湿的环境中,需阳光。自然生长在池塘、湖泊边的浅水处、稻田的水沟中。较耐寒,在北方大部分地区地下根状茎在水下可自然越冬。水葱可用播种、分株方法繁殖。茎秆可作插花线条材料,也用作造纸或编织草席、草包材料。

7.香蒲

为多年生挺水草本植物,植株高 1.4~2m,茎圆柱形,直立,质硬而中实。叶扁平带状,长达 1m 多,宽 2~3cm,光滑无毛。基部呈长鞘抱茎。花单性,肉穗状花序顶生圆柱状似蜡烛。对土壤要求不严,以含丰富有机质的塘泥最好,较耐寒。栽植香蒲的地方应阳光充足,通风透光,管理较粗放。可用播种和分株繁殖,蒲棒常用于切花材料。全株是造纸的好原料。叶称蒲草可用于编织,花粉可入药称蒲黄。

表 6-1 国内常用人工湿地植物名录

科属	植物中名	类型	应用工艺
香蒲科	香蒲	挺水	表流湿地、潜流湿地
禾本科	芦苇	挺水	表流湿地、潜流湿地
	皇竹草	湿生、挺水	潜流湿地
	茭草	挺水	表流湿地、潜流湿地
	芦竹	湿生、挺水	潜流湿地
	薏苡	湿生、挺水	表流湿地、潜流湿地
	花叶芦竹	湿生、挺水	潜流湿地
	蕳草	湿生、挺水	表流湿地、潜流湿地
	李氏禾	浮水	氧化塘
莎草科	水葱	挺水	表流湿地、潜流湿地
	风车草	挺水	潜流湿地
	纸莎草	挺水	潜流湿地
	蔗草	挺水	表流湿地、潜流湿地
	针蔺	挺水、浮水	表流湿地、氧化塘
	茳芏	挺水	表流湿地、潜流湿地
睡莲科	芡实	浮叶	景观塘
	萍蓬草	浮叶	景观塘、氧化塘
天南星科	菖蒲	挺水	表流湿地、潜流湿地
	马蹄莲	湿生、挺水	表流湿地、潜流湿地
	大藻	浮水	氧化塘
	泽泻	挺水	表流湿地
雨久花科	凤眼莲	浮水	末端强化塘
竹芋科	再力花	挺水	潜流湿地
蓼科	水蓼	挺水、湿生	表流湿地
千屈菜科	千屈菜	挺水、湿生	表流湿地
美人蕉科	美人蕉	挺水、湿生	潜流湿地、表流湿地
鸢尾科	黄菖蒲	挺水、湿生	潜流湿地、表流湿地
灯心草科	灯心草	挺水、湿生	潜流湿地
龙胆科	荇菜	浮叶	景观塘

六、水生湿地植物的种植

1. 施工方法

一是在池底砌筑栽植槽,铺上至少 15cm 厚的培养土,将水生植物植入土中;二是将水生植物种在容器中,再将容器沉入水中。

以上介绍的两种方法各有利弊。用容器栽植水生植物再沉入水中的方法更常用一些,因为它移动方便,例如北方冬季须把容器取出来收藏以防严寒;在春季换土、加肥、分株的时候,作业也比较灵活省工。而且,这种方法能保持池水的清澈,清理池底和换水也较方便。

水池建造时,在适宜的水深处砌筑种植槽,再加上腐殖质多的培养土。

种植器一般选用木箱、竹篮、柳条筐等,一年之内不致腐烂。选用时应注意装土栽种以后,在水中不致倾倒或被风浪吹翻。一般不用有孔的容器,因为培养土及其肥效很容易流失到水里,甚至污染水质。

不同水生植物对水深要求不同,容器放置的位置也不相同。一般是在水中砌砖石方台,将容器放在方台的顶托上,使其稳妥可靠。另一种方法是用两根耐水的绳索捆住容器,然后将绳索固定在岸边,压在石下。如水位距岸边很近,岸上又有假山石散点,要将绳索隐蔽起来,否则会影响景观效果。

2. 栽种原则

栽种水生湿地植物必须掌握一些原则,使其生长良好。

(1) 日照:大多数水生植物都需要充足的日照,尤其是生长期(即每年四至十月之间),如阳光照射不足,会发生徒长、叶小而薄、不开花等现象。

(2) 种植土:除了漂浮植物不需底土外,栽植其他种类的水生植物,须用田土、池塘烂泥等有机黏质土作为底土,在表层铺盖直径一至二厘米的粗砂,可防止灌水或震动造成水体混浊现象。一般来说原水体的淤泥是较为理想的种植土,对新开挖的人造湿地可结合周边河流湖泊清淤填淤,如淤泥难以采办,在南方可用水稻田的表层土,在北方如缺水稻田也可选用肥力较高旱地耕作层土。对黏性重的种植土回填后要给予一定时间的沉降、硬化。对浪大和硬质堤坝的岸线要注意,回填的种植土极易被波浪侵蚀掉。这对种植水生植物极为不利,应先行采用消浪措施,减少波浪,然后再回填种植土,才能种植。

(3) 施肥:以油粕、骨粉等作为基肥,水缘植物不需基肥。生长茂盛、花量大的品种在生长期要适量进行追肥,以粒状化肥塞入泥面下 7~10cm 处或作叶面喷施。追肥则以化学肥料代替有机肥,以避免污染水质,用量较一般植物稀薄十倍。

(4) 水位:水生植物依生长习性不同,对水深的要求也不同。漂浮植物最简单,仅需足够的水深使其漂浮;沉水植物则水高必须超过植株,使茎叶自然伸展。水缘植物则保持土壤湿润、稍呈积水状态。挺水植物因茎叶会挺出水面,须保持五十厘米至一米左右的水深。浮水植物较麻烦,水位高低须依茎梗长短调整,使叶浮于水面呈自然状态为佳。我们应把握这样的两个准则即"栽种后的平均水深不能淹没植株的第一分枝或心叶"和"一片新叶或一个新梢的出水时间不能超过 4 天"。这里的出水时间是指新叶或新梢从显芽到叶片完全长出水面的时间,尤其是在透明度低,水质较肥的环境里更应该注意。

3.栽植密度

水生湿地植物从分蘖特性大致可以分成三类：一类是不分蘖，如慈姑；第二类是一年只分蘖一次如玉蝉花、黄菖蒲等鸢尾科植物；第三类是生长期内不断分蘖，如再力花、水葱等。针对这些不同的差别，种植密度可有小范围的调整。不分蘖的和一年只分蘖一次和种植时已经过分蘖期的则应种密，对第三类来说，可略为稀一些，但是竣工验收时必须要达到设计密度要求。

七、水生湿地植物的养护管理

水生湿地植物栽种初期的管理及日常维护，主要注意以下几个方面：

1.植物栽种初期的管理 人工湿地植物栽种初期的管理主要是保证其成活率，湿地植物栽种最好在春季，植物容易成活。如果不是在春季，如冬季应做好防冻措施，如在夏季应做好遮阳防晒。总之要根据实际情况采取措施确保栽种的植物能成活。

2.控水 植物栽种初期为了使植物的根扎得比较深，需要通过控制湿地的水位，促使植物根茎向下生长。

3.及时收割植物 人工湿地植物一般生长较快，根据不同的植物类型，在其生长茂盛、成熟后应对植物进行及时收割，并处理和利用。一般的植物收割时间为上半年的3～5月份和下半年的9～11月份。

4.做好日常护理 防止湿地内其他杂草滋生，对已生长的杂草应及时清除；需及时清除植物的枯枝落叶，以防止腐烂等污染。

5.暴风雨后的维护 暴风雨后，湿地床上植物发生歪倒，要及时扶培，排除积水。

6.修剪整理 枯萎枝叶的整修清理是挺水植物养护管理的重要内容。修剪残枝败叶使植株保持美观、整齐的姿态。同时，植物残体在水中积存，会分解产生硫化氢等气体，使水质恶化。生长期修剪则结合疏删弱枝弱株，达到通风透光。许多挺水型植物无性繁殖能力强，如果超过设计需要的范围不予控制，便会造成过度蔓延的状况。大香菇草、红莲子草以及黄菖蒲、梭鱼草、花叶芦竹等，在生长期需要结合修剪进行整治，切除多余根蘖，防止种子散播，以及使用围护、切边等措施进行土壤隔离。冬季清除植株地上枯萎部分，整剪留茬要低矮整齐。

第五节 园林苗圃营建

一、园林苗圃用地的选择

园林苗圃是城市园林的重要组成部分，是繁殖和培养园林苗木的基地。城市园林苗圃的布局，应和城市绿化建设的近期和远期发展统一考虑。远期要建立的公园、植物园、动物园、果园等绿地均可作为近期的园林苗圃用地。如上海植物园、杭州植物园原来均为苗圃，天坛公园过去也为苗圃。在中小城市设置园林苗圃时，亦应根据城市大小、城市用苗量适当考虑布局。园林苗圃的总面积要依城市的大小、用苗量的多少来合理安排。一般来说城市中园林苗圃的总面积应占城区面积的2%～3%，以满足城市绿化用苗的要求。

(一)园林苗圃的位置及经营条件

圃地的选择必须依据城市绿化规划中对园林苗圃的布局。首先要选择交通方便,靠近铁路、公路或水路的地方,以便苗木的出圃和物资的运输。选择靠近村镇,有利于解决劳力、畜力、电力等问题,尤其在春秋苗圃工作繁忙时,便于补充临时性劳动力,如能靠近有关的科研单位、大专院校等地方建立苗圃,则有利于先进技术的普及和机械化的实现,同时还应尽量远离污染源。从生产技术观点考虑,园林苗圃应设在自然条件优越的地点,但同时也必须考虑苗木供应的区域。将苗圃设在苗木需求量大的区域范围内,往往具有较强的销售竞争优势。

(二)自然条件

1.地形、地势及坡向 苗圃地宜选择排水良好,地势较高、地形平坦的开阔地带。坡度以 1°～3° 为宜。坡度过大,易造成水土流失,土壤肥力降低,也不便于机耕与灌溉。南方多雨地区,为了排水,可选用 3～5° 的坡地。一般来说,在较黏重的土壤上,坡度可适当大些;在沙壤土上坡度宜小,以防冲刷。在坡度大的山地育苗需修梯田。积水的洼地、重盐碱地、寒流汇集地(如峡谷、风口、林中空地等日温差变化较大的地方,苗木易受冻害),不宜作苗圃。

在地形起伏大的地区,坡向的不同、光照、温度、水分和土层厚度等因素,对苗木的生长影响很大。一般南坡光照强,受光时间长,温度高,湿度小,昼夜温差大;北坡与南坡相反;东西坡介于二者之间,但东坡在日出前到上午较短的时间内温度变化很大,对苗木不利;西坡则因我国冬季多西北寒风,易造成冻害。可见,不同坡向各有利弊,必须依当地的具体自然条件及栽培条件,因地制宜地选择最合适的坡向。在华北、西北地区,干旱寒冷和西北风危害是主要矛盾,故最好选用东南坡;而南方温暖多雨,则以东南坡、东北坡为佳,南坡和西南坡阳光直射,幼苗易受灼伤。如在一苗圃内包括不同坡向的土地,则应根据树种的不同习性,进行合理安排,如北坡培育耐寒喜阴的种类,南坡培育耐旱喜光的种类等,以减轻不利因素对苗木的危害。

2.水源及地下水位 苗圃地应设在江、河、湖、塘、水库等天然水源附近,以利引水灌溉。这些天然水源水质好,有利于苗木的生长,同时也有利于使用喷灌、滴灌等现代化灌溉技术。若无天然水源,或水源不足,则应选择地下水源充足、可打井提水灌溉的地方作为苗圃。苗圃灌溉用水,其水质要求为淡水,水中盐分含量不超过 0.1%,最高不得超过 0.15%。易被水淹和冲击的地方不宜选作苗圃。

地下水位过高,土壤的通透性差,植物根系生长不良,秋季停止生长早,容易发生冻害;地上部分发生徒长现象,也易受冻害。当蒸发量大于降水量时,会将土壤中盐分带至地面,造成土壤盐渍化;在多雨时又易造成涝害。地下水位过低,土壤易于干旱,必须增加灌溉次数及灌水量,以提高了育苗成活率。最合适的地下水位一般为砂土 1～1.5m、沙壤土 2.5m 左右,黏性土壤 4m 左右。

3.土壤 苗木适宜生长于具有一定肥力的砂质壤土或黏质壤土上。过分黏重的土壤,雨后泥泞,土壤易板结,通气性和排水能力都不良,有碍根系的生长;同时还应注意土层的厚度、结构和肥力等状况。有团粒结构的土壤透气性好,有利于土壤微生物的活动和有机质的分解,土壤肥力高,有利于苗木生长。土壤结构可通过农业技术加以改造,故不做苗圃选地的基本条件,但在制定苗圃技术规范时应注意这个问题。重盐碱地及过分酸性土壤,也不宜选作苗圃。土壤的酸碱性通常以中性、微酸性为好。一般针叶树种要求pH5～6.5,阔叶树种pH6～7。

4.**病虫害** 在选择苗圃时,一般都应做专门的病虫害调查,了解当地病虫害情况和感染的程度,病虫害过分严重的土地和附近大树病虫害感染严重的地方,不宜选作苗圃。尤须注意金龟子、天牛、象鼻虫、蝼蛄及立枯病等主要病虫害情况。

二、园林苗圃的面积计算

园林苗圃依面积大小一般可分为大型、中型、小型。大型苗圃面积在20公顷以上,中型苗圃面积3～20公顷,小型苗圃面积3公顷以下。生产者可根据市场情况以及生产条件等确定苗圃的规模。

为了合理地使用土地,保证育苗计划的完成,对苗圃用地面积进行正确计算,以便于土地征收、苗圃区划和兴建等具体工作的进行。苗圃的总面积,包括生产用地和辅助用地两部分。

(一)生产用地的面积计算

生产用地即直接用来生产苗木的地块,通常包括播种区、营养繁殖区、移植区、大苗区、母树区、试验区以及轮作休闲地等。

计算生产用地面积的依据是:计划培育苗木的种类、数量、规格、出圃年限、育苗方式以及轮作等因素,决定单位面积的产量,即可进行计算。具体计算方式如下:

$$P = \frac{NA}{n} \times \frac{B}{c}$$

式中 P—某树种所需的育苗面积;

N—该树种的计划年产量;

A—该树种的培育年限;

B—轮作区的区数;

c—该树种每年育苗所占轮作的区数;

n—该树种的单位面积产苗量。

由于我国土地较紧张,一般不采用轮作制,而是以换茬为主,故B/c常常不作计算。

依上述公式所计算出的结果是理论数字,在实际生产中,苗木培育、起苗、贮藏等工序都会损失一些苗木,故每年的产苗量应比上式的计算结果适当增加,一般增加3%～5%。

某树种在各育苗区所占面积之和,即为该树种所需的用地面积。各树种所需用地面积的总和就是全苗圃的生产用地的总面积。

(二)辅助用地的面积计算

辅助用地包括道路、排灌系统、防风林以及管理区建筑等的用地。一般苗圃辅助用地面积不超过苗圃总面积的20%～25%,大型苗圃的辅助用地占总面积的15%～20%,中小苗圃占18%～25%。

三、园林苗圃的规划设计与建立

(一)园林苗圃规划设计的准备工作

1.**踏勘** 由设计人员会同施工和经营人员到已确定的圃地范围内进行实地踏勘和调查访问工作,了解圃地的现状、历史、地势、土壤、植被、水源、交通、病虫害以及周围的环境,自然村的情况等,提出改善各项条件的初步意见。

2.**测绘地形图** 平面地形图是进行苗圃规划设计的依据。比例尺为1:500～1:2000;等高距为20～50cm。对设计直接有关的山、丘、河、湖、井、道路、房屋、坟墓等地形、地物应尽量绘入。对圃地的土壤分布和病虫害情况亦应标清。

3.**土壤调查** 根据圃地的自然地形、地势及指示植物的分布,选定典型地区,分别挖取土壤剖面,观察和记载土层厚度、机械组成、酸碱度(pH)、地下水位等。必要时可分层采样进行分析,弄清圃地内土壤的种类、分布、肥力状况和土壤改良的途径,并在地形图上绘出土壤分布图,以便合理使用土地。

4.**病虫害调查** 主要调查圃地内的土壤地下害虫,如金龟子、地老虎、蝼蛄等。一般采用抽样方法,每公顷挖样方土坑10个,每个面积0.25 m^2,深10cm,然后统计害虫数目,调查前作物和周围树木的情况,了解病虫感染程度,提出防治措施。

5.**气象资料的收集** 向当地的气象部门了解有关气象资料,如生长期、早霜期、晚霜期、晚霜终止期、全年及各月平均气温、绝对最高和最低气温、表土层最高温度、冻土层深度、年降雨量及各月分布情况、最大一次降雨量及降雨历时数、空气相对湿度、主风方向等。此外,还应向当地农民了解圃地的特殊小气候等情况。

(二)园林苗圃规划设计的主要内容

1.**生产用地** 耕作区的长度依机械化程度不同而异,完全机械化的以200～300m为宜,畜耕的以50～100m为好。耕作区的宽度依圃地的土壤质地和地形而定,排水良好者可宽,排水不良者要窄,一般宽40～100m。

耕作区的方向,应根据圃地的地形、地势、坡向、主风方向和圃地形状等因素综合考虑。坡度较大时,耕作区长边应与等高线平行。一般情况下,耕作区长边最好采用南北向,以利于苗木均匀受光,有利生长。

2.**各育苗区的配置** 各育苗区因其用途不同而规划设计的内容也不同。

(1)播种区 培育播种苗的地区。幼苗对不良环境的抵抗力弱,要求精细管理,应选择全圃自然条件和经营条件最有利的地段作为播种区,人力、物力、生产设施均应优先满足。具体要求其地势较高而平坦,坡度小于2°;接近水源,灌溉方便;土质优良,深厚肥沃;背风向阳,便于防霜冻;靠近管理区。如是坡地,则应选择最好的坡向。

(2)营养繁殖区 培育扦插苗、压条苗、分株苗和嫁接苗的地区。与播种区要求基本相同,应设在土层深厚和地下水位较高、灌溉方便的地方,但要求不像播种区那样严格。

嫁接苗区,往往主要为砧木苗的播种区,土质要好,便于接后覆土,地下害虫要少,以免危害接穗而造成嫁接失败;扦插苗区则应着重考虑灌溉和遮阴条件;压条、分株育苗法采用较少,育苗量较小,可利用零星地块育苗。同时,也应考虑树种的习性来安排,如:杨柳之类的营养繁殖区(主要是扦插区),可适当用较低洼的地方;而一些珍贵的或成活困难的苗木,则应靠近管理区,且要便于设置温床、荫棚等特殊设备,或在温室中育苗。

(3)移植区　培育各种移植苗的地区。由播种区、营养繁殖区中繁殖出来的苗木,如需要进一步培养成较大的苗木,则应移入移植区中进行培育。依规格要求和生长速度的不同,移植次数也不同。往往每隔2~3年移一次,每次逐渐扩大株行距,增加营养面积,所以移植区占地面积较大。移植区一般可设在土壤条件中等,地块大而整齐的地方。同时也要依苗木的不同习性进行合理安排。如杨柳可设在低洼的地区,松柏类等常绿树则应设在较干燥而土壤深厚的地方,以利带土球出圃。

(4)大苗区　培育株型、苗龄均较大,并经过整形的各类大苗的耕作区,在本育苗区继续培育的苗木,通常在移植区内进行过一次或多次的移植,因此在大苗区培育的苗木出圃前不再进行移植,且培育年限较长。大苗区的特点是株行距大,占地面积大,培育的苗木大,规格高,根系发达,可以直接用于园林绿化建设,以满足绿化建设的特殊需要。如树冠形态、干高、干粗等高标准大苗,可加速城市绿化进程,保证重点绿化工程的提早完成。因此,大苗区的设置对于加速绿化效果及满足重点绿化工程的苗木需要有很大的意义。大苗区一般选用土层较厚、地下水位较低,而且地块整齐的地区。在树种配置上。要注意各树种的不同习性、要求。为了便于出圃时运输,最好能设在靠近苗圃的主要干道或苗圃的外围运输方便处。

(5)母树区　在永久性苗圃中,为了获得优良的种子、插条、接穗等繁殖材料,需立采种、采条的母树区。本区占地面积小,可利用零散地块,但土壤要深厚、肥沃,地下水位要低。对一些乡土树种可结合防护林带和沟边、渠旁、路边栽植。

(6)引种驯化区　用于引入新的树种和品种,可单独设立试验区或引种区,亦可引种和试验相结合。

(7)其他　按照各苗圃的具体要求,还可设立温室区、标本区、果苗区、温床等。

3.辅助用地的设置　苗圃的辅助用地(非生产用地)直接为苗木生产服务,要求既能满足生产的需要,又设计合理,减少用地。

(1)道路系统的设置:苗圃中的道路是连接各耕作区与开展育苗工作有关的各类设施的动脉。一般设有一、二、三级道路和环路。

一级路(主干道):苗圃内部和对外运输的主要道路,多以办公室、管理处为中心(一般在圃地的中央附近),设置一条或相互垂直的两条路为主干道。通常宽6~8m,其标高应高于耕作区40cm。

二级路:通常与主干道相垂直,与各耕作区相连接。一般宽4m,其标高应高于耕作区20cm。

三级路:是沟通各耕作区的作业路。一般宽2m。

环路:在大型苗圃中,为了车辆、机具等机械回转方便,可依需要设置环路。

在设计苗圃道路时,要在保证管理和运输方便的前提下尽量节省用地。中小型苗圃可不设二级路,但主路不可过窄,一般苗圃中道路的占地面积,不应超过苗圃总面积的7%～10%。

(2)灌溉系统的设置:苗圃必须有完善的灌溉系统,以保证供给充足的水分。灌溉系统包括水源、提水设备和引水设施三部分。

水源:主要有地面水和地下水两类。地面水指河流、湖泊、池塘、水库等,以无污染又能自流灌溉的最为理想。一般地面水温度较高,与耕作区土温相近,水质较好,且含有一定养分,有利苗木生长。地下水指泉水、井水,其水温较低,宜设蓄水池以提高水温。水井应设在地势高的地方,以便自流灌溉;同时水井设置要均匀分布在苗圃各区,以便缩短引水和送水的距离。

提水设备:现在多使用抽水机(水泵),可依苗圃育苗的需要,选用不同规格的抽水机。

引水设施:水渠分地面渠道(明渠)引水和暗管引水两种。

明渠:特别是土筑明渠,水流较慢,蒸发量、渗透量较大,占地多,要经常维修,但修筑简便,投资少,建造容易。为了提高流速,减少渗漏,常对明渠加以改进,即在水渠的沟底及两侧加设水泥板或做成水泥槽(U形槽),有的使用瓦管、竹管、木槽等。引水渠道一般分为三级:一级渠道(主渠)是永久性的大渠道,由水源直接把水引出,一般主渠顶宽1.5m～2.5m。二级渠道(支渠)通常也为永久性的,把水由主渠引向各耕作区,一般支渠顶宽1～1.5m。三级渠道(毛渠)是临时性的小水渠,一般宽度为0.4～1m。主渠和支渠是用来引水和送水的,水槽底应高出地面,毛渠则直接向圃地灌溉,其水槽底应平于地面或略低于地面,以免把泥沙冲入畦中,埋没幼苗。各级渠道与各级道路相配合,渠道的方向与耕作区方向一致,各级渠道常互相垂直,即支渠与主渠垂直,毛渠与支渠垂直,同时毛渠还应与苗木的种植行垂直,以便灌溉。灌溉的渠道还应有一定的坡降,以保证一定的水流速度,但坡度不宜过大,否则易出现冲刷现象。一般坡降应为1/1000～4/1000,土质黏重的可大些,但不超过7/1000,水渠边坡一般采用1:1(即45°)为宜,较黏重的土壤可增大坡度至2:1。在地形变化较大、落差过大的地方应设跌水构筑物,通过排水沟或道路时可设渡槽或虹吸管。

暗管引水是将主管和支管均埋入地下,其深度以不影响机械化耕作为度,开关设在地端,喷灌和滴灌均是使用管道进行灌溉的方法。喷灌是利用机械把水喷射到空中形成细小雾状,进行灌溉;滴灌是使水通过细小的滴头逐渐渗入土壤中。这两种方法基本上不产生深层渗漏和地表径流,一般可省水20%～40%;少占耕地,提高土壤利用率;保持水土,且土壤不板结;可结合施肥、喷药、防治病虫等措施,节省劳力;同时可调节小气候,增加空气湿度,有利于苗木的生长和增产。但喷灌、滴灌投资较大,喷灌还常受风的影响。

(3)排水系统的设置:由大小不同的排水沟组成,排水沟分明沟和暗沟两种,目前采用明沟较多。排水沟的宽度、深度和设置,应以保证雨后能很快排除积水且少占土地为根本。排水沟的边坡与灌水渠相同,但落差应大一些,一般为3/1000～6/10000。大排水沟应设在圃地最低处,直接通入河、湖或市区排水系统;中小排水沟通常设在路旁;耕作区的小排水沟与小区步道相结合。在地形、坡向一致时,排水沟和灌溉渠往往各居道路一侧,形成沟、路、渠并列,这是比较合理的设置。排水沟与路、渠相交处应设涵洞或桥梁。在苗圃的四周最好设置较深而宽的截水沟,以防外水入侵,排除内水,同时防止小动物及害虫侵入。一般大排水沟宽1米以上,深0.5～1m;耕作区内小排水沟宽0.3～1m,深0.3～

0.6m。排水系统占地一般为苗圃总面积的1%~5%。

(4)防护林带的设置：为了避免苗木遭受风沙危害应设置防护林带，以降低风速、减少地面蒸发及苗木蒸腾，创造良好的小气候条件和适宜的生态环境。一般小型苗圃设置一条与主风方向垂直林带；中型苗圃在四周设置林带；大型苗圃除设置周围环圃林带外，在圃内结合道路等设置与主风方向垂直的辅助林带。如有偏角，不应超过30°。一般防护林防护范围是树高的15~17倍。

林带的结构以乔木、灌木混交半透风式为宜，这样既可减低风速又不因过分紧密而形成回流。一般主林带宽8~10m，株距1~1.5m，行距1.5~2m；辅助林带多为1~4行乔木。

林带的树种应尽量就地取材，选用当地适应性强、生长迅速、树冠高大的乡土树种；同时也要注意速生和慢长、常绿和落叶、乔木和灌木、寿命长和寿命短的树种相结合；亦可结合选择采种、采穗母树树种和有一定经济价值的树种，如建材、篦材、蜜源、油料、绿肥等，以增加收益。不要选用苗木病虫害中间寄生的树种和病虫害严重的树种；为了加强圃地的防护，防止人们穿行和畜类窜入，可在林带外围种植带刺的或萌芽力强的灌木。

苗圃中林带的占地面积一般为苗圃总面积的5%~10%。

(5)建筑管理区的设置：该区包括房屋建筑和圃内场院等部分。前者主要指办公室、宿舍、食堂、仓库、种子贮藏室、工具房、畜舍、车棚等；后者包括劳动集散地、运动场以及晒场、肥场等。苗圃建筑管理区应设在交通方便，地势干燥，接近水源、电源的地方或不适宜育苗的地方。大型苗圃的建筑最好设在苗圃中央，以便于苗圃经营管理。畜舍、猪圈、积肥场等应放在较隐蔽和便于运输的地方。本区占地为苗圃总面积的1%~2%。

(三)园林苗圃设计图的绘制和设计说明书的编写

1.绘制设计图前的准备 在绘制设计图时首先要明确苗圃的具体位置、圃界、面积、育苗任务、苗木供应范围；要了解育苗种类、培育数量和出圃规格；确定苗圃生产和灌溉方式、必要建筑和设备等设施，以及苗圃工作人员的编制等。同时应有建圃任务书，各种有关的图面材料如地形图、平面图、土壤图、植被图等；搜集有关其自然条件、经营条件以及气象资料和其他有关资料等。

2.园林苗圃设计图的绘制 在各有关资料搜集完整后，应确定大的区划设计方案，在地形图上绘出主要路、渠、沟、林带、建筑区等位置。再依自然条件和机械化条件，确定最适宜的耕作区的大小、长宽和方向，再根据各育苗区的要求和占地面积，安排出适当的育苗场地，绘出苗圃设计草图；经多方征求意见，进行修改，确定正式设计方案，即可绘制正式图。正式设计图的绘制，应依地形图的比例尺将道路、沟渠、林带、耕作区、建筑区、育苗区等按比例绘制，排灌方向要用箭头表示，在图外应列有图例、比例尺、指北方向等，同时各区应加以编号，以便说明各育苗区的位置等。

3.编写园林苗圃设计说明书 设计说明书是园林苗圃规划设计的文字材料，它与设计图是苗圃设计两个不可缺少的组成部分。图纸上表达不出的内容，都必须在说明书中加以阐述。一般分为总论和设计两部分进行编写。

(1)总论 主要叙述该地区的经营条件和自然条件，并分析育苗工作的有利和不利因素，以及相应的改造措施。经营条件包括苗圃位置及当地居民的经济、生产及劳动力情况、苗圃交通条件、动力和机械化条件、周围的环境条件(如有无天然屏障、天然水源等),自然条件包括气候、土壤、病虫害及植被情况、地形特点等。

(2)设计部分　包括苗圃面积、苗圃的区划说明(耕作区大小、各育苗区配置、道路系统设计、排灌系统设计、防护林带及篱垣设计)、育苗技术设计、投资和苗木成本计算等。

(四)园林苗圃的建立

1.圃路施工　施工前先在设计图上选择两个明显的地物或两个已知点,定出主干道的实际位置,再以主干道的中心线为基线,进行道路系统的定点放线工作,然后方可进行修建。道路的种类很多,有土路、石子路、柏油路、水泥路等。大型苗圃中的高级主路可请建筑部门或道路修建单位负责建造。一般在苗圃施工的道路主要为土路,施工时由路两侧取土填于路中,形成中间高两侧低的抛物线形路面;注意路面应夯实,两侧取土处应修成整齐的排水沟。

2.修筑灌溉渠道　灌溉系统中的提水设施即泵房和水泵的建造、安装工作,应在引水灌渠修筑前请有关单位协助建造。在圃地工程中主要修建引水渠道,修筑引水渠道时最重要的是渠道纵坡(落差均匀)需用水准仪精确测定,并打桩标清。如修筑明渠则再按设计的渠顶宽度、高度及渠底宽度和边坡的要求进行填土,分层夯实,筑成土堤。当达到设计高度时,再在堤顶开渠,并夯实即成。在渗水力强的沙质土地区,水渠的底部和两侧要求用黏土或三合土加固。修筑暗渠应按一定的坡度、坡向和深度的要求埋没。

3.挖掘排水沟　一般先挖掘向外排水的总排水沟。中排水沟与道路的边沟相结合,在修路时即挖掘修成。小区内的小排水沟可结合整地进行挖掘,亦可用略低于地面的步道来代替。要注意排水沟的坡降和边坡都要符合设计要求。为防止边坡下塌,堵塞排水沟,可在排水沟挖好后,种植一些簸箕柳、紫穗槐、柽柳等护坡树种,或铺设草皮。

4.营建防护林　一般在路、沟、渠施工后立即进行,以保证开圃后尽早起到防风作用。根据树种的习性和环境条件,可用植苗、埋干或插条、埋根等。但最好使用大苗栽植,这样可尽早起到防风作用;栽植的株距、行距按设计规定进行,同时应成"品"字形交错栽植;栽后要及时灌水,并注意日常养护,以保证成活。

5.土地平整　坡度不大者可在路、沟、渠修成后结合翻耕进行平整,或待开圃后结合耕作播种和苗木出圃等,逐年进行平整,这样可节省开圃时的施工投资,且原有土壤表层不被破坏,有利苗木生长;坡度过大必须修梯田,这是山地苗圃的主要工作项目,应提早进行施工;总坡度不太大,但局部不平者,宜挖高填低,深坑填平后应灌水使土壤落实,然后再进行平整。

6.改良土壤　在圃地中如有盐碱土、砂土、重黏土或城市建筑废墟地等,土壤不适合苗木生长时,应在苗圃建立时进行土壤改良工作。盐碱地可采取开沟排水,引淡水冲碱或刮碱、扫碱等措施加以改良;轻度盐碱土可采用深翻晒土,多施有机肥料,灌冻水和雨后(灌水后)及时中耕除草等农业技术措施,逐年改良;砂土最好用掺入黏土和多施有机肥料的办法进行改良,并适当增设防护林带;重黏土则应用混砂、深耕、多施有机肥料、种植绿肥和开沟排水等措施加以改良;城市建筑废墟或城市撂荒地的改良,应以除去耕作层中的砖、石、木片、石灰等建筑废弃物为主,清除后进行平整、翻耕、施肥,即可进行育苗。

花卉栽培养护技术

第一章 园林花卉概论

"花卉"一词见于《南史》,"聚石移果,杂以花卉"实泛指花草而言。广义的花卉是指除花朵美丽的草本观赏植物外,还包括观叶、观果为主的草本植物和一些原产南方的盆栽花木类,以及少数的木本名花。

园林花卉是指适用于园林和环境绿化、美化的观赏植物,包括一些野生种、栽培种及品种。

第一节 花卉园艺简史

一、中国花卉栽培历史

我国的花卉栽培最早从何时开始目前很难考证,但可以说,在文字出现以前,花卉就随着农业生产的发展,而被人们所利用了。早在公元前 11 世纪的商代甲骨文中已有"园"、"圃"、"林"、"树"、"花"、"果"、"草"等字。在浙江余姚的"河姆渡文化"遗址里,有许多距今 7000 年前的植物化石被完整地保存着,其中包括稻谷和花卉,如荷花的花粉化石。战国时代,在《礼记·月令》一篇中,出现了"季秋之月,鞠有黄华"的记述。"鞠"是菊的古写,"华"是花的古写,说明在我国古代已把野菊的花期与深秋季节联系在一起。公元前 231 年,秦始皇统一中国后,在阿房宫内大种花木,种类相当多,有柑、橘、橙、枇杷、樱桃、棠梨、木兰等等。西晋嵇含(263~306 年)撰写的《南方草木状》一书中,描述了 1600 多年前我国南方的热带、亚热带植物 81 种。将 81 种植物分为草、木、果、竹类。唐朝是我国封建社会中期的全盛时代,花卉事业相对繁盛,花卉种类和品种不断增添。名花的国际交流时有所闻,如梅花、菊花和牡丹等东传日本。在这一时期主要的花卉专著有:王芳庆的《园庭草木疏》、李德裕的《平泉山居草木记》。

唐、宋时期,已出现了花卉市场,自明代以后,花卉栽培开始了商品化生产,从而进入了国民经济的领域,以种花为业的人越来越多。鸦片战争后,有一些欧美观赏植物引入中国,同时,我国的许多栽培及野生花卉也被国外植物收集者搜集而外流欧美,比如,我国的木兰科、山茶科、报春花科、杜鹃花科植物以及珙桐、猕实、绿绒蒿、黄牡丹等名花流出国,并将其用于杂交,培育出新型的奇花异卉,大大丰富了西方园林的内容。

明、清时期,有关观赏植物的著作甚多,以陈淏子所写的《花镜》最为重要,内容包括栽花月历,栽培繁殖方法等,有很多的宝贵经验与理论,至今还有一定的参考价值。清代以后,南方各地的花卉生产兴旺起来。19 世纪末期,上海已种植晚香玉、唐菖蒲及各种草花,切花也开始上市。当时租界当局辟有花圃,从国外引进了康乃馨、月季、南美兰花等。1853 年陆僵甫开设了陆永茂花园,几年以后设立了门市部,成为上海第一家花店。

中华人民共和国成立之后至今,花卉生产经历了恢复发展期(1950~1964 年),停滞损失期(1964~1976 年),1979 年以后花卉事业又重新开始进入兴旺时期。花卉产业从

80年代初开始恢复和起步,至90年代有了迅猛发展。经过近20年的恢复和发展,一批具有较强实力的花卉企业开始出现,花卉的规模化和专业化的生产开始形成。

二、世界花卉发展简史

公元前2000多年的巴比伦(今伊拉克)的空中花园,是一个历史上最早有明确记载的、以树木等植物置景的休息场所。中国商周时代,已有囿和圃。囿是帝王畜养禽兽的园林,圃是种植果蔬或苗木的绿地。

公元前400年,希腊市场已有植物作为切花出售。西欧的花卉栽培在中世纪初由于战争和疾病,破坏很严重。11世纪后,社会稍为安定,在天主教教堂和修道院内首先有了药圃,在圃内也种植花草。14世纪文艺复兴时期,园林逐步恢复发展。16~17世纪,欧洲花卉生产发展,蔷薇、香石竹、欧洲水仙等产量大增,美洲植物也开始引进生产。绿篱、喷泉和开花植物组成了花坛。17世纪,欧洲花园中的主要花卉有:百合、郁金香、紫罗兰、蔷薇类和鸢尾。以后又增加了八仙花、矮牵牛、天竺葵和吊钟海棠,而玉兰花、栀子花和秋海棠则出现得稍晚些。

18~19世纪欧洲有许多植物学家从巴西、墨西哥、美国、澳大利亚和中国引进了数万种植物,大大丰富了欧洲的园林植物。引进植物对气候条件要求各异,从温带或地中海地区引进的植物还较易处理,但来自热带的植物,冬季则需要加温。因此产生了温室,用于栽培热带的兰花、蕨类、凤梨科及棕榈科植物。18世纪末至19世纪初,热带植物的引种是花卉园艺发展史上重要的阶段。大量引进热带植物有利人们将这些植物进行杂交试验。这不仅在园艺学上有重要意义,产生了新的植物品种,而且建立了一门全新的学科——观赏植物遗传育种学。

法国园林主要吸取了意大利园林中的很多东西,如建筑形式。英国式田园风景园林提倡自由,追求回归自然。风景园林起源于英国,19世纪迅速发展。

第二节 花卉在园林绿化中的应用形式及作用

一、花卉在园林绿化中的应用形式

花卉在园林中的应用是根据规划布局及园林风格而定,其应用形式主要有花丛、花带、花境和花台等。

1.花丛 花丛就是集合几种花期一致、色彩调和的不同种类的花卉配置成的花坛。四面观赏的花坛一般是中央栽植植株稍高的花木、四周栽植株较矮的花木;单面观赏的花坛则前面栽植较矮的花木,后面栽植较高的花木。

2.花带 花带是花卉呈带状的种植方式。花带可设置在道路中央或两侧、水景岸边、建筑物的墙基或草地中,形成色彩绚丽、装饰性较强的连续景观花带可分为单一型花带和混合型花带。单一型花带是由一种或一类观赏花木的不同品种组成的花带;;如水仙花带、郁金香花带、百合花带、杜鹃花带等;混合花带是由几种或几类花卉组成的连续景观。

3.花境 花境是根据自然风景中林缘野生花卉自然散布生长的规律,加以艺术提炼而用于园林中的花卉应用形式。花境多用于林缘、墙基、草坪边缘、路边坡地、挡土墙垣等装饰,故又称境边花坛、花缘。花境一般为狭长形,常作有变化的重复,其基本组成单元是高矮、花期不同的5~10种花卉。花境边缘可以是直线或曲线,依所处环境而定。花境依游人视线方向可设为单面观赏或两面观赏。在花境的设计时,要充分考虑花期和花色两方面,以达到生长季节不断有花可赏,且每个季节有突出色调,构成不同的季相景观。

4.花台　又称高设花坛,是将花卉种植在高出地面的台座上面形成的花卉景观,一般面积较小,台座高度多在40~60厘米。花台多用于广场、台阶旁、出入口等处。花台按形式分为规则式和自然式两种,规则式花台有圆形、椭圆形、方形、梅花形;自然式花台常用于中国传统的自然式园林中,形式较为灵活。规则式花台多选用花色艳丽、株高整齐、花期一致的草本花卉,如鸡冠花、万寿菊、一串红、郁金香等;自然式花台在植物种类选择上更为灵活。如芍药、玉簪、牡丹、迎春等。

二、花卉在园林绿化中的作用

花卉形态各异,叶色多样,可配置成绚丽多彩富有生命活力的园林景象,应用效果十分显著。

1.时空变化　园林空间是随时间的变化而不断发生变化的。随着花木不断生长,植株发生相应变化,由稀疏的枝叶发展成茂密的树冠,从而提升景观效果。不同花木的季相变化,使同一景观转换成某种特有景象效果。花木配置还可形成不同的空间,如形成向心和围合空间,形成地和顶两层界面的通透空间,按行列构成狭长的带状过渡空间。

2.景象观赏　花卉的独特形态、色彩、风韵,具有较高的景观观赏价值。几株花木按一定方式配置成树丛,高低远近的层次变化,表现出花木的整体美,形成较好的园林景观同时,也可配置色叶花木树种,如枫香、乌桕、银杏、槭树及重阳木等,形成霜花红海的秋色林。在地形平坦、起伏变化不大的景区,可在略为突起的地面栽植雪松,摆放山石,修筑小径,点缀花卉,构成浓荫蔽目,极具山林情趣,在视觉上增加了地形的起伏变化。

3.衬托作用　园林景观常以花木作雕塑的背景,通过色彩对比体现特定的景观空间。浅色建筑物掩映在浓绿的树丛中,显得格外醒目突出,起到极好的衬托作用。

4.创造意境　花卉按照形体美、色彩美,嗅觉上的芳香美,听觉上的声音美等,还有一种比较抽象而富有思想感情的联想美,如松、竹、梅被称为"岁寒三友",象征坚贞、气节和理想,紫荆象征兄弟和睦,红豆表示相思、恋念,在民间还有"玉、堂、春、富、贵"等的联想。

第二章　花卉习性及其基本知识

第一节　花卉生长发育的基本概念

一、花卉的生命周期

花卉从种子萌发、苗木生产、开花结果（产生种子），到植株衰老死亡，称为花卉的生命周期。种植植株产生的种子，它又进入新的生命周期。不同类型的花卉，其生命周期时间的长短差异很大，一般草本花卉从几个月到一、二年，多年生草本花卉可以生长多年，而木本花卉从几年到上百年。花卉生命周期的长短主要由花卉的遗传性决定，但是环境条件和栽培技术也会有较大的影响。同时，花卉的繁殖有无性繁殖和有性繁殖两种，所以营养苗和实生苗的生命周期也有区别。

多年生植物的生命周期比一、二年生植物的生命周期复杂得多。多年生植物在其生命过程中，每年都受季节周期性变化规律的影响，形成了与季节变化相适应的外部形态和内部生理机能的有规律的变化。如萌芽，抽枝长叶，开花结实，新芽形成，叶枯休眠等。花卉植物这种每年随季节变化的规律，称为年生长周期。因此，一、二年生花卉的年生长周期即为生命周期，而多年生花卉的生命周期中包含了多个年生长周期。

二、花卉的生长与发育的概念

生长与发育是两个既有联系而又有差别的生命现象。植物体器官的增加，即叶片的增多，茎的分枝，根系的形成，植物躯体的增大，增粗等变化，统称为生长。生长是量的变化，是不可逆的，其本质是由代谢所引起的组成物质的增加。当植物顶端的分生组织细胞分化成花芽后，使植物体出现了生殖体，这是分生细胞内质的变化，这种质变称为发育。

第二节　花卉的生长习性与生态习性

一、一、二年生花卉的习性

（一）生长习性

一、二年生花卉的生长习性通常分为两大类：

1. 春播秋花类：这类花卉如常见的鸡冠花。在3月下旬至4月春暖时种子萌芽，4月至6月份春夏季节小苗生长，7月至11月夏秋季节开花、结果，11月份以后秋冬季节遇霜植株枯死。

2. 秋播春花类：这类花卉如常见的金鱼草。在9月至10月秋凉时种子萌芽，11月至来年2月初小苗越冬，3月至4月早春植株迅速生长，4月至6月春夏季节开花、结果，6月以后夏季遇高温植株枯死。

(二)生态习性

一、二年生花卉一般均要求阳光充足,少数种类能耐轻阴;春播秋花类中有些要求短日照,如万寿菊、波斯菊等;秋播春花类中有些要求长日照,如金鱼草、蜀葵等。

一年生花卉为不耐寒性花卉,一般遇霜植株枯死。部分原产亚、非热带的种类,能适应夏季炎热,如鸡冠花;而相当数量原产美洲热带的种类,在夏季高温时生长不良,如万寿菊、百日草等。二年生花卉中有耐寒性种类,主要原产欧亚大陆的北部,在中原栽培可以露地越冬,如花毛茛等。有些产于暖温带的种类,属半耐寒性,在中原栽培需加保护越冬,如银叶菊等。二年生花卉均不适应夏季高温、多雨。

一、二年生花卉对土壤要求一般。只要疏松、排水良好的肥沃壤土,均能良好生长。

二、宿根花卉的习性

(一)生长习性

宿根花卉的生长习性,如芍药,每年2月初春暖时萌芽生长,3月至5月春夏季节迅速生长、开花,6月至8月夏秋季节结实,9月至11月秋冬季节枝叶枯死,11月以后植株进入休眠期。下年的3月至5月春暖季节重新萌芽生长,如此循环往复多年,直至生命结束。

(二)生态习性

宿根花卉类型丰富,种类繁多,对光照强度的要求因种而异,而大量的地被植物又是耐阴的花卉。原产温带或亚热带的多年生草本花卉,开花习性具有长日照的要求,如耧斗菜属、风铃草属、福禄考属。一般当植株有一定生长量后,可以人工延长日照时间,一天保持14～16小时的日照,或夜间加光来调节花期。有些越冬开花的种类有短日照习性,则要作相反的处理。

大多数宿根花卉耐寒性强,但为了丰富绿地中应用花卉的种类,半耐寒的种类也被越来越多地采用。这就要求在养护管理中要注意越冬防寒。宿根花卉,尤其是春花类,对夏热的抗性一般较差,常因不适夏热而提早休眠甚至枯死,所以除了要采取遮阴、防雨、排水等措施外,更要注意种类的选择。温度在宿根花卉生长与开花的控制方面,起着十分重要的作用。特别是春季开花的种类,当今市场上称之为冷凉型植物,在其自然的生长周期中,需经历秋季、冬季、春季(温暖、冷凉、温暖)三季,可根据这个规律控制其生长与开花。在2℃～10℃低温下生长一段时间的宿根花卉,具有良好的株型,且开花整齐,一般来讲,在13℃以下低温生长的时间越长,株型质量越高。关于低温处理的时间长短没有规定,如有12周以上就可以产生较好的株型。

宿根花卉对基肥的要求比一、二年生花卉高,在每年秋冬翻种时可以施入基肥。追肥主要在生长期的初期和花后进行。施肥期间要常用清水浇灌,以防盐分积累。浇水主要在生长期;休眠期多数宿根花卉不浇水,并要注意排水,保持干燥。

三、球根花卉的习性

(一)生长习性

(1)秋植类球根花卉,如郁金香,10~11月秋季植球,11月球根生根、萌芽,11月以后带幼芽的球根越冬,2~4月春暖季节迅速生长,开花。同时球根分生子球,主球增大。5~6月春夏花谢,枯叶。7~8月贮藏养分的球根休眠越夏,待秋凉时重新萌芽。

(2)春植类球根花卉,如唐菖蒲,3月下旬至6月春暖季节植球,4~8月球根迅速生根、萌芽,7~10月夏秋开花。同时球根分生子球,主球更新增大。11月以后秋冬遇霜枯叶。贮藏养分的球根休眠越冬,待春暖时重新萌芽。

(二)生态习性

大多数球根花卉宜选种在阳光充足之处,苗床的土壤要求深厚、肥沃,排水良好,pH值6~7,土壤消毒十分重要。种植深度一般指球根顶部至土面的距离,常为种球厚度(直径)的2倍左右。种好后可用覆盖物覆盖,这样能保持水分,冬季可增加地温,夏季可减少日晒,覆盖厚度5~7cm,种植后可浇一次透水。

耐寒性秋植球根常有低温春化的要求,经过低温春化后才能开花良好。一般需要5℃左右的低温,最好有12周时间。因此,在南方如种植郁金香、风信子等,须加预冷措施,在开花前需要15℃以上的促成温度。这一点对春植球根更重要,促成温度有时可高达20℃~25℃,同时,要求给予长日照,这样才能开花。

如以栽培种球为目的,浇水、施肥尤其重要。在种植时,要先施足基肥,在发叶前施一次浓肥,开花后施一次补肥,促使长球。剪花是养球的一项重要工作,一般认为花在花蕾期即应剪除,但对当年即将收获的种球,可在花将进入盛花时剪除,这有利于得到更成熟的开花种球。花后的养护,保持健壮的绿叶期,特别有助于种球的增大,产生高质量的种球。

球根花卉的种球,在休眠期宜收球贮藏。球根的掘取,要在叶子变黄后,未霉烂前进行。球根要放在通风处阴干,大小分级后贮藏。秋植球根,在炎夏收藏,藏处要保持冷凉(20℃~25℃)、通风。装入容器,以防鼠害。春植球根,冬季贮藏,宜放在0℃以上的防冻处。

四、木本花卉的生长习性

木本花卉也为多年生花卉,如牡丹,其生命周期要比草本花卉长得多,可以上百年,因此有明显的生命周期与年生长周期。生命周期主要包括:

胚胎期:从胚芽到种子形成;

幼年期:从种子萌芽至实生苗生长的第二年;

青年期:从实生苗第三年至开花;

壮年期:从植株开花至生长发育15年左右;

老年期:从生长发育15年以后至植株死亡。

当然其花龄的长短,与栽培管理有关,如养护得当,牡丹开花40~50年乃至上百年也是常有的。

周期主要分为：生长期，从萌芽、抽枝展叶、开花或结实、花谢后形成新芽至枯叶；休眠期：从秋后枯叶至春季萌芽。

第三节　花卉栽培与环境因素的关系

一、光照

光照与花卉的生长开花有着密切的关系。根据花卉对光照强度的不同要求，可分成三类花卉。

(1)阳性花卉：花卉生长过程需直射阳光。苗圃管理中，应保持阳光充足。园林绿地中，宜布置在每天至少有 7 小时以上直射阳光的场所。室内应用常较为困难，仅在阳台或朝南的窗台才宜布置这类花卉；

(2)半阴性花卉：花卉生长过程需要充足阳光，但要防止夏季正午的直射阳光。苗圃生产管理中，夏季应有遮蔽措施。园林绿地中，宜布置在每天有 3～5 小时直射阳光的场所。室内应用较为容易，可放在东窗或西窗，那里的阳光直射时间较短。

(3)阴性花卉：花卉生长过程不宜阳光直射，尤其是夏季。苗圃内应设有荫棚。园林绿地中，宜布置在每天仅有 3 小时直射阳光，或处在蔽荫的场所。室内应用较为理想，可放在北窗或离窗较远的室内环境。

光照时间的长短，对花卉的生长发育、特别是花芽分化，影响很大。苗圃生产管理中，常用这一原理调节花期。在北半球，每年 5～9 月，采用每天下午 5:00 到次晨 7:00 进行遮光处理，能使短日照花卉按要求的时间开花，主要是夏季开花。同样的，从 9 月到第二年的 5 月，每天夜间 10:00 到次晨 2:00 进行灯光照明，可以使长日照花卉按要求的时间开花，主要是冬春季节开花。光周期与花卉生长发育的关系，在花卉应用时也同样需要注意，如放在照明灯附近的长日照盆花可能提早开花，而将具有短日照习性的花卉布置的灯光较强的街头绿地，也会影响其开花质量。

二、温度

温度与花卉生长发育的关系极为密切，离开温度条件，花卉就不能正常生存。不同的花卉对温度的要求各异。每种花卉有各自的最低温度、最适温度、最高温度，即温度的"三基点"。根据花卉对温度的不同要求，可分成三类花卉：

(1)耐寒性花卉：指能耐 0℃ 以下低温的花卉。

(2)半耐寒性花卉：指能耐 0℃ 左右低温的花卉。

(3)不耐寒性花卉，指能耐 3℃～5℃ 低温的花卉。不耐寒性花卉种类较多，又可细分成三类：

①喜温性花卉：指耐最低温度 16℃～20℃ 的花卉。

②中温性花卉：指耐最低温度 10℃～16℃ 的花卉。

③低温性花卉：指耐最低温度 3℃～10℃ 的花卉，这类花卉主要原产亚热带地区，在南方 4～10 月可以露地生长，而在北方则在 5～9 月也可露地生长。

一天的气温,白天与夜间是不同的,白天较高,夜间较低。但在生产栽培中,尤其是温室栽培,日夜温差常被忽视。传统温室通常只设定一个温度,如栽培半耐寒的花卉,冬季温室的温度为3~5℃,但在晴好的白天,温室内可能很快升温至20~25℃,这种温差对栽培高质量的花卉很不利。

温度同光周期一样,也会影响花卉的花芽分化。许多宿根花卉、球根花卉需要一个低温阶段才能完成花芽分化,而菊花在低于15℃时,就不易完成花芽分化。

三、水分

花卉植物需水分来维持生长。而各种花卉的需水量差异很大。植物对水分的需要量与环境温度、湿度、日照强度以及植物的状态有关。如晴天植物的需水量比阴天要多。各种花卉种类的需水量也各不相同。根据花卉生长期需水时的大小,花卉可分成:

(1)喜湿性花卉:这类花卉始终要求土壤湿润,但不能积水,因此宜用塑料盆栽培。

(2)中湿性花卉:这类花卉可在土壤略显干燥时浇水,每次浇水至盆底流水即可,对盆土的排水性也有一定要求。

(3)喜干性花卉:这类花卉主要在温暖的生长季节浇水,盆土不宜完全干燥,但对排水性要求很高。

控制好盆土水分,花卉必须种植在有排水孔的盆内,确保多余的水分及时流出。花卉栽培中,自古人们就认识到水温对花卉生长也有影响。最好使用常温下的水进行浇灌,特别是冬季。一些老式的温室常设有水缸储水,盆土中水分的调节,主要同盆土中的空气含量有关。植物根系需要一定的新鲜空气,但土壤只有在排水良好的状态下才能保证一定的通气性,有利植物生长。在生长期浇水,也可以结合进行追肥。

近年来,不少地区的水中含盐量偏高,pH值偏碱,甚至含有部分有害物质。目前雨水也被利用起来了。但在工业区也要注意雨水中可能会含有害物质。用化学方法处理,或通过净化过滤,是改善水质的有效措施。从水质角度来讲,用蒸馏水是较理想的。一般花卉用水,可以用蒸馏水和自来水按1:1比例混合的水,对有些较敏感的花卉(如兰花),最好用以2:1的比例混合的水。自然界的表土层有着天然的过滤作用,能滞留水分中的部分有害物质,也就是土壤能吸收水中的有害物质。因此,翻盆换土有利于减缓水中有害物质对花卉生长的影响。

四、湿度

空气中有水蒸气存在,空气中充满水蒸气、吸水量达到饱和状态时的湿度为100%,空气中不含水蒸气时的湿度为0。自然界还有这样的现象,气温高的空气中水汽含量高于气温低的空气中水汽含量。根据花卉对空气湿度的要求不同,可分为三大类:

(1)高湿性花卉:要求空气湿度60%以上,冬季宜温室栽培。一般加温的室内场所,需要适当处理才能满足其需要。

(2)中湿性花卉:要求空气湿度较低,在50%以上,这类花卉在冬季加温的室内场所,稍作处理就能满足其需要。

(3)低湿性花卉:要求空气湿度较低,在30%~50%以下,这类花卉在冬季加温的室内场所,不需处理就能满足其需要。

常用增加湿度的措施有：在植株上喷水，将植物组合栽培于有盛水盘的容器内，在散热装置处放一个盛水的小容器等等。

五、肥料

大多数花卉是从土壤中吸收养分的，所以土壤中应全面含有花卉生长所需的营养元素。花卉必需的营养元素主要包括氮、磷、钾以及一些微量元素，如铁、镁、锌、钙、硼、铜等。一旦土壤中缺乏某种元素，花卉生长就会表现不良，需及时补充这些元素。通常的方法是施追肥和翻盆换土。如将施肥和换土结合进行，则效果更佳，因施肥能补充养分。换土还能减除土壤中的盐分及有害物质的积累。肥料的种类很多，有有机肥料、化学肥料、速效肥料、缓效肥料等，供不同的花卉及其各个生长发育阶段的选择。目前，含有氮、磷、钾的复合肥料应用较广，不同的比例能满足各种花卉栽培的需要。观叶植物常用 3:1:2，多肉植物则以 4:7:9 为主，上盆的小苗采用含磷较高的复合肥料。施肥主要在花卉生长期进行，施肥量应与生长率一致。生长缓慢的仙人掌与生长迅速的橡皮树的施肥量和施肥频率，应有明显的不同。通常缓效性肥料施用 1~2 次，可以满足花卉一个生长期的需要，而速效性肥料在生长期每 1~2 周便要施用一次。

六、盆土

大多数花卉是通过根系从土壤中吸收水分和养分的，因此，盆土是栽培基质，它要求能具备保持植物生长所需的水分、养分和空气的性能，即有持承性、保肥性、通气及排水能力。作为盆土还应有固植的作用。盆土的 pH 值也很重要。土壤中很多因子之间有一定联系，一般酸性土壤较湿润，碱性土壤较干燥，但有的沙土会呈酸性，有的黏土因含石灰会呈碱性。有相当长的时期，人们试图根据各种花卉的不同需要配置相应的培养土，并取得了很好的效果。但花卉种类繁多而不易通用。目前为了生产及养护中的方便，提出了专业的通用性栽培基质概念。通用性栽培基质的组成中，只含极少的园土，以苔藓泥炭为主，pH 值调节到 5.5~6.5，具有良好的排水性。通用性的栽培基质是没有地区性差异的。一些现代花卉园艺较发达的国家均有稳定的人工基质配方，如英国的 JohnInnes 配方，德国的 TKS 配方和荷兰的 pHPA 配方等。通用性的栽培基质能适用于 80% 左右的花卉种类，其中少数喜酸性花卉或碱性花卉，只要调整 pH 值就可以了。另有约 20% 的花卉不能适应这类通用性的栽培基质，如多肉植物、兰花、凤梨科植物，便有一些专类的栽培基质供使用。常用栽培基质配方介绍如下：

(1) 通用性基质：腐叶土 65%，苔藓泥炭 25%，沙或珍珠岩 10%。
(2) 喜酸性基质：松叶土 50%，苔藓泥炭 40%，珍珠岩 10%。
(3) 多肉植物基质：通用性基质 50%，珍珠岩 50%。
(4) 播种及扦插基质：园土 50%，苔藓泥炭 25%，珍珠岩 25%。

第三章 花卉栽培及养护

第一节 花卉栽培中环境因子的调节

一、光照的调节

花卉栽培中首先要根据花卉植物对光照强度的要求选择适宜的场地栽培。温室内的光照强度往往因玻璃等遮挡而减弱,同时也会削弱极短波光而影响花卉生长。特别是连续的阴雨天对花卉的定期生产会产生影响。光照不足,植物常表现为枝叶纤细,节间抽长,叶片由下至上逐渐变小,叶片黄绿,推迟开花等。这可以通过补充光照来调节。另一方面会出现光照过强的情况,尤其在夏季会引起植株矮化,叶片枯焦,花瓣灼伤等。可以通过遮阴减弱光强度。光照强度的调节目前只能在温室内或保护地进行,如通过照明装置补充光照,或用遮阴材料如遮阳网削弱光强度。

光周期的调节是控制花卉植物生长发育的重要手段。长日照处理一般通过照明装置来延长日照时间。用天黑之前加光来延长日照长度的做法,现已很少采用。目前主要是采用半夜加光的方法,即深夜 10:00 至清晨 2:00 加光。长日照处理也能起到增加光照强度的作用。也有采用间歇照明法,即在半夜加光的 4 小时内采用每 30 分钟仅 6 分钟光照。也就是说 6 分钟光照,24 分钟黑暗,循环往复,有些用 12 分钟光照,18 分钟黑暗。据称这种方法与连续加光效果相同,而且可以节省电能。增加光的强度约为每平方米 60 瓦左右,光源离地 2~3m 高。短日照处理,传统的做法是用黑色不透光材料遮光。遮光的时间一般是下午 5:00 至第二天上午 7:00。较大规模的生产温室,在苗床上方用铅丝设架,采用大型的黑色塑料布将整个苗床,甚至整个温室包括四周完全遮光。目前主要考虑的改进方面是如何牵引遮光材料,并灵活调整遮光的区域和范围,更多地节省劳动力。

绝大多数观叶植物为半阴性。室内光照与室外光照差异很大,一般夏季室内光照的强度为室外光照强度的 1/3。生产单位采用"遮阳网"可有效地调节光照强度。栽培中光照强度的调节很重要,会直接影响观叶植物的节间长度,叶色的变化,尤其是花叶品种。当然叶色与肥料也有关。必要时可以人工补充光照。

二、温度的调节

观叶植物生长适温,一般夜间为 18℃,白天为 18℃~21℃,短期的夜温低于 10℃ 问题虽不大,但会影响生长量。长期低于 5℃,或高于 35℃,对大多数观叶植物会影响生长。人们常常误认为热带观叶植物只怕冷,不怕热,因而忽视夏暑降温,结果使热带观叶植物的生长同样受到影响。

1.**加温** 花卉栽培中要维持花卉生长的最适宜温度往往需要加温。生产上均利用加温装置来完成,不过在加温过程中必须注意以下三点:

(1)加温是针对植物体而不是对空气加温。很多情况下加温的热量被空气吸收的要大大超过植物体的吸收,这样能源的浪费会使成本提高。近年来,很多温室的加温装置,从空中加温改成在苗床下方加温,这有利于提高热量的利用率。

(2)降低加温值可以节省能源,因此加温应严格按花卉生长的不同阶段及时调节加温值。如一般不能出现夜温高于昼温的现象。

(3)同样面积的连栋温室要比分散的温室节约能源。

2.降温 夏季炎热的地区,为了使花卉生长良好或度过高温休眠期,需要有降温措施。传统的方法是将盆花移出温室,置于荫棚下栽培,通过遮阴降温。夏季在花卉的叶面喷水或在温室的屋顶淋水降温,增加湿度时应保持通风。大部分周年生产的盆花温室或切花温室,都装备有降温装置。

3.保温 调节温度的同时必须考虑保温,尤其是冬季。应维持温度均匀,这既有利花卉生长又节省能源。主要方法是加强温室门窗的密闭性能;用双层塑料薄膜增强温室效应;在晚间用草帘加以覆盖。另外盆花的移动也能提高热源的利用率。

三、温室内水、气的特点及其调节

温室内的温度一般较高。冬季的夜间,温室顶部的温度较低,水汽常凝固成水滴洒落在植株上,这会引起菌类活动,增加发病机会。一般在栽培中要加强通风,尤其在加温的夜间。对于开花植株,需在其苗床上方用塑料薄膜遮挡水滴,以免影响其开花质量。对于喜湿性的花卉种类,夏季可以通过叶面喷雾水来增加湿度。

氧(O_2)和二氧化碳(CO_2)是对花卉生长有益的气体,一般在大自然中的含量分别为21%和0.3%,是足够花卉生长发育所需的。然而在温室内如用明火加温,有时会出现缺氧现象,好在这种加温法已不常用了。晴天的中午温室会出现二氧化碳不足的现象,因此通风换气是温室工作中调节空气的一项措施。近年有的单位在温室中采取补加二氧化碳的措施,这对提高花卉产量与质量有一定成效。

空气中也有危害植物的气体,它有的来自工厂的废气、也有的来自园艺工作本身所需的材料,如施肥、防治病虫和除草的药剂,甚至还有花卉植物自身的呼吸等。特别应指出的是,由于温室环境的相对封闭性比起外界环境更易引起有毒气体危害花卉植株,所以开窗换气是不可缺少的措施。新鲜空气对花卉生长的重要性,已日益引起园艺界的重视。

第二节 花卉的栽培及养护

一、盆栽用土及施肥、浇水

花卉植物从肥沃的土壤中吸收水分、养分,才能健康生长。大地是植物的生存之地,土壤环境对植物生长起着决定性作用,是花卉栽培成功的基础。因为植物只有根系生长良好,才能吸收养分,进而才能枝繁叶茂。

施肥,就是为植物提供充足的养分。肥料的主要成分为氮、磷、钾。由于盆栽介质很少含微量元素,因此,在每次施肥时应包括一些微量元素,如铁、锌、硼等。施肥后,用清水冲洗盐类,以稳定介质的性状。

观叶植物的原产地,大多为多雨环境,许多种类又生长在林下,从形态特征看,多数是草本植物,叶片革质,形大,因此对水分要求较高。绝大多数南方观叶植物需要终年供水,保持土壤湿润;春夏生长期需天天浇水。其栽培环境,须保持较高的空气湿度,要求50%以上。要做到这一点比较困难,生产上可以通过喷水等方法解决;而室内较难处理,可用套水盆蒸发水分的方法来增加湿度。合理的配植,或花盆组合后铺上湿润的苔藓,也可以增加湿度。

简单的浇水方法:

如有下列情况,应多浇水:植株很大,而花盆很小;植株根系很多,紧密地挤在花盆中;植株正处在生长旺盛期;温度高,湿度低;植株具有大而薄的叶片;用传统的瓦盆栽培。

如有下列情况,应少浇水:植株很小,而花盆很大;植株根系尚未长满花盆;植株正处在休眠期;温度低,湿度高;植株具有肉质的茎和叶;用塑料盆栽培。

随着花卉栽培的发展,对土壤的研究越来越深入,尤其是盆栽花卉的大量生产,不仅要求有养分丰富的培养土,更要有物理性状良好的栽培基质,并要求土壤卫生,国外已有专业生产的花卉生长土壤和栽培基质。

(一)培养土

培养土是指以园土等为材料,经过人工配制,能满足植物生长、发育所需的物理性状和化学性状的混合土。其物理性状主要指土壤结构、排水性、透气性、持水保肥等能力;化学性状主要指土壤酸碱度、土壤养分含量(如腐殖质丰富)等。培养土配制的原则,是根据植物生长对土壤的要求,运用不同的材料配制。植物种类多种多样,因此培养土也是多种多样的。培养土配制的常用材料有:园土、腐叶土、厩肥、砻糠灰、山泥、木屑、砖渣、黄沙、草炭、石灰等。

常用的六类培养土:

(1)扦插成活苗的上盆用土:2份黄沙、1份壤土、1份腐叶土(喜酸植物可用山泥)。

(2)移植小苗和已上盆扦插苗用土:1份蛭石、1份壤土、1份腐叶土。

(3)一般盆花用土:1份蛭石、2份壤土、1份腐殖质土、半份干燥厩肥、每4公斤上述混合土加入适量骨粉。

(4)较喜肥的盆花用土:2份蛭石、2份壤土、2份腐殖质土、半份干燥厩肥和适量骨粉。

(5)木本花卉上盆用土:2份蛭石、2份壤土、2份泥炭、1份腐叶土、半份干燥腐熟厩肥。

(6)仙人掌和多肉植物用土:2份蛭石、2份壤土、1份粗沙、半份腐叶土、适量骨粉和石灰石。

(二)栽培基质

栽培基质是现代花卉栽培所用的无土或少土的介质。栽培基质具有三方面的特点:第一,物理性状好,包括排水透气性和持水保肥性好。第二,所用的材料重量轻,理化性状稳定,价格便宜。第三,大都属于园艺无毒类型。同时又有植保作用,如能克服由于连作带来的病虫危害等问题。

栽培基质的配制,是根据植物生长对水分和透气性的要求,选用特定的材料混合而成。材料应经消毒。配制栽培基质应包含两个组成材料:

(1) 排水透气性材料，如蛭石、珍珠岩等。

(2) 持水保肥性材料，如苔藓、泥炭、木屑等。

作为植物生长基质，理化性状缺一不可，而配制的栽培基质一般不强调养分量。生长基质的物理性状主要是保证根系生长健壮，从而使其吸收养分。配制后的基质，其物理性状难以改善或变换，而养分因子完全可以在栽培过程中追加。栽培基质能保持统一的水分或养分的含量指标，便于统一管理，适宜自动灌溉、科学合理地定量施肥。培养土虽富含肥分，但由于含量不一，难以做到统一管理。常用的栽培基质配制材料有：树皮、木屑、谷壳、泥炭、珍珠岩、蛭石、陶粒、岩棉等。

栽培基质是科学灌溉和施肥的前提条件。植物的需水量是恒定的，可以换算成土壤含水量，配制栽培基质时选用持水性材料的比例应可以确定，以保持满足植物需要的土壤含水量。这种栽培基质浇透水后，经过排水其含水量便能维持与植物的需水量相一致。这样可以推算每天浇多少水能满足植物生长的需要，这种数量化的管理，可以使成千上万盆的花卉，通过设计好的供水管道系统统一管理。施肥的管理方法与供水相仿。这种科学管理的效益是传统经验管理无法相比的。

二、土壤消毒

连作土壤中的有害微生物密度高，容易发生病害，因此土壤消毒的目的是把有害微生物的栖生密度降至不使植物发病的程度；但不可把土壤中的微生物全部杀灭而呈无菌状态。因无菌状态的土壤连有益微生物也被杀灭干净，如在这种土壤上种植带病苗时，病原微生物会骤增，其密度甚至高于消毒前。

（一）土壤药剂消毒

氯化苦是一种高效、有警戒性的剧毒熏蒸剂，既可杀虫灭鼠，又能杀菌和防治线虫。消毒时，在每平方米的面积内，打25个深约20cm的小穴，每穴相距20cm，用玻璃漏斗插入穴内，每穴灌药液5毫升，每平方米共灌药液125毫升。施药后，立即覆盖土穴，踏实，并在土面泼水，延缓药液挥发，以提高药效。气温在20℃以上保持10天，15℃以上保持15天，然后将处理过的土壤多次翻耙，使土壤中残留的氯化苦充分散失，以免影响以后植物根系发育。

用福尔马林药剂消毒是常用的方法。每立方米的土用40%甲醛含量的福尔马林400～500毫升稀释后浇灌土面，浇后密封2～4小时即可。消毒后晾3～4天便可使用。

（二）土壤蒸气消毒

这种消毒方法的优点为消毒时间短，只需温度下降后即可种植，对附近的植物无害，还能促进土壤团粒化，促进难溶性盐类溶化，使土壤理化性质得以改善。缺点为移动式锅炉投资高，使用期短，耗能多，操作麻烦，如方法掌握不当，过度消毒时，对植物生长产生障碍。因此除小面积，或可利用温室原有蒸气加温设备外，大面积田间消毒，现已很少使用蒸气消毒。

操作方法可用内径为3cm的不锈钢或铝制导管，每隔13cm在其下方两侧各开一直径3mm的小孔，用以喷出蒸气。两根导管之间的距离为埋入深度的1.25倍以内。土表覆盖尼龙薄膜。然后送入蒸气,不久土壤表面达到蒸气温度,冒出蒸气,即停止送气,利用余热继续消毒,以免过度消毒。

三、花卉栽培介质的发展趋势

大约10~15年前,绝大多数的花卉栽培者是用就地的土壤加一些材料来配制花卉培养土,后来大多采用"人工"介质,近年来更多的种植者,选用专门生产的混合介质。为什么不用大田土而转用泥炭、苔藓、珍珠岩、树皮等介质呢?

首先是土壤越来越紧缺,现在已经很难每年找到一块能提供表土的土地了,即使购到土地,要取表土层,然后还得改良它,这要经历一个非常复杂的过程,而且在某些地区,这样做是不合法的。其次,种植者年年增加使用各种除草剂,这些物质不会很快消失,这样会出现不少可怕的污染问题。再次,盆栽介质中采用园土或3/4以上是园土,这份量必然很沉重,这样每年用在搬运上的费用也很大。另外,人工配制的介质便于栽培管理,这对栽培来讲是十分重要的,因此专业配制的土壤介质,受到越来越多的种植者的信赖和欢迎。

四、温室花卉的进棚与出棚

温室盆栽花卉,绝大多数种类因夏季室内温度过高,通风不良,不适宜其正常生长发育,而需在春季晚霜过后,把盆花移至室外养护,称出棚。待秋季气温逐渐下降,早霜出现以前,再将盆花移入温室越冬,称进棚。进棚和出棚是传统栽培中一项繁重的工作,事先应有安排,主要措施分述如下:

(一)出棚

中原地区常在4月下旬至5月初进行,出棚前须采取过渡措施以让花卉从室内适应室外的环境。

(1)加强室内通风,逐渐增加开启门窗时间,使盆花逐渐多经风吹,枝干坚硬,而增加抗寒能力。

(2)降低室内温度,停止加温,将耐寒性较强的花卉先移出温室。

(3)增加光照,除去遮阴物,使盆花趋向老熟,提高对外界的抵抗能力。

(4)减少浇水,降低空气和土壤的湿度,以有利盆花老化。

(5)不施肥,尤其是氮肥,以防止枝叶过嫩,增强抗性。

(二)进棚

中原地区常在9月下旬至10月上旬进行,进棚前后须采取一些过渡措施。

(1)进棚前对盆花修剪整理,这样有利于植物健康生长。

(2)刚进温室的盆花宜摆放稀一些。

(3)起初门窗要多开一些,以利通风,以后逐渐关闭,进入加温养护。

(4)根据盆花的习性(喜温性)、生长阶段、植株的大小合理安放,做到有利植物生长,最大限度地利用温室面积,使生产区美观、整齐。

五、温室的维修与消毒

温室的维修与消毒,可在夏季大部分种类已出棚期间进行。维修主要包括:检查温室的门、窗启闭是否灵活,有无漏风的地方;配好或更新缺损的材料、塑料棚、玻璃,确保冬季保温良好;各种设备的维修与保养。另外还应清洁温室,尤其是覆盖物,以增加透光能力。

温室内的温度、湿度都比外界要高,并且是连续的,这虽然有利植物生长,但也容易发生病虫害,所以温室必须消毒。夏季也是消毒较好的时间,常用方法有:

(1)用福尔马林喷洒:用40%福尔马林1kg加50kg水遍洒室内,洒后密闭一昼夜。

(2)用硫黄粉和木屑烟熏:在1000立方米的空间范围内,用硫黄粉和木屑各半斤混合烟熏,亦需密闭一昼夜。

第四章　花卉栽培设施

花卉栽培比一般农作物栽培要精细复杂,同时还必须有一定的设施保障。首先因为花卉种类繁多,要在同一个地区栽培各种花卉,除要具有相应的花圃地外,还要配备设施。其次就是生产一种花卉,在提高花卉质量的同时,要达到四季有花,也必须配备设施。主要的栽培设施有温室、大棚、荫棚和相关的灌溉设施及加温设施等。人们将设施内进行的花卉栽培称为花卉设施栽培。

第一节　花卉栽培设施的发展趋势和特点

我国花卉设施栽培有着悠久的历史,早在唐代就有温室栽培杜鹃花的记载。以后到明清时期,劳动人民就用简易的土温室进行牡丹和其他花卉的促成栽培。20世纪50年代以前,我国一直沿用风障、阳畦、地窖、土温室等简易保温、保湿设施栽培花卉。50年代以后,随着我国塑料工业的发展,出现塑料棚栽培花卉。近10年花卉设施栽培向现代化、大型化演进,温室类型由土温室向单屋面温室、双屋面温室、连栋温室发展,温室条件控制由原来人工操作向自动化控制发展。塑料大棚由竹木结构、竹木水泥结构、水泥钢筋、组装式钢管大棚的方向发展。今后随着我国科学技术的发展,社会经济的繁荣,花卉栽培设施还会越来越先进。

花卉设施栽培和露地栽培相比有许多优点:
(1)不受季节和地区限制,可全年生产多种花卉;
(2)能集约化栽培,提高单位面积产量,实现工厂化生产;
(3)能生产出优质高档花卉,经济效益显著,一般是露地花卉产值的5～10倍。

其缺点是:
(1)设备费用大,生产成本高;
(2)栽培管理技术要求严格;
(3)消耗能源多,要有一定的经济实力和条件。

根据我国经济状况和能源多少,今后发展花卉设施栽培要因地制宜,着重考虑能源的节约、造价的降低和性能的提高。发展保温、节能的中小型温室,或不加温、少加温的轻骨架的塑料温室等。

第二节　花卉栽培设施

一、温室

（一）日光温室

1. 玻璃日光温室

以鞍山式日光温室为代表，它有倾斜度较大的一面坡，玻璃屋面、厚土屋面和厚土墙，又有风障、草帘、纸被、棉被、防寒沟等设备（如图4-1），能充分利用太阳热能来加温，又有严密防寒保温设备。在北纬40°的平原地区，当外界最低气温到达-10℃以下，该温室白天可达20℃以上，夜间保持10℃～15℃，可栽培多种花卉。

2. 塑料日光温室

以海城式日光温室为代表，温室南屋面为半椭圆形竹木拱架，上覆0.1mm聚氯乙烯或聚乙烯薄膜，北屋面为保温土木结构屋面，向后倾斜。后墙为加厚有隔热的墙体，南屋面墙脚外挖防寒沟，南屋面覆盖草帘及纸被（图4-2）。在北纬40°47′的平原地区，1月份温室内平均气温为11.5℃，平均最高气温为25.6℃，极端最高气温为31.0℃，平均最低气温为6.1℃，极端最低气温为0.8℃。当室外温度在-30℃时，温室内气温仍能保持5.9℃。充分说明这种温室保温效果明显，而且造价低廉。

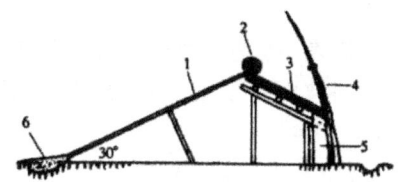

图4-1　鞍山式日光温室
1.玻璃屋面 2.草帘 3.后屋面
4.风障 5.厚土墙 6.防寒沟

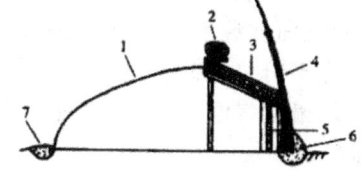

图4-2　海域式日光温室
1.塑料薄膜屋面 2.草帘纸被 3.后屋面
4.风障 5.加厚隔热后墙 6.土背 7.防寒沟

（二）加温温室

1. 单屋面温室

目前是花卉生产中应用最多的温室，按屋面结构可分为三个类型（图4-3）。

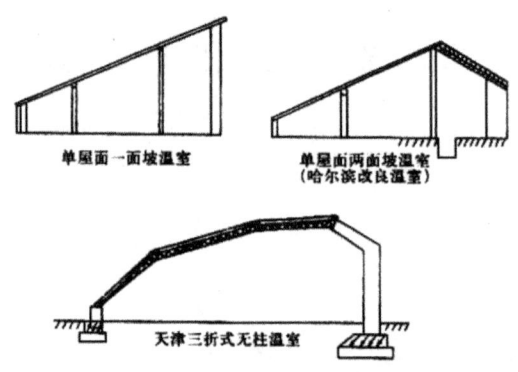

图4-3 单屋面温室三个类型

(1)单屋面一面坡温室:这种温室仅有一向南倾斜的玻璃屋面,构造简单,面积小,一般跨度约为3～6m,北墙高270～350cm,前墙60～90cm,玻璃屋面倾斜角度较大,充分利用冬季和早春的直射光,因此这种温室光线充足。用煤火烟道加热,夜间应在玻璃屋面上覆盖草帘和纸被。这种温室保温良好,建筑造价低。但因栽培面积较小,前部高度过低,不利于植物栽培和管理。同时容易造成植株向光弯曲的缺点。

(2)单屋面两面坡温室:以哈尔滨改良温室为代表,每栋温室长48m(3m间),宽6～7m左右(栽培床5m),高2.5m左右,立窗高50cm,天窗长4～5m。透明屋面用普通玻璃,或钢化玻璃、玻璃钢薄片。用煤火烟道和土暖器,热水循环加温。这种温室特点是采光充分,补充加温,严密防寒保温,适合喜高温花卉栽培。但因天窗角度太小,进光量少,植株有向光弯曲的缺点。

(3)单屋面三面坡温室:以天津三折式温室为代表,这是一种跨度较大的中型温室,温度光照条件均优于哈尔滨改良温室。但上部二折的坡面角度偏小,阳光进入量不充分,只适用于冬季平均最低气温在0℃以上的地区使用。

2.双屋面温室

一般南北延长,宽7.5m,长22.4m,高2.8m,屋面倾斜角度小于25°在侧壁安装玻璃立窗来改善室内光照条件和通风条件,采用热水或蒸气循环加热增温。这种温室光照均匀,适用切花栽培。缺点是玻璃屋面大,又不易覆盖,散热较多,要维持室内温度,需消耗较多能源。

3.连栋式温室

连栋式温室是把几栋或十几栋双屋面温室连接而成的大型玻璃温室。以荷兰式温室为代表。它有三种规格,每单栋温室宽度为3.2m、6.4m、9.2m,侧高2.5m,脊高3.05m或4.2m,屋面角度小于20°或30°,室长宽各100m,用立柱上的凹形落水槽(天沟)把一栋一栋温室连接起来。此种温室的构架多用钢材,每栋屋顶用T字形角铁椽子支撑。玻璃屋面安装钢化玻璃板。东西南侧屋面上有通风窗,采用自然通风方法,必须使用完善的供暖系统才能保证温室温

图4-4 连栋式温室屋架

度需求。这种温室的优点是：面积大，温度比较稳定，能采用机械化操作，适合周年切花生产。不足之处是：能耗大，空气流通不畅，在冬季多雪地区不宜采用(图 4-4)。

4.全天候拱形玻璃钢温室

温室采用镀锌管骨架，四周及拱顶覆盖透明玻璃钢波形瓦，内部装有热风采暖及先进的湿冷墙降温系统，南墙上装有大型排风扇，两侧有通风窗等，通过电脑自动控制升温、降温、遮阳、喷灌、侧开窗门等系统。每栋面积 667 m^2，最高 4.5m，最低 2.6m。可多栋连接到一起使用，面积大，温度比较稳定，适合周年切花和盆花生产。但也有能耗大、造价高；光照不足等缺点。

二、塑料大棚

1.塑料大棚

以竹木、钢材、水泥梁柱做成拱型架，架内设 4~8 排立柱，也可采用无柱拱形。上盖一层塑料薄膜，冬季可增加一层薄膜，以起保温作用；夏季根据需要可拆去棚顶或两边的薄膜。棚一般规格长 30~50m，宽 6~8m，中高 1.8~2.5m，边高 1~1.5m。大棚两端各设一个活动门，需要通风时把门打开。塑料大棚的优点是造价低，仅为玻璃温室的 5% 左右，另外还便于拆迁，防止花卉连作。在我国长江以南地区，用塑料大棚生产切花和盆花最为适宜。

2.双层充气塑料大棚

用镀锌钢材作框架，上覆双层充气薄膜，四壁用双层充气薄膜或双层透明硬塑料。优点是投资少、保温好。缺点是塑料薄膜易老化(图 4-5)。

三、荫棚

图 4-5 双层充气塑料大棚

荫棚也是花卉栽培必不可少的设备。大部分温室花卉夏季移出温室后，都要置于荫棚下养护。一部分露地栽培的切花花卉也需要在荫棚下栽培才能保证切花质量。夏季扦插和播种也需要在荫棚下进行。

温室花卉使用的荫棚一般是永久性的，多设在温室近旁不积水而通风良好的地方。用钢管或水泥构成主架，一般高度为 2~2.5m，棚架上覆盖竹帘、苇帘或遮阳网等进行遮阴。同时根据不同花卉耐阴程度调整覆盖的密度。有的地方采用葡萄、凌霄等藤本植物做荫棚，也比较经济实用。在荫棚的东西两端还要设荫帘，避免上午、下午太阳光射入荫棚内。永久棚架下一般设置花台和花架，温室的盆花放在台架上最好，如果要放置地面，应在地面上铺煤渣或粗沙以便排水，也防止下雨泥水溅污花盆和枝叶。

切花栽培使用的荫棚多为临时性的。一般多用木材做立柱，棚上用铁丝拉成格，然后覆盖遮阳网。遮阴程度通过选用不同规格的遮阳网即能调整。设置临时性荫棚对切花轮作栽培有利，可根据切花地块变更而拆迁。

夏季扦插和播种床所用荫棚也是临时性荫棚，一般比较低矮，高度为 50~100cm。用木棒支撑，以竹帘或苇帘覆盖。在扦插未生根或播种未出芽前可覆盖厚些；当开始生根或发芽时可减少覆盖物；等根发出，苗出齐后可全部拆除。

四、灌溉设施

生产上常用灌溉设施仍是水泵抽水、皮管浇水。近年来比较大的花圃也开始引用喷灌和滴灌装置。

喷灌是借助一套设备,将具有压力的水输入管道中,从喷头喷出,进行喷洒的灌水方式。大面积育苗场地,多用摇臂式喷灌装置进行喷灌。

滴灌是在畦面上铺设给水管,在管上间隔一定距离开有小孔,使水滴渗漏到土壤中去。这样既可节约用水,又能保持土壤疏松。新型盆花滴灌设施(见图4—6)。

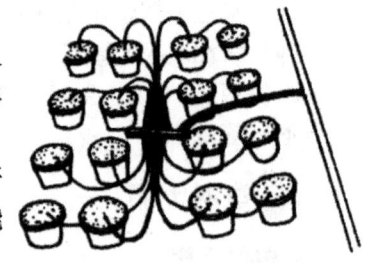

图4—6　连栋式温室屋架

全光照喷雾扦插苗床上的灌溉设施,用电磁阀控制喷灌次数。为自动化喷雾装置,目前扦插育苗中多采用。

五、加温设施

在冬季,温室、大棚都需要加温来进行生产,常见的加温设备有以下几种:

热水加温:通过锅炉加热,将热水送至热水管,再通过管壁辐射,使室内温度增高,这种加热方法能保证室内温度均衡持久,缺点是耗燃料多,费用大。若能利用当地地热资源或某些工厂排出的废热水将是最经济的办法。

蒸汽加温:利用蒸汽锅炉产生的蒸汽加热,能迅速提高室温,适合大型温室,缺点是耗燃料多,设备费用高。

电热加温:采用电热线、电加温管、电加温炉等进行小面积的加热,使用比较灵活方便,但耗电量大,费用高。

六、农用无纺布的应用

无纺布是以聚酯或聚丙烯等原料经过加工粘合成的具有一定透气性、吸湿性和透光性的布状农用覆盖材料,有防寒、防霜冻、防风、防尘、防旱等效果。在花卉设施栽培中,主要作温室大棚的保温幕。据初步试验证明,覆盖一层无纺布可节能20%,覆盖双层可节能50%,提高气温2℃～3℃,地温1℃～2℃。做露地花卉畦面覆盖,保持半耐寒花卉安全越冬。

对播种苗床有保温、保墒、促进种子发芽、保证齐苗等作用。也可作防风设施,轻便耐用。

第五章 花期调控

第一节 花期调控的常见问题

观赏植物的花期控制有其特殊性,因为植株能够如期开花并不是管理的最终目的,在很多情况下,观赏植物所开放的花朵由于种种原因无法保持应有的种性,从而使其观赏效果大打折扣。当出现这种情况时,花期的控制失去了应用的意义,因此如何调控好保证植株正常开花的诸多因素,从而确保观赏植物开放出品质优良的花朵,为管理者所关心。由于观赏植物的种类很多,影响其开花的因素各不相同,但是在花期控制过程中经常遇到的主要问题有哑蕾现象、花朵露心、时间错位、花色劣变等。

一、哑蕾现象

在观赏植物的花期控制过程中,管理者常常遇到植株所长出的花蕾无法正常开放的哑蕾现象。造成哑蕾的原因很多,例如土壤干旱、肥料不足,持续高温等均会导致这种现象发生,但是上述因素是否能导致植株哑蕾还与观赏植物的种类、品种等有很大的关系。

1. 过度干旱

对于绝大多数观赏植物来说,在其花蕾生长从肉眼能够分辨至花朵开放前的一段时间里,环境缺水往往导致花朵无法正常开放。容易因缺水而导致哑蕾的观赏植物主要有倒挂金钟,令箭荷花、昙花、蟹爪兰等。

为了避免因缺水而导致的哑蕾现象发生,除了加强日常养护保证供水之外,最好在植株移植前进行蹲苗处理,以提高其抗逆性。不要给处于缺水状态的植株大量浇水,最好先进行喷水来缓解植株的缺水状态,然后再正常浇水。在很多情况下,植株哑蕾往往是由于在短期内给遭受干旱的植株浇水过多所致。

2. 缺少肥料

肥料供应匮乏,会使光合产物的积累受到抑制,从而导致植株生长发育十分缓慢,在这种情况下已经完成部分形态分化的花蕾发育往往停止,从而出现哑蕾的情况。尽管在观赏植物栽培过程中,管理者对肥料的供应十分注意,但在大规模管理的情况下,特别是在有些观赏植物的花器迅速形成阶段还是容易出现上述情况,例如大丽花、荷花、睡莲等就是如此。

3. 温度过高

对于一些观赏植物来说,随着气温的升高,其花芽的分化也会受到一定的抑制。换言之,环境温度过高不利于某些种类的观赏植物分化花芽。在这种情况下,往往会导致花朵的品质下降,特别是对于那些属于地中海气候型的观赏植株来说更是如此。这时气温过高是导致其哑蕾的重要原因。由于高温而导致花蕾无法正常开放的观赏植物主要有荷兰鸢尾、喇叭水仙、连翘、小苍兰、迎春、郁金香、榆叶梅、中国水仙等,在管理中需要注意的是,当它们现蕾后,应该设法降低环境温度,最好将其控制在5℃~15℃,以避免哑蕾现象发生。

二、花朵露心

很多观赏植物的花瓣数目都是随着栽培条件的变化而改变的,在很多情况下,其花瓣数目的增加是由于雄蕊等花器的瓣化所致,而花瓣数目的减少则是由于雄蕊等花器脱瓣化所致。上述情况在自然界中比较少见,即使是对一些栽培历史十分久远的大田作物来说,随着栽培条件的改变而导致花瓣数目改变的现象也较为罕见。然而对于观赏植物来说,因栽培条件而使花朵形态产生变化的现象十分常见,例如施肥多寡、光照长短等因素均能影响某些观赏植物的花瓣数目。通常人们称花瓣较多的花为重瓣花,而称花瓣较少的花为单瓣花。当花朵完全开放后,位于中部的雄蕊露出,这就是所谓的花朵露心。对于大多数开单瓣花的观赏植物而言,花朵露心并非是不良的性状,而对大多数开重瓣花的观赏植物而言,花朵露心则是花朵品质明显下降的重要标志。在很多情况下,人们认为花朵露心则无观赏价值可言,故如何减少这种现象发生有着重要的意义。通常,花朵露心主要由于下列因素所引起。

1. 品种退化

很多观赏植物经过长期的人工栽种,其花朵多会由单瓣转变成重瓣。然而当条件不适宜时,则上述情况往往会出现逆转,即发生重瓣花转变为单瓣花的现象。所谓的品种退化往往是多种因素造成的,例如长期采用营养繁殖、品种没有进行复壮等,均会使重瓣花转变为单瓣花。由于栽培措施而导致的品种退化原因是十分复杂的,当观赏植物因此而出现花朵露心的现象时,进行品种更新往往是最为有效的解决办法。

2. 营养亏缺

充足的矿质营养有助于植物体分化花芽、顺利开花。在很多情况下,由于肥料供应不足,植株生长缓慢,这时虽然花器也能正常发育,但是花朵的观赏价值就会受到影响。对于很多植物来说,它们在养分供应不足的情况下,往往首先将体内的营养物质转运至花器中,以保证它们的正常发育,这种特性确保了其后代能够不断繁衍。从园艺学的角度而言,当植株孕蕾而养分不足时,所产生的影响是令人担忧的。尽管在很多情况下观赏植物把有限的养分转运至花蕾中,以保证它们正常开放,但是这时其花朵的观赏价值相对来说是较低的。观赏植物不同于其他农产品之处,在于其要求有较高的整体水平才能作为成品使用或商品出售。在养分亏缺的情况下,很多重瓣品种在开花时就会由重瓣花变成单瓣花。这种情况是十分普遍的,当观赏植物在花芽分化过程中,营养供应不足往往会导致其中的一些种类,特别是菊科植物的某些种类花朵发育不良,具体表现是其头状花序上的舌状花减少,从而使管状花能够更容易地被看到。为了避免这种现象发生,应该在观赏植物花芽分化的施肥临界期前为植株提供充足的养分,以保证花蕾的正常发育。实践证明,保证肥料充足对减轻花朵露心的现象颇为有效。

3. 光照不足

在很多情况下,因光照不足导致的花朵露心与光合产物的积累直接相关,因为在一定范围内光照越强,植株分化花芽越多,已经成为众所周知的事实。因此,为了能够提供植株开花所必需的光合产物,从栽培上应该根据观赏植物的习性来对光照条件进行调控,以获得最佳的栽培效果。

三、时间错位

在观赏植物的栽培过程中,如何进行花期控制是其核心问题之一。由于花期控制本身有着很强的时效性,因此观赏植物的栽培明显不同于大田作物。一般来说,大田作物采收的早晚仅会对其品质产生影响,但是对那些以花朵为使用主体的观赏植物来说,其开花之早晚往往会决定着其是否在市场上能够占有一席之地。众所周知,如果观赏植物,特别是观花植物,出现了花期提前或延后的时间错位,会对它们的生产、应用造成十分严重的后果。

1. 花期提前

如果观赏植物在预定的日期前就已开花,那么无论对其应用还是销售都会带来一些麻烦,尤其是那些花期仅有数天的观赏植物,当它们的花朵提前开放后,到了使用时间尽管尚未凋谢,但也已经过了最佳的观赏时间。然而对于某些单花花期较长的植物而言,花期适当前移并不会造成什么严重的后果,例如杜鹃、一串红等即使在预定日期前6~7天开花,从整体上看其观赏价值也不会受到很大影响;但是对于那些单花花期较短的植物,例如牡丹、芍药等来说,花期即使提前了2~3天也会对其商品价值造成较大影响。

为了避免植株开花过早,除了应该在整个管理过程中严格按管理的程序办事外,以预定开花前的头3周左右应该根据花蕾的生长情况及时进行处理,可以通过停止追肥、进行遮光、降低环境温度等措施来延缓花朵的开放。由于植株的花期早晚在很大程度上并不受单一因素的影响,因此在管理上应该考虑到诸多方面的因素进行综合管理,以保证植株如期开花。

2. 花期后延

如果观赏植物不能在预定的时间内开花而使花期后延,对于生产者来说,将会带来较大的经济损失。例如在情人节时所栽种的月季不能按时开花,或在复活节时所需要的麝香百合不能如期开花都会对市场供应、实际应用造成严重的后果。

植株由于发育迟缓而不能如期开花,常常是令管理者十分头疼的事情。当遇到这种情况时,特别是已经临近预定花期时,凭借常规的管理措施无法扭转这种局面,因此应该在预定花期的数周前就采取相应的措施,以使植株正常生长发育,确保花朵如期开放。

为了确保观赏植物能够在预定的时间开花,可以通过增施追肥,特别是进行叶面施肥的方法来进行催花。在实际管理过程中,采用较多的方法是间隔数天为植株喷施一次磷酸二氢钾等催花药剂。通过这种方法进行处理,再适当增加光照对于促使花蕾迅速膨大、正常开放颇为有效。对于绝大多数观赏植物来说,提高环境温度能够有效地促使花朵迅速开放,但是对于那些喜凉爽环境的地中海气候型花卉来说,如果环境温度过高则常常会使花期后延,这时植株的正常生长节奏也会随之被打乱。

四、花色劣变

在花期控制过程中,由于管理条件的不同,已经开花的观赏植物的花色往往会发生变化。譬如,如果将晚菊的花期控制在教师节前后,则由于环境温度较高,绝大多数品种的花色都会发生劣变,通俗地讲就是花色不正。

第二节　催延花期的方法

随着人民生活水平的提高,鲜花的需求量日益增加,各种花卉的自然花期已满足不了社会对鲜花的需求。我国重大节日如春节、"五一"、"十一"更是必须用大量的鲜花装点市容、布置展室,以烘托节日气氛。作为花卉工作者必须用科学的培育手段,生产出定时需要的各种鲜花来满足人们的各种需求。

四月开花的牡丹,要在春节怒放,冬天开花的一品红需要在国庆节、中秋节开放,秋日的菊花要摆在"五一"游园会上,这些需求都打破了花卉本身的自然开花习性。但只要掌握了不同花卉的不同开花习性,创造开花所需的外部条件,加强科学管理,那么任何花卉都会按人们需求的时间定时开放。催延花期的几种方法:

一、温度处理

1. 增加温度

增加温度可以打破休眠,加速新陈代谢。冬季休眠的木本花卉如碧桃、梅花、榆叶梅、黄刺梅、紫荆、垂丝海棠、牡丹等,已经过冬季漫长低温阶段,在早春给以高温即很容易使其提前开花。

如欲使牡丹春节开花,可于春节前两个月上盆,放置冷室5~6天后进入中温温室,室温控制在20℃~25℃一周左右,花芽萌动,十天后开始展叶,若遇连阴天,夜间应加灯光,牡丹在展叶的同时花蕾就亭亭玉立在枝条的上端,50天左右,花蕾便膨大含苞待放。此时如距春节尚早,就酌情降低温度,使室温白天控制15℃,夜间10℃左右就可以了。如临近春节,就可将室温白天升到28℃,夜间降至15℃,就可以保证花朵按时怒放。牡丹春节盛开后,如在20天内给予8℃~15℃的低温,牡丹的盛花期可达20天左右。

采取同样的方法,碧桃、榆叶梅、紫荆等早春开花的植物及夏日开花的石榴、百日红、木槿也可应时在春节开花,要使月季在"五一"开花,可于2月初盆栽进入温室,在5℃~10℃的低温室放一周后,进入中温温室,室温控制在10℃~20℃,四月上旬便可在新生枝条上着生花蕾,"五一"节即可按时开花。露地月季在"五一"盛开也是比较容易的。河南露地月季在五月中旬开始正常开花,要使露地月季提前在"五一"节开花,提前的天数只有15天左右,只要二月中旬在月季花坛上罩上塑料大棚,白天棚内温度过高时,酌情局部或全部掀掉塑料布,晚上全部盖上,必要时夜间加强光照,那么四月下旬就可顺利开花。

2. 降低温度

要使早春开花的木本花卉,在夏日的"五一"以后开花,就要在这些花早春萌动前给予低温处理,以延长其休眠期。然后再根据要求开花的时期,适当调节温度,即可开花。

有些植物在高温下进行花芽分化,在低温下形成花蕾开花。如桂花,其开花习性是在低温18℃的夜间花芽才能萌动开花。如能掌握这一规律适当调节温度,便可使桂花应时开花喷香了。

球根植物水仙一般在11月下旬水养50~60天即可开花,如欲推迟花期,则可将水仙鳞茎放在0~2℃的低温下,延长休眠期,在需要开花的日期前20天左右给20~25℃的高温则可按时开花。

二、光照处理

1.利用短日照的办法　应用遮光处理短日照植物,则可提前开花。每一昼夜给以 15～16 小时的暗处理,如秋菊的早花品种在"十一"前经短日照处理 50～60 天即可开花;叶子花在"十一"前 45 天,蟹爪兰在"十一"前 50 天处理,则均可在"十一"应时开花。

遮光处理的花卉应注意以下几点:
①遮光应严密,不可有露光处。
②遮光需连续而不可间断。
③遮光时温度不得高于 30℃。

2.长日照处理菊花,则可推迟花期　八月初菊花平头重剪后开始,每天除日照外,延长光照 6～8 小时,用 40 瓦灯泡,灯距花 60cm,2m 一个灯泡,则可推迟菊花开花。如圣诞节、元旦需菊花就要延迟开花。再加上平头重剪期推迟 30～35 天,给予低温和长日照处理,可使菊花开花期推迟到春节。

3.光暗倒置的办法使昙花白天开　在花前 4～6 天,白天给予暗处理,夜间给以 100 瓦/m² 的光照,即可使昙花早晨开放。

三、利用激素处理

茶花花芽一般在 7～8 月份进行分化,至早春 2～3 月开花,如要在"十一"开花,则可在九月初,每日或隔日在花芽上涂 500～1000pmm 的"920",半月后可剥除 4～6 片鳞片,经 10 天左右即可开花。含笑花用同样方法处理亦可在"十一"开花。

四、控制播种期

多用于一、二年生草本花卉,如"十一"用的鸡冠花在 6 月初播种;翠菊可在 6 月中旬播种;百日草、红绿草等可在 7 月中旬播种;"五一"用的草花,金鱼草可在头年 8 月上旬播种;三色堇、紫罗兰、雏菊、福禄考、石竹、桂竹香、高雪轮、矮雪轮等于头年 8 月中旬播种;金盏菊可在 9 月上旬播种。

五、其他方法

如要使月季"十一"盛开,可在 8 月中旬将苗壮枝条留基部 4～6 个芽进行修剪,及时浇水施肥,充分见阳光则可达到目的。紫薇在 6 月中旬至 7 月下旬在枝条中段及先端行进行修剪,"十一"即可开花。早菊依品种的不同在 6 月下旬至 7 月中旬修剪,则"十一"可开花。

适当控制水分与氮肥,适当使用磷钾肥,有利于花芽的分化。榆叶梅、丁香、西府海棠在控制水肥的情况下于 9 月上旬采用摘叶的办法,可于"十一"开花。一串红采用摘心的办法也可达到同样效果。

第六章　花卉装饰与应用

第一节　插花艺术的基础知识

一、插花艺术的基础知识

1.插花概念及用途

插花艺术是表现植物自然美的造型艺术。它运用艺术构图原理，经过构思、设计、剪裁将花枝、叶片或其他装饰材料插入适当器皿中或其他固定材料中，创造一种艺术品，称作插花。

插花艺术是自然美与人工装饰美的结晶，是人类对自然景物的再创造，主要是依靠生动优美的形象和作者赋予的情感给人们一种感染力，激起人们的美感。因此学习插花艺术有陶冶情操，提高文化素养，修身养性的作用。

插花作品还有一个特点是制作方便，装饰性强和观赏效果好，普遍受到广大群众的喜爱，如居室装饰、馈赠亲友、探视病人、婚丧嫁娶用插花已成为当前的时尚。另外，国家的重要活动，如接待外宾、欢迎贵客，在礼仪场所也普遍用插花来烘托气氛，传达感情。大型会议、文艺演出和运动会也少不了插花作品。还有商业用花，如商场开业、宾馆、饭店和办公楼的环境美化，用插花来装饰已经蔚然成风。

2.插花史话

(1)中国插花历史悠久，早在1500年前的六朝时期就有插花在寺庙里供奉佛像用，后人称之为宗教插花。到了隋唐时期就流行到皇宫贵族之中，在官宦子弟之中开展斗花和移春槛活动，后唐李后主每到春天便将宫中的梁、栋、窗壁、柱、拱、阶、砌都密布插花作品，称其为"锦洞天"，让人观赏。这足以说明当时插花已经普及到皇宫贵族中，后人称之为宫廷插花。宋朝插花流行到文人雅士之中，北宋文学家苏轼在"惜花"中写道："沙河塘上插花回，醉倒不觉关儿咳。"南宋时文人张道洽"瓶梅"中写道："寒水一瓶春数枝，清香不减小溪时，……。"后人称之为文人插花。到了明清时期，插花技艺流传更广，明朝文学家袁宏道"戏题黄道元瓶花斋"诗中云："朝看一瓶花，暮看一瓶花，花枝虽清淡，幸可托贫家"，"一枝两枝正，三枝四枝斜，宜直不宜曲，斗清不斗奢。"清朝关于插花的记载更多，如陈昊子著的"花镜"中就有"养花插瓶法"和"香垆花瓶"记载，陈其年咏蝶恋花："小小哥窑凉似雪，插一瓶烟，不辨花和叶。"足以说明插花艺术已经普及到民间，后人称之为民间插花。中国插花特点崇尚自然风姿和风格，使插花达到虽由人作，宛如天成的艺术效果。

(2)日本插花是由遣隋使节小野妹子在中国学习佛教时，兼学中国插花艺术，并传回日本的，距今有1500多年的历史。小野妹子回到日本后，住在六角堂、池坊，积极传播中国插花艺术，并形成了自己的流派，叫池坊流。自池坊流之后，日本研究花道的人才辈出，形成了很多流派，如小源流、未生流、远州流、桂古流、草月流等，日本号称有三千流派。说明日本在插花艺术方面研究得很深。但主导思想还是受中国古代哲学思想的影响，将三个主体花枝看成天、地、人之宇宙。重点突出的是线条的完美,色彩的和谐及空间形状的匀称,充分表现自然风韵,和中国插花一起构成东方插花艺术特点。

(3)西方插花历史悠久,早在2500年前古埃及的壁画上就绘有插花图案,以后随着古希腊、古罗马的兴衰,插花艺术也在不断发展,并形成了以图案美和装饰美为插花造型的理论基础。到16～17世纪插花艺术已在欧洲广为流传。19世纪西方插花达到辉煌时。从养花、选花、理花到选瓶插花已成为西方妇女们掌握的一门通俗艺术,而且插花艺术向简朴、随意性方面发展,形成一种欢快、纯朴的插花风格。

3. 东方和西方插花艺术风格的区别

当今世界插花流派众多,但从总体上可为两种,一种是以中国、日本和韩国为代表的东方风格插花;另一种是以欧美国家为代表的西方风格插花。这两种风格的插花有明显的区别。

(1)东方插花的风格特点:

线条美:用花量少,只用几枝草本或木本的花枝就能构成一幅丽姿佳态的美景,追求花朵的风韵和姿态,喜欢线条弯曲飘逸。常用青枝绿叶来勾线、衬托。

自然美:崇尚自然,追求简洁清新。构图的3主枝要高低横斜,形成不等边三角形。色彩要朴素大方,一般只用二三种花色,简洁明了。

意境美:一般是作者将自己的心情融入作品中,使插花作品富含深刻的寓意,可以引起欣赏者联想,加深对作品的理解,使作品更具诗情画意。

综合美:是指花材、容器,摆放几架和周围环境形成一个统一整体,以提高插花作品的观赏效果。

归结起来用以下几句话来表达东方插花风格的主要特点是:以简胜繁,朴实秀雅,丽姿佳态,清雅绝俗,以自然美取胜。

图6-1 东方式插花

(2)西方插花的风格特点:

图6-2 西方式插花

图案美:注重几何构图,比较多的是讲究对称型的插法,将作品插成三角形、圆形、圆锥形、新月形、L字形、扇形等。

形态美：西方插花表现花朵排列艺术，实际上是将花朵堆放在一起，称之为大堆头插法。形成多个彩色的团块，创出五彩缤纷、热烈、豪华、富贵的气氛。

装饰美：由于图案规整，色彩浓重艳丽，装饰效果极佳。

花材美：一般以草本花卉为主，多选色彩艳丽、花朵大的花材，每件作品用花量大，有花木繁盛之感。

归结起来用以下几句话表达西方插花风格的主要特点是：雍容华贵，富丽豪华，丰满有气派，以人工美和几何美取胜。

4.现代插花艺术的特点

随着社会的发展和交往，东西方插花出现相互渗透的局面，彼此不断取长补短，形成了现代插花风格的形式特点。

（1）东西方插花风格的融合，突出了点、线、面的有机结合，达到风姿优美又色彩绚丽，使传统艺术注入新的时代内含。

（2）崇尚自然，注意突出主题，花材和器皿没有严格的限制，但花材趋向求新，色彩追求中间色，器皿追求返璞归真。

（3）作品追求大型化、系列化，追求多层次、多方位的装饰效果。

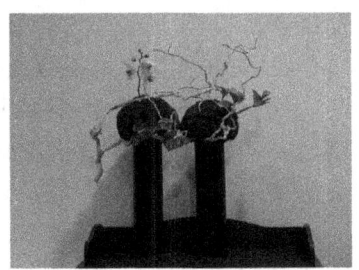

图6-3　现代式插花

（4）注意整体休闲，突出随意性和时间性，使作品更加欢快、纯朴。

二、艺术插花创作原理

插花亦有商业插花和艺术插花之别。商业插花多采用对称式几何构图，在取材、择器方面也比较自由、随意，插出规律后，每次均可模仿出同样的作品，常用的花篮、花束多属于商业插花。艺术插花，它有主题，追求精神内涵，同时讲究艺术构图形式，每次创作的作品无法模仿，是插花中一种高级艺术。因此我们重点介绍艺术插花创作原理。

1.熟悉植物材料

好的插花作品能把花的风韵、花的情致、花的娴雅、花的内涵表现得淋漓尽致。因此在制作插花前要熟悉植物材料，首先要熟悉各种花卉的寓意，其次熟悉各种花卉的生态习性和表现四季的特性，为创造优秀作品打下良好基础。

（1）花的寓意。如松，代表刚强不屈，万古长青，象征老人的智慧长寿等；竹，代表高风亮节，坚韧不拔，谦虚等；梅，代表凌霜傲雪，铁骨红心等；兰，代表洁身自爱，高风脱俗，贤惠等；菊，代表贞操高洁，健康长寿，孤傲不惧，淡泊豁达等；荷，代表廉洁朴实，出淤泥而不染；月季，代表青春常在，友情、爱情等；百合，代表百事好合，事业有成等；牡丹，代表繁荣富强，富贵兴旺等；香石竹，代表慈母之爱，亲情等。

中国古代人们就凭借花的寓意进行插花，产生出许多优秀的插花作品，如松、竹、梅插在一起称岁寒三友；红枫、黄菊相配，表现不畏风霜；松、鹤望兰相配寓意延年益寿；玉兰、海棠、牡丹相配寓意玉堂富贵。

（2）熟悉习性、表现四季。各处植物由于生态环境的差异，形成了不同的习性。如松喜干旱，荷生水中，梅花耐寒，月季喜温，这些习性不同的植物配置在一起，就很不协调。表现四季景色，也要了解那些植物代表哪个季节的景色，用的恰当，才不会出差错。

①春景材料—桃、李、兰、丁香、月季、海棠、玉兰、牡丹、芍药、杜鹃、迎春、郁金香、金鱼草等；
②夏景材料—荷、石榴、百合、萱草、晚香玉、桔梗、火炬花、菖蒲等；
③秋景材料—菊、桂、芦花、翠菊、鸡冠花、雁来红、观果类等；
④冬景材料—松、柏、梅、银芽柳、南天竹、蜡梅、水仙、一品红等。

2.创作原理

(1)平衡：这是插花构图的最基本原则，无论对称式插花和不对称式插花，插花作品的重心都要稳定。通常采用高低错落，上轻下重，上散下聚，疏密有致，虚实结合，仰俯呼应六法，使局部的多样变化达到整体上的平衡。由于花材的质地、色泽和形态不同，给人的感觉轻重也不同，一般大花插在下，小花在上，盛开花插在下，花蕾插在上，深色花插在下部，浅色花插在上部，球形花插在下部，穗状花插在上部，这样才给人以稳定平衡的感觉。一件完美的插花作品，花、叶、枝搭配时要有疏有密，疏可走马，密不透风。有虚有实，实中有虚，虚中有实，才能显出画面的丰富多样、深度、广度，给人更多的想象余地，使作品余味无穷。花材之间还要有一定的联系，做到仰俯互应，互相顾盼，形成一个统一整体。

(2)协调：首先要注意花材性质的协调，如松与梅相配协调，松与柳相配就不协调。松与玉兰相配协调，松与荷花相配就不协调。其次是色彩协调，每一个插花作品要确立一个主色调，可用大朵鲜艳的花作焦点花，将细小花作陪衬，借以加强色彩的协调。一般一个插花作品的色彩有2～3种即可，色彩太多不易协调。插花作品与容器协调，东方式插花选传统古色古香的瓶、盘等容器，西方式插花选欧式雕花容器或塑料、玻璃等容器容易协调。插花作品还要与环境协调，在喜庆的场所多用暖色调的插花作品以示庆贺，在哀悼的场所多用冷色调的作品以示哀思。

(3)意境：指插花作品要表现主题，要蕴藏着内涵，要有诗情画意。人们通过欣赏作品，阅读命题，受到很大的感染，并产生联想，引起回昧，达到百看不厌的效果，这就是意境的作用。

(4)对比：运用对比的手法会使作品更丰富多彩。如作品的色彩过于协调，就显得平淡无味，如果用少量对比色彩破一下，马上就显得有生气。插花中也常运用各种线条表现作品的力度、柔美和动势等，直线表示力量、生气和刚强，曲线表示悠扬、柔美和轻快，斜线表示方向和动势，折线表示转折、上升和下降、前进等。若在插花中较多运用直线，便会产生一种不亲切和不自然的感觉，这时就需要用曲线来破，竖线用横线破。容器的轮廓给人沉重凝固的感觉，多用叶片、穗状花等遮去一部分，也是一种破。

(5)焦点：好的插花作品必须有一个最吸引人的地方，即是"焦点"，也可称为"兴趣中心"。一般焦点上插的花称焦点花，焦点花可以是一朵或几朵，但必须是最漂亮的花以及花朵较大的花，插在这幅作品的黄金分割线上，插的角度和垂直线成对45°，朝向观赏面。

3.插花的基本形式

(1)东方式插花的基本形式(图6-4)

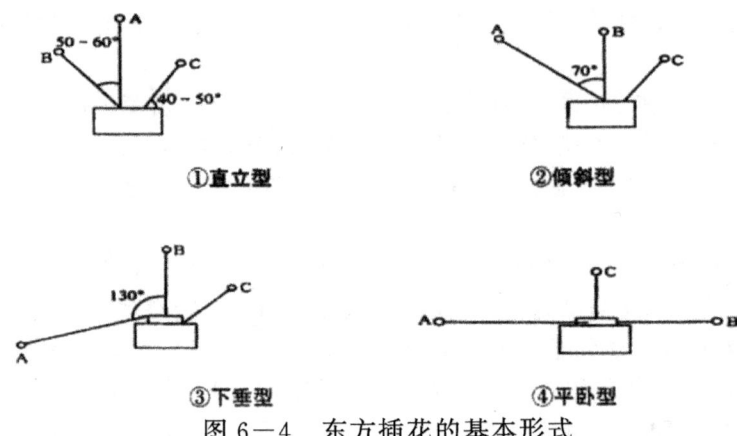

图6-4 东方插花的基本形式

①直立型
②倾斜型
③下垂型
④平卧型

三主枝长度与花器大小的关系：

A枝＝(花器高＋宽)×1.5－2倍

B枝＝A×2/3

C枝＝B×2/3

(2)西方插花的基本形式(图6-5)

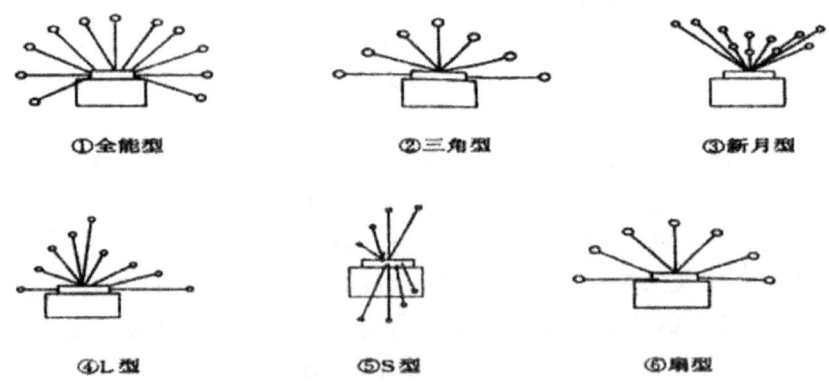

图6-5 西方插花的基本方式

三、艺术插花的制作方法

插花作为一种美的表现，与绘画、作诗等其他艺术门类的创作一样，插花之前，须先要构思，要有主题，有意境，然后选配花材，再就花材的情况来构图取势，按照美学的规律来进行创作，把作者的感情融合到插花作品中，形成一种完善的艺术品。

1.构思立意

(1)根据植物本身的寓意来构思立意。如"松鹤延年"作品，用松支和鹤望兰相配，松有长寿的意思,鹤望兰代表仙鹤,又取松鹤的音,正好达到作品的意境。

(2)根据自然景致来构思立意。如"荷塘月色"作品,用菖蒲叶,睡莲的花、花蕾和叶插入一个浅蓝色的盆中,形成荷花塘的景色,引人入胜。

(3)根据环境的色彩构思立意。如"耕耘"作品,以黑板做背景,用康乃馨、唐菖蒲、桃花、红叶李做花材,配上一副眼镜和一本书,寓意老师辛勤耕耘,用母亲的爱培养学生,使桃李满天下。

(4)根据容器的形状构思立意。如"乘风破浪"用两个椭圆盆景盆做容器,用散尾葵的叶片修剪成帆的形状,再配上月季、满天星等花材。由于容器像两条小船。满天星像浪花,帆又顶风前进,正好形成乘风破浪的意境。

2.选花材

根据主题选择花材,到市场上购买,要选择枝叶健壮、花朵新鲜、含苞欲放、没有病虫危害的花材。自产的花材,在插花的前半天采摘,夏季多在夜间采收,冬季宜在中午或黄昏采收。

3.花材处理和保鲜

选购的或者自产的切花,切离母体后,导管容易被空气或微生物堵塞,所以在插花前应对花材进行处理,可以延长插花的花期。常见的方法有以下几种:

(1)水中切枝。将花材放入清水中,用剪刀在水中剪去花枝基部5～10cm,可以将进入导管内的空气排出,以利于插后吸水,含有乳汁的花材不用这种方法。

(2)80℃的热水浸烫草本花卉的茎基部,一方面可以排出茎内的空气,另一方面可以防止茎组织的分泌物外溢,浸烫时上部花枝用毛巾或包装纸保护,以免热气烫伤。

(3)火烧花茎基部,木本花卉和含乳汁的花卉多用火焰灼焦,对木本花卉来说可以扩大茎基部吸水面,对分泌乳汁花卉可防止乳汁堵塞导管。

(4)用药剂或保鲜液处理花材。如水杨酸、硼酸、阿司匹林、高锰酸钾,在水中溶少许,有利花材保鲜。或用蔗糖、硫酸银和8－羟基喹啉配制成保鲜液处理花材,延长插花的花期。

4.根据功能选择容器

西式的环境布置插花时多选用欧式花瓶,玻璃器皿;中式的环境布置,多选用古色古香的瓶或陶盆;特定环境需要表现民族特色的可用竹器、漆器或藤器;娱乐场所可选用造型别致的器皿。

5.花材固定方法

根据容器的特点,选择固定花枝的材料,一般大口容器常用的是花泥固定,因花泥好插,吸水性强,插花作品容易搬运;缺点只能用1～2次,插的多了就破碎了。大口容器也可用剑山固定,剑山是一种带钢针的金属座,固定花枝比较费劲,但优点是可以长期用下去。小口容器如花瓶,主要用瓶口插架固定。瓶口插架有十字形、井字形或丫字形。也可将长枝的基部固定一段横枝再插入花瓶内固定。

6.花材的修枝和弯曲

(1)修枝:根据构图的需要,将花枝上多余的枝、叶和过多花朵剪掉。

(2)弯枝:

①扎缚:草本花卉多用细铅丝扎缚花茎,然后用手顺铅丝的方向旋转,形成弯曲度。

②切割：木本花卉，茎粗硬，先在茎弯曲的背面剪切一个伤口，用手轻轻掰开，内加一个木楔，固定弯曲度。

③揉弯：一般含水量高的花茎可用手反复揉擦，形成弯曲。

四、插花的种类

1.瓶式插花　这是我国古代多用的一种插花形式，容器是一个身高口小的瓶子，瓶口用瓶架分隔几部分，花枝可从不同部位插入即可，或用丁字形支架固定，简便易行。

2.盆式插花　利用水盆或其他浅口器皿进行插花，花枝必须借助花泥或剑山等物固定，多用于西方式插花。东方式插花也可用，如花材可以插到中央也可以插到一侧，留出水面，置几块山石插成盆景式插花。

3.悬挂式插花　容器可以悬挂到墙壁上或廊柱上，供人仰视观赏。一般主枝横斜，其他花支多用藤本植物向下弯曲悬垂。

4.花篮插花　用藤条、柳枝或竹篾制作的篮子插花，用花泥固定，采用西式大堆头插法，插成色彩绚丽、气氛热烈的商业花篮以庆贺开业、演出等用。小型篮子也可插成艺术花篮，篮柄上扎成蝴蝶结，以庆贺生日、走亲访友、探望病人用。

5.花束　花束在日常生活中使用比较广泛，制作花束要掌握一束花的分量，不能太重，长度不超过40～50cm，粗细以一手握住为宜，花材要以无刺、无污染、有香味的为佳。构图可以是一面观赏或四面观赏，但花枝排列要有序，一般中间花枝长，四周短，扎好后外面裹上包装纸，把柄处用丝带扎成蝴蝶结和飘带。

6.胸花　胸花是别在胸前的小花饰，一般选耐久的花和叶，用细铁丝固定，胶带缠裹，形成圆形、三角形、弯月形等图案，别在左胸、领子边或左肩附近，能显出青春、美丽的气息。

7.趣味插花　趣味插花也可称插花小品，小品插花构图简单，花材少，容器可随便选用酒瓶、茶杯、可乐罐、鸡蛋壳等。构图要均衡，色调要和谐，适宜摆设在茶几、书桌或书架上作小环境的点缀。

8.花圈与花环　用竹片或树枝作一环状物，外裹稻草，用绳子捆紧，上面插上鲜花及绿叶。花圈中央也可用鲜花或丝带，纱巾装饰。若用于哀悼和祭奠活动，花材应选用菊花、香石竹、马蹄莲、龙柏、松枝等，花色以白、黄为主，同时配上挽联，以表示哀思。若用于圣诞节门上或壁面装饰，花材选月季、一品红、松树球果、柏枝等，花色以红、黄为主，配上红色丝带和圣诞老人等装饰物，以表示庆贺。

第二节　盆花在室内外的美化与陈设

一、盆花在室内的陈设

1.内环境条件

室内环境条件和室外比较相差甚远。主要表现光照不足，一般向阳的客厅、卧室等光照强度大约1500～10000lx，不向阳的卧室、厨房等光照大约为700～5900lx，封闭的走廊、过道、卫生间等光照强度约为300～700lx。室内温度变化大，多数植物生长的适宜温度是 25℃左右。这和人居住要求温度是一致的,除安装有空调的房间可以常年达到这温度要求,大部分居室是集中供暖,最低温度集中在供暖前及断暖之后,即每年 3~4 月和 10~11 月,温度可低到 10℃左右,最高温度集中在 7、8、9 三个月,温度可高到 32℃以上,这一段时间对部分植物生长是极不利的。另外室内昼夜温差小,也影响植物的生长发育。室内空气湿度低,除 8、9 月雨季能达到 50%以上外,其余时间空气湿度均在 30%左右。大部分室内观叶植物要求空气湿度在 60%以上,室内空气湿度远远满足不了植物需要。

由于室内条件限制,室内养的盆花大多数生长不健壮,不是长势弱就是徒长,特别是观花植物开花困难,花朵瘦弱,花期短,花色淡,极大地影响盆花的观赏价值。

2. 室内盆花种类及陈设时间

(1)耐阴类:主要有天南星科的龟背竹、春羽、黄金葛、喜林芋、花叶芋、合果芋等;棕榈科的棕竹、鱼尾葵、针葵、蒲葵、假槟榔、袖珍椰子、散尾葵;百合科的一叶兰、文竹、万年青;龙舌兰科的富贵竹、巴西木等;其他植物有枸骨、海桐、八角金盘、君子兰等。宜陈设在室内明亮处而无直射光的地方,生长季可在室内陈设 1 个多月,休眠期在室内陈设 2~3 个月,然后再转换到温室内养护。

(2)半耐阴类:主要有南洋杉、橡皮树、榕树、山茶、柑橘类、竹芋类、凤梨类、红掌、花叶万年青、广东万年青、天门冬、吊兰、八仙花、蝴蝶兰、拖鞋兰等,宜陈设在室内明亮处并有一定直射光的地方,生长季可在室内陈设 15~20 天,休眠期陈设 1~2 个月,然后再转换到温室内养护。

(3)喜光类:主要有变叶木、杜鹃、一品红、叶子花、仙客来、报春花、朱顶红、瓜叶菊、秋海棠类、仙人掌及多浆植物,宜陈设在室内阳光充足的地方,生长季可在室内陈设 7~15 天,休眠期可陈设 1 个月,然后再换到温室内养护。

(4)极喜光类:主要有菊花、荷花、睡莲、千屈菜、大丽花、美人蕉、荷兰菊、地肤、矮牵牛等,在室内陈设 1 个月,然后再转换到温室内养护。

3. 盆花陈设的方式

盆花在室内外的陈设方式,大体上可分为规则式、自然式、镶嵌式、悬垂式及组合式等。

(1)规则式:这种形式是以图案或几何形式进行设计布局,即利用同等体形、同等大小和高矮的植物材料,以行列及对称均衡的方式组织分隔和装饰室内空间,使之充分体现图案美的效果,显示庄严、雄伟、简洁、整齐。

(2)自然式:这种形式以突出自然景观为主。在有限的室内空间内,经过精巧的布置,表现出大范围的景观。也就是把大自然精华,经过艺术加工,引入室内,自成一景。所选用植物要反映自然界群落之美,可单、多株点缀,或组织分隔室内空间,模拟自然界的景致而配置。这种配置方法占地面积大,适宜大型公共场所及宾馆,把瀑布、山泉、假山、廊、亭引入厅室,制造出如真山真水的室内园林景观。

(3)镶嵌式:在墙壁及柱面适宜的位置,镶嵌上特制的半圆形盆、瓶、篮、斗等造型别致的容器,栽上一些别具特色的观赏植物,以达到装饰目的。或在墙壁上设计制作不同形状的洞柜,摆放或栽植下垂或横生的耐阴植物,形成具有壁面般生动活泼的效果,这种配置手法的特点多不占用"寸土尺金"的室内地面,利用竖向的空间配置植物去装饰空间,这对一般家庭的狭窄居室来说较为适用。

(4)悬垂式:利用金属、塑料、竹、木或藤制的吊盆、吊篮,栽入具有悬垂性能的植物(如吊兰、天门冬、常春藤、蕨类等),悬吊于窗口、顶棚或依墙依柱而挂,枝叶婆娑,线条优美多变,点缀了空间,增加了气氛。这种处理手法和镶嵌式一样,具有不占室内地面的特点。由于悬吊的植物使人产生不安全感,因此在选择悬吊地点时,应尽量避开人们经常活动的空间。

(5)组合式:这里说的组合,是指灵活地把以上各种手法混用于室内装饰,利用植物的高低、大小及色彩的不同把它们组合在一起,如同插花一样,随意构图,形成一个优美的图画,但要遵循高矮有序、互不遮挡的原则。高大植株居后或居中,矮生及丛生植株摆放前面或四周,以达到层次分明的效果。

4.盆花在居室内装饰的应用

(1)大门口的绿化装饰:大门是人们进出必经之地,是迎送宾客的场所,因此绿化装饰要求朴实、大方,充满活力。通常采用规则式对称布置手法,选用体形壮观的高大植物(如龙柏、棕榈、南洋杉、橡皮树、蜀桧、苏铁)配置于门内外两边,周围以中小形植物配置2~3层,(如月季、一串红、矮大丽花、矮美人蕉、天门冬等),形成对称整齐的花带、花坛,使人感到亲切明快。

(2)门厅的绿化装饰:进门后的空间,分走廊和迎门屏风等。装饰要简洁明快,重点突出屏风前的配置,空间大,一般多采用规则式,后排可以摆放高大常绿的南洋杉、黄杨球、棕榈等作背景,中排放置应时的一串红、八仙花、一品红、菊花、万年青等花木,前排以文竹或天门冬镶边,柱面可悬吊蕨类及吊兰等植物,配合大门口,形成整体的景观效果。空间小可采用组合式,使植物高低错落,形成优美图画,有迎接宾客的效果。

(3)楼梯的绿化装饰:楼梯是连接上下的垂直走廊,其转角平台处是装饰的理想地方,靠角可摆放一盆株形优美的橡皮树、棕竹、棕榈等植物加以遮挡,或不等高地悬吊1~2盆吊兰、常春藤等植物。在楼梯上下踏步平台上,靠扶手一边交替摆放较低矮的万年青、一叶兰、书带草、沿阶草及地被菊等小盆花,上下楼梯时,给人一种强弱的韵律感、轻松感。也可利用高矮不同的盆花,自上而下,由低到高地摆放,以示楼梯的高差变化,缓和人们的心里感觉,又达到装饰的目的。

(4)客厅的绿化装饰:客厅是接待、团聚、休息、议事等多功能场所,可谓装饰重点。布置力求朴素美观,可选用大体型的植物,配以时令花卉及适宜的装饰物。

客厅主要以沙发、座椅、茶几、电视或博古架等陈设为主,活动范围较大,应根据陈设格式及墙壁的色调,考虑布局。首先用大体型植物(如散尾葵、龙血树、变叶木、叶子花、龟背竹等)装饰墙角及沙发旁,也可设置花架,摆放凤梨科、兰科盆花装饰墙角。茶几摆放盆景或小盆花和插花。博古架是客厅的主要装饰品,依架内位置,可分别摆放盆景、插花、根艺、石玩及收藏的陶瓷艺术品等。窗框上悬吊1~2株不同高度的蕨类植物或吊兰、常春藤、鸭跖草等,迎客墙面装一些吊挂植物与挂钟或字画相衬托,使整个客厅气氛融洽,环境怡人。

(5)书房的绿化装饰:书房是以学习为主的场所,需要一个清静雅致、舒适的环境,内容要简洁大方,具有减少疲劳,增加情趣的效能。因此,应选用体态轻盈、姿态潇洒、文雅娴静的植物,如文竹、兰花、水仙、吊金钱、吊兰等摆放点缀于书桌、书架一角,或博古架上,配合书籍、古玩等,形成浓郁的文雅气氛,给人以奋发向上的启示。

(6)卧室的绿化装饰:卧室主要是休息、睡眠的地方,室内以冷色调为好,光线也不可太强,要求环境清雅、宁静、舒适,利于入睡,植物配置要协调和谐,少而精,多以1~2盆色彩素雅、株型矮小的植物为主,如文竹、吊兰、镜面草、冷水花、紫鹅绒等装饰。忌色彩艳丽、香味过浓、气氛热烈的花卉,以免影响睡眠。

对于老人居室的装饰,要从方便行动、保护视觉方面考虑,选择管理方便、观赏效果好的植物配置,如松柏类、柑橘类、万年青、一叶兰、兰花及一些仙人掌类植物,形成常年不衰、郁郁葱葱、吉祥如意、平平安安的气氛。

5.各种会场的绿化装饰

(1)政治性的、严肃性的会场:要采用对称均衡的形式进行布置,显示出庄严和稳定的气氛,依会场空间的大小,选用比例恰当,体型、大小尺度合适的常绿植物为主调,适当点缀少量色泽鲜艳的盆花,使整个会场布局协调,气氛庄重。

(2)节日庆典会场:要呈现万紫千红、富丽堂皇的景象。选择色、香、形俱佳的各种类型植物,以组合式手法布置花带、花丛及雄伟的植物造型等景观,并配以插花、花篮、盆景、垂吊等,使整个会场气氛轻松、愉快、团结、祥和。

(3)悼念会场:应以松柏常青植物为主体,配以花圈、花篮、花束,用规则式布置手法形成万古长青、庄严肃穆的气氛。与会者心情沉重,整体效果不可过于冷感,以免加剧悲伤情绪,应适当点缀一些白、蓝、青、紫、黄及淡红、黄色的花卉,以激发人们化悲痛为力量的情感。

(4)文艺联欢会场:多采用组合式手法布置,以点、线、面相连装饰空间,选用植物可多种多样,内容丰富,布局要高低错落有致。色调艳丽协调,并在不同高度以吊、挂方式装饰于空间,形成一个花团锦簇的大花园,使人感到轻松、活泼、亲切、愉快,得到美的享受。

(5)音乐欣赏会场:要求环境幽静素雅,以自然式手法布置,选择体形优美,线条柔和,色泽淡雅的观叶、观花植物,进行有节奏的布置,并用有规律的垂吊植物点缀空间,使人置身于音乐世界里,聚精会神地去领略那和谐动听的乐章。

二、盆花室外陈设

1.阳台的绿化装饰

(1)阳台绿化的基本原则:首先充分考虑阳台的负荷,以保证安全。其次考虑不影响或少影响人的活动,再其次是按生态环境选择适宜阳台生长的植物,最后要注意阳台绿化的整体效果要与建筑协调并富有层次感。

(2)阳台的围栏或外墙绿化:该处绿化有公益性,可以形成垂直绿化,丰富街景,如果布置形式统一,可产生整齐、优美的装饰效果,增加城市的景观。

绿化方法:在铁栅或外墙上装置铁架,架上再安装种植器或花盆,以泥炭为栽培介质,栽种喜阳耐干旱的花草,如天竺葵、矮牵牛、宿根福禄考、常春藤、金叶女贞等植物。布置时要注意植物的色彩和建筑物色彩搭配合理,有一定对比度,达到丰富街景的目的。

(3)围栏和外墙以内的阳台绿化:该处绿化主要是为住户服务,可以根据住房者的爱好来选用植物和布置形式。

绿化方法:在阳台墙壁上挂网或设置花架,将盆花悬挂在网上或摆放在花架上,以充分利用空间,多栽种花木。也可在阳台的屋顶上垂吊盆花增加空间绿化。可以选用盆花,如盆景,盆栽菊花、月季、郁金香、风信子、金鱼草、美女樱、三色堇、天竺葵、吊兰、常春藤、天门冬、蟹爪兰及多浆植物等。

2.屋顶花园的绿化布置

屋顶绿化是扩大绿化覆盖率的有效措施。屋顶自然环境与地面差异很大,高层楼顶风大,夏热冬寒,又干旱,但阳光充足,稍加改变,可进行各种绿化装饰,并可结合生产进行育苗,栽种瓜果蔬菜,而对建筑还有冬保温、夏隔热及保护屋顶的作用。

不同平顶式的建筑形式,其结构也不尽相同,在绿化装饰之前,首先要了解屋顶的承重量,然后结合需要,科学地布局,以保证其安全。

屋顶栽培的基质除用田园土外多采用无土栽培法,其质轻、卫生、通气好,保水保肥力强,省工省时,如泥炭、蛭石、珍珠岩等。但投资较高,若用腐叶土、锯末等单用或混用作基质则较经济实用。锯末基质的配比是:锯末7份,豆饼或菜籽饼2份,再加入骨粉和煤灰各半份,混合拌匀摊开,喷水湿润、成堆,加盖塑料薄膜封闭。为了避免腐熟过程中产生有机物类损坏屋顶,堆放处可铺垫一层薄膜,水分不要过多,经过夏季1个月、冬季2个月就可腐熟。

栽培用的容器要质轻形美,如瓦盆、木箱、塑料盆,也可做成形状不一的栽培槽,根据设计所选用的植物材料而定。如木本花卉根深而大,草本则小而浅。单植、丛植等方式不一,其容器大小及其厚薄也相应不同。

屋顶绿化的方式可参照园林设计及室内绿化装饰布局的方法,可自然式、规则式,也可混合式。要视其面积大小、使用目的要求而灵活运用。观赏性屋顶花园,结合布置可设荫棚、花架、花台、花池、水池、温室及园林小品等。生产性种植则以促进植物生长为主去创造适宜的条件。

3.天井的绿化装饰

现代建筑中在适宜的地方留出天井小院,其目的是利于通风透气,若能装饰得当,则可具有室内袖珍花园的效果,其特点是小巧玲珑、别致、多趣,为室内增添生气,提高建筑物的格调。其装饰方式多采用山石、水池与植物相配,或组合成盆景形式,也可搭棚架,种植攀缘植物,显得生动活泼,别具一格。

第三节 组合盆栽

所谓组合盆栽,就是把若干种独立的植物栽种在一起,使它们成为一个组合整体,以欣赏他们的整体美,由于组合盆栽色彩丰富,花叶并茂,极富自然美和诗情画意,予人以一种清新和谐的感觉,达到了提高盆花观赏效果的目的。

组合盆栽在国外已较盛行,亦称组合栽培。但在国内栽培较少,目前在一些大城市开始流行,是一种技术含量高的盆花栽培形式。与盆景相比,无论在植物材料选用上还是器皿类型选用上,都有更大的随意性,与插花相比,使用上更有持久性。

一、组合盆栽艺术原理

1.先构思,后制作

创作组合盆栽必须具有园艺栽培和插花艺术两方面的知识,同时还得掌握把两者结合起来的技巧。首先,应根据组合盆栽的主题,选择1~2种主体植物(一般为观叶植物),再选出与主体植物习性相似,但在叶色、叶形上又有一定差异的1~2种植物(一般为观花植物)。其次,选择与植物相协调的容器,要求色彩、形状、质地能够较好地表达组合盆栽的主题。最后,根据选好的植物、容器,画出草图。应尽可能多设计几种方案,进行比较,选出较好的方案,然后根据方案进行制作。若不设计,拿来就作,不合适再拆,容易使植物伤根,使花枝折断,既浪费时间又浪费植物材料。

2.遵循艺术原理

均衡和动势:简言之,均衡就是平衡和稳定。在组合盆栽中它是指造型各部分之间相互平衡的关系和整个作品形象的稳定性。无论是什么样的构图形式,无论植物在容器中处在什么状态下,如直立或倾斜、下垂或平伸,都必须保持平衡和稳定,只有这样,作品整体形象才能给人一种安定感。动势是均衡的对立面,两者是对立统一,相辅相成的,各种对称均衡的造型,虽有端正、稳重的美感,但常显得生硬刻板,其原因就是缺乏动势,在植物的种植上一定要有俯仰、顾盼、曲直、斜垂、张弛等变化所产生的各种动势,所以动势是作品形象生动的主要源泉之一。

图6-6 组合盆栽

对比和协调:对比与协调是盆花组合栽培的重要法则之一,处理好这一对矛盾,便能使盆花组合栽培中各个部分之间取得紧密而和谐的相互配合,从而获得整体的美感。对比常常在艺术创作中作为突出主题、塑造鲜明形象或产生强烈刺激感的一种重要艺术表现手法,它能产生兴奋、热烈奔放、欢庆喜悦的艺术效果。但是,对比过于强烈,就会失去和谐感。协调是对比的对立面,它是缓解和调和对比的一种艺术表现手法,它能使对比引起的各种差异感获得和谐统一,从而产生柔和、平静和喜悦的美感。

图6-7 组合盆栽

有意境:意境是形、情与情外之境相结合的一种艺术境界,是艺术作品蕴含的内在意境美和精神美的体现,是艺术创作的灵魂。意境使人获得丰富的联想和无穷的回味。意境又通过命名来体现。有些按植物名称命名,有些是按图案命名,有些是按寓意命名,这样就提升了作品的品位,进一步提高观赏效果。

焦点:在盆花组合栽培中引人注目的位置叫焦点。焦点更容易让人们去欣赏,引起人们的兴趣,所以在盆花组合栽培时应注意焦点花的选择与位置的摆放,且花的朝向与人的视线成45°角倾斜。

图 6—8 组合盆栽　　图 6—9 组合盆栽

二、植物选择

生态习性相近的植物组合栽培在一起表现良好,如花叶万年青属、亮丝草属、合果芋属、喜林芋属、苞叶芋属、变叶木属、榕属、龙血树属植物组合到一起表现较好。

观花植物在组合盆栽中起焦点花作用,缺它不行,但一二年生草花寿命短,应选多年生花期长的观花植物,而且要求耐阴性强,如选用凤梨科的果子蔓属 Gumania、彩叶凤梨属 Neoregelia 和姬凤梨属 Grypeanthus;天南星科的花烛属 Anthurium 等。

为了使组合盆栽的盆花四季都有花看,可采用更新的办法,对开过花的植株用其他种开花植物更换,达到周年有花的效果。

三、容器的选择

花盆、套盆是盆花组合栽培的重要容器,形状、质地、质量要求极为讲究。以往的盆栽采用的多是瓦盆,组合盆栽则不同,所用的花盆要款式多、质量好、色彩古朴自然。除了实用之外,还要求它能增添盆花组合栽培的美感,并能衬托出盆花组合栽培的特点和生动姿态。

四、种苗繁殖技术及苗木规格大小

为了组合盆栽时方便,种苗繁殖时应采用带容器扦插或播种繁殖,使繁殖种苗在组合盆栽时均能牢固地带上护心土,保证苗木移栽时成活率达100%,并能缩短缓苗期。盆花植物高度多分力矮株、中株、高株三种规格,因此在育苗时每一种苗木规格应有三种,即 5～15cm,16～25cm,26～40cm,以便于组合时协调搭配。

五、盆土的配制

盆花组合栽培基质的配制,应经过全面考虑,尽量照顾到盆中的各种植物,配制一种较为合理,且适合它们共同生长的基质。我们用珍珠岩(3份)+泥炭(2份)+园田土(3份)+河沙(2份)的配方进行栽植试验,效果较好。

六、营养液的配制

为了使盆中的植物在栽后能健康地生长,应经常进行施肥,主要以浇营养液为主。营养液的主要成份和用量如下:NH_4NO_3 166mg/L $MgSO_4 \cdot 7H_2O$ 370mg/L $CaCl_2$ 440mg/L KNO_3 190mg/L KH_2PO_4 170mg/L

七、养护管理

养护管理的目的是使盆花组合栽培保持较长的观赏期,这就需要控制好温度、湿度和光照,并适时施肥和修剪。观花植物花开过后应及时更新或换新品种替代,有病虫害应及时防治。

第四节 盆景展览会的布置陈设工作

盆景展览不单纯是陈设艺术,实际是一项复杂的工作:组织动员,场地规划,场地准备,展品筛选,包装运输,陈设布置,养护管理,安全保卫,评比发奖,撤展清理。

盆景陈设与几座有直接关系,还直接与环境条件、陈设方式、陈设方法和不同场合的陈设布置特点有关,从而有效发挥盆景艺术品的观赏作用。

一、陈设条件

展览盆景,在选择好盆景作品和盆景几座后,对陈设场所的环境还有比较严格的要求。对环境空间大小、光线强弱、空气质量、安静程度和布置格调都要讲究一些。

陈设盆景的一个起码条件,就是要有足够的空间。空间宽敞,则陈设盆景后能给人提供足够的观赏距离,使观赏效果发挥得最好。大多数盆景都适宜近距离观赏,只要能保证有足够的观赏距离,达到相对宽敞的要求,就可以了。

光线的明暗对陈设盆景的效果有较大影响。如果陈设场所中光线暗弱,盆景展品内部阴影太多,景观细部就看不清楚,轮廓也不明显,盆景与背景也不好区别,结果降低观赏效果,所以,盆景的陈设场所要光线充足。另外,从盆景植物的生长对光线需要来考虑,光线太弱,盆景植物也会出现早衰,出现生长不良的状态。因此,在室内陈设盆景,要靠近窗边等光线充足之处。在弱光处展出盆景,应补充人工光照。补充光照最好用荧光灯、水银灯之类,不宜用普通白炽灯。陈设盆景的地方虽然要求光线充足,但也不要受强烈日光直射。大多数盆景都适宜室外的半遮阴环境。

二、布置方式

在不同的场所中,盆景的陈设布置方式,也不完全相同。盆景的布置既可采用规则式,又可采用自然式,还可采用混合式。常见的情况是:在庭院入口两旁、建筑群的中轴线上、古典式厅堂的中部等处所,盆景常以规则式对称布局,以求与环境相互协调。在一般庭院中,建筑物内部,则多数按自然式或混合式布局。

在具体的布置处理中,按布置状况可以有孤置、对置、列置、散置、聚散状群置等几种。

1. **孤置盆景** 常常显得突出并引人注目,一般作主景使用。

2. 对置　即两件盆景相对布置。对置的方式通常在厅堂、庭院的入口两旁,路口两边,短通道的两端,和用在作主景的盆景或其他景物的两侧。

3. 列置　是把盆景布置成相对整齐的一列,盆景之间的距离基本是相等的,在路边、墙前或游廊两侧等处,盆景的布置都可以采取列置方式。

4. 散置　即零星地分散布置。盆景取散置方式,主要是作为环境中的点缀品,在居室、茶室、餐厅、接待室、门厅、庭院中、水池边、路边、墙角、楼梯旁或假山下布置盆景,都可以散置处理。

5. 聚散状群置:就是把数量较多的盆景有疏、有密、有聚、有散地布置为一群,一般在盆景园、展览大厅内、草地上等等,都可采用这种方式。

三、陈设方法

陈设布置盆景,除了要合理采用各种布置方式外,要掌握一定的陈设方法。要用许多艺术手法和艺术规律。如对比、穿插、夸张、均衡、和谐、节奏韵律、多样统一等等。

(一)盆景的背景处理

布置盆景中对背景的处理十分重要。背景处理不当,也能造成观赏者注意力分散,盆景艺术性难被人理解。

(1)背景要单纯。以单纯的背景来衬托盆景,使观者的注意力被集中在盆景展品上。盆景的背景不宜处理成花筒、花木林、画壁或其他能吸引视觉注意的屏障。

(2)背景的色调要与盆景的主要色调明显区分,使盆景凸现在背景前面。背景和盆景之间有较强的色调对比。

(3)背景与盆景展品的空间距离要合适。距离越远,背景的作用越弱。距离越近,背景就越能排除来自盆景后方的视觉干扰,山水盆景常常贴近盆后边配置,人们在观赏中并没有不合适的感觉,这就看出山水盆景与背景的关系最密切,所需距离最短。树桩盆景上的树桩枝条、枝片伸展需要有较大的空间,一般不贴近布置背景,与盆景展品距离根据盆景的大小和树桩的枝展宽度来确定,其范围可在 20~150cm 之间,这也不是一成不变的,可视具体情况而定。

(二)陈设高度和视距安排

(1)盆景具体陈设的高度确定,主要受两个因素制约。一个因素是人的眼睛及水平视线的高度,另一个因素是不同类型盆景各自的景象特点。

(2)盆景视距安排。恰当地安排视距,可使观者看得清晰,看得完整。一般的盆景布置中,按盆景最大直径的 2 倍来安排视距。普遍的中、小型盆景的视距安排为 0.7~3m,微型要短一些。大型盆景要长一些。

(三)盆景的搭配与呼应处理

为了使盆景布置内容丰富,形式变化,要注意各种类型,各种形态的盆景搭配。

(1)山水盆景和树桩盆景互相穿插布置。

(2)不同构图形式和造型式样不断交替布置。

(3)不同大小,不同高矮盆景采取搭配布置。

布置中还要考虑到有疏、有密,相邻盆景相互呼应,在态势上有所联系。

四、不同场所中盆景的陈设

陈设盆景场所分室内、室外两类。按陈设特点来划分,可分为现代建筑物内部、古典式建筑内部、盆景园和盆景展览会四种场所。这里重点介绍一下盆景展会的陈设。

布置盆景展览,要有总体布局,明确参观路线,安排有序景、起景、发展、高潮、结尾等参观序列。盆景展览的空间,常常要适当划分若干较小空间。即往往把一个展览会的大范围分成几个展区或展室,把一个展区或一个展室分成几个展览单元。

展览布局顺序一般自左至右,入口与出口可以合在一起,也可以分开在两处。布局形式要尽量避免迂回交叉。布局形式有下面几种。

(1)串连式布局:此形式适用各展室是连接的。

(2)放射式布局:各展区或各展室环绕一个中心,呈放射状排列,观众参观完个一展区回到放射中心,再去参观其他展区。

(3)走道式布局:各展室外面为过道,由过道把展室连接起来。

对盆景展览的要求:其一,展览的主题要突出,主要内容和次要内容所占分量要恰当。其二,展览路线要明确,有较强的导游素质。其三,展览要突出地方风格,反映本地区的盆景特色。其四,展览格调要朴素淡雅,装饰要简练,配色要协调,能突出盆景展品。其五,展览形式构图要均衡和谐、完整统一、同时又富于变化,符合形式美规律的一般要求。

盆景陈设展出是一项艺术性很强的工作,许多陈设的布置都要根据展出现场的实际情况来处理,从而实现盆景艺术布置的再创造活动。